U0379181

宽禁带半导体前沿丛书

氮化镓微波功率器件

Gallium Nitride Microwave Power Devices

马晓华　郑雪峰　张进成　编著

西安电子科技大学出版社

内 容 简 介

氮化镓微波功率器件出现至今，无论是其关键技术还是工程应用均取得了快速发展，目前已在新一代移动通信、新型雷达等领域获得了广泛应用。为了推动氮化镓知识的普及，促进读者对氮化镓技术的了解，作者结合研究团队多年的研究及技术实践编撰了此书。本书共6章，包括绪论、氮化物材料MOCVD生长技术、氮化镓微波功率器件技术、微波功率器件新型工艺、微波功率器件建模、新型氮化镓微波功率器件。

本书可作为微电子器件领域学生的专业教材，也可作为相关领域研究生及从业人员的参考资料。

图书在版编目(CIP)数据

氮化镓微波功率器件/马晓华，郑雪峰，张进成编著. --西安：西安电子科技大学出版社，2023.9(2024.3 重印)
ISBN 978-7-5606-6845-1

Ⅰ. ①氮… Ⅱ. ①马… ②郑… ③张… Ⅲ. ①氮化镓—微波半导体器件
Ⅳ. ①TN385

中国国家版本馆CIP数据核字(2023)第060352号

策　　划　马乐惠
责任编辑　汪　飞　马晓娟
出版发行　西安电子科技大学出版社(西安市太白南路2号)
电　　话　(029)88202421　88201467　　邮　　编　710071
网　　址　www.xduph.com　　电子邮箱　xdupfxb001@163.com
经　　销　新华书店
印刷单位　广东虎彩云印刷有限公司
版　　次　2023年9月第1版　2024年3月第2次印刷
开　　本　787毫米×960毫米　1/16　印张 16.5　彩插 2
字　　数　257千字
定　　价　108.00元
ISBN 978-7-5606-6845-1/TN
XDUP 7147001-2

“宽禁带半导体前沿丛书”编委会

“宽禁带半导体前沿丛书”出版说明

当今世界，半导体产业已成为主要发达国家和地区最为重视的支柱产业之一，也是世界各国竞相角逐的一个战略制高点。我国整个社会就半导体和集成电路产业的重要性已经达成共识，正以举国之力发展之。工信部出台的《国家集成电路产业发展推进纲要》等政策，鼓励半导体行业健康、快速地发展，力争实现“换道超车”。

在摩尔定律已接近物理极限的情况下，基于新材料、新结构、新器件的超越摩尔定律的研究成果为半导体产业提供了新的发展方向。以氮化镓、碳化硅等为代表的宽禁带半导体材料是继以硅、锗为代表的第一代和以砷化镓、磷化铟为代表的第二代半导体材料以后发展起来的第三代半导体材料，是制造固态光源、电力电子器件、微波射频器件等的首选材料，具备高频、高效、耐高压、耐高温、抗辐射能力强等优越性能，切合节能减排、智能制造、信息安全等国家重大战略需求，已成为全球半导体技术研究前沿和新的产业焦点，对产业发展影响巨大。

“宽禁带半导体前沿丛书”是针对我国半导体行业芯片研发生产仍滞后于发达国家而不断被“卡脖子”的情况规划编写的系列丛书。丛书致力于梳理宽禁带半导体基础前沿与核心科学技术问题，从材料的表征、机制、应用和器件的制备等多个方面，介绍宽禁带半导体领域的前沿理论知识、核心技术及最新研究进展。其中多个研究方向，如氮化物半导体紫外探测器、氮化物半导体太赫兹器件等均为国际研究热点；以碳化硅和Ⅲ族氮化物为代表的宽禁带半导体，是近年来国内外重点研究和发展的第三代半导体。

“宽禁带半导体前沿丛书”凝聚了国内20多位中青年微电子专家的智慧和汗水，是其探索性和应用性研究成果的结晶。丛书力求每一册尽量讲清一个专题，且做到通俗易懂、图文并茂、文献丰富。丛书的出版也会吸引更多的年轻人投入并献身到半导体研究和产业化事业中来，使他们能尽快进入这一领域进行创新性学习和研究，为加快我国半导体事业的发展做出自己的贡献。

“宽禁带半导体前沿丛书”的出版，既为半导体领域的学者提供了一个展示他们最新研究成果的机会，也为从事宽禁带半导体材料和器件研发的科技工作者在相关方向的研究提供了新思路、新方法，对提升“中国芯”的质量和加快半导体产业高质量发展将起到推动作用。

编委会

2020年12月

前　言

1993 年出现的世界上第一只氮化镓高电子迁移率晶体管，揭开了氮化镓技术发展的序幕。进入 21 世纪以来，氮化镓微波功率器件发展极为迅速，无论是其材料、器件、工艺，还是可靠性等均有显著提升，目前已广泛应用于新一代移动通信、新型雷达等领域。

氮化镓器件被认为是第三代半导体器件的典型代表。相比硅材料，氮化镓材料具有更大的禁带宽度，因而氮化镓器件在工作电压、工作电流、耐受温度、抗辐射能力等方面均有显著优势，这使得氮化镓器件不仅可以应用于常规微波功率领域，甚至在某些极端环境下也有不可或缺的作用。

作者团队自 20 世纪 90 年代即开始氮化镓领域的核心技术研究，是国内最早开展相关研究的团队之一。团队先后在氮化镓微波功率器件相关的材料设计与生长技术、器件结构与工艺、射频器件建模等领域进行深入研究，并取得了一系列创新性成果。作者结合本研究团队近年来的研究成果，编撰了此书，主要针对氮化镓微波功率器件相关的材料、器件、工艺、设计等关键技术展开深入讨论。本书共 6 章。

第 1 章主要介绍了氮化镓微波功率器件的优势，并就相关材料、器件等方面的国内外主要研究进展进行了简要介绍。

第 2 章主要介绍了氮化镓材料的典型生长技术，包括 MOCVD 生长技术、磁控溅射 AlN 基板生长 GaN 薄膜技术、微纳球掩膜部分接触式横向外延过生长技术、斜切衬底上 N 面 GaN 材料生长技术。此外，本章还介绍了 InGaN 沟道异质结。

第 3 章主要介绍了氮化镓微波功率器件的相关内容，具体包括器件的直流参数及测量、氮化镓基器件制备工艺、微波大功率器件、毫米波器件、热分析与热设计等。

第4章主要介绍了本研究团队在氮化镓器件特色工艺方面的成果，具体包括刻蚀形貌控制技术、界面等离子体处理技术、新型表面钝化技术、图形化欧姆接触技术等。

第5章主要介绍了氮化镓微波功率器件建模的相关内容，具体包括典型微波参数及物理意义、小信号建模、大信号建模和功率放大器的实现方法等。

第6章主要探讨了一些新型氮化镓微波功率器件，具体包括GaN基Fin HEMT器件、氮化镓高线性器件、全刻蚀凹槽增强型MOSHEMT器件、类存储型增强型器件以及铁电介质栅增强型器件等。

本书由马晓华教授主持编撰，马晓华、郑雪峰、张进成参与撰写并对全书进行了统稿及审定。本书在编撰过程中，得到了杨凌、祝杰杰、卢阳、张雅超、侯斌、宓珉瀚、王冲、武玫、朱青、何云龙、赵子越、张濛、许晟瑞、陆小力、王颖哲等的大力支持和帮助，在此表示诚挚的感谢！由于作者水平有限，书中难免存在不足之处，恳请读者指正。

作　者
2022年10月

目　　录

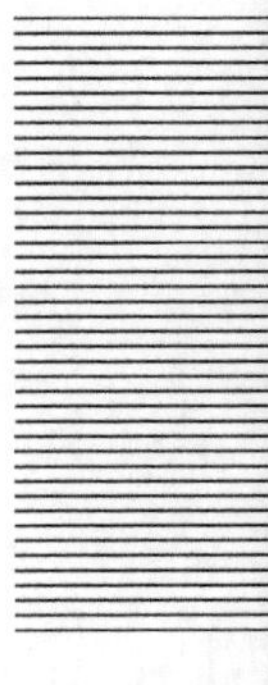

第 1 章

绪论

1.1 背景

雷达、通信、导航等技术的发展，对固态微波功率器件提出了更高的要求。从材料角度来讲，固态微波功率器件先后经历了采用 Si、GaAs、GaN 等阶段。目前，氮化镓微波功率器件经过多年的发展，无论是研究水平还是产业化应用方面，均取得了巨大的进步，极大地推动了 5G 移动通信、新型相控阵雷达、卫星导航等技术的发展。

氮化镓微波功率器件的发展主要源于其优异的材料优势。相比于 Si、GaAs 等材料，氮化镓材料禁带宽度更大(3.4 eV)，击穿电场更高，同时还具有耐高温、抗腐蚀等优异特性，特别是其与 AlGaN 等材料形成的异质结在极化效应作用下可以形成高密度($>1\times10^{13}$ cm^{-2})、高室温电子迁移率(>1500 $cm^2/(V\cdot s)$)的二维电子气(2DEG)。基于氮化镓制备的 AlGaN/GaN 异质结高电子迁移率晶体管(HEMT)，在高频大功率放大器等领域有着巨大的优势。随着半导体技术的发展，硅基功率器件正在不断逼近其物理极限，这就越发凸显氮化镓器件在微波功率领域的重要性。

正因为如此，国内外对于氮化镓器件的发展均极为重视。美国自 20 世纪 80 年代起就开始部署宽禁带半导体相关的研究。21 世纪初，美国国防部高级研究计划局(DARPA)先后启动了“宽禁带半导体技术(WBGSTI)”“氮化物电子下一代技术(NEXT)”计划，旨在布局毫米波氮化镓射频器件和提升氮化镓器件制造工艺，积极推动氮化镓宽禁带半导体技术的发展。在美国的带动下，欧洲国家、日本、韩国等也相继启动相关研究。欧洲防务局启动了“可制造的基于碳化硅衬底的氮化镓器件和氮化镓外延层晶圆供应链(MANGA)”计划，资助了面向国防和商业应用的“KORRIGAN”计划以及面向高可靠航天应用的“GREAT”计划。日本则通过“移动通信和传感器领域半导体器件应用开发”“氮化镓半导体低功耗高频器件开发”等计划推动第三代半导体在未来通信系统中的应用。韩国制定了“氮化镓半导体开发”计划，重点聚焦光电领域发展。近年来韩国更是持续发力氮化镓射频器件，旨在提升该国在射频器件与电路方面的开发能力。

国内氮化镓器件的发展相比美国略晚，但是国家高度重视。特别是进入21世纪以来，我国在氮化镓生长设备、材料技术、器件结构与工艺、电路设计、可靠性等方面持续发力。其中，2013年的“863计划”明确将第三代半导体材料及其应用列为重要内容；2015年，国务院印发的《中国制造2025》中，多次提到了发展以碳化硅、氮化镓为代表的第三代半导体功率器件。2021年3月通过了《中华人民共和国国民经济和社会发展第十四个五年规划和2035年远景目标纲要》，其中集成电路领域中特别提出要取得碳化硅、氮化镓等宽禁带半导体发展。正是在国家的大力支持和高度重视下，我国科研人员攻克了大量关键技术难题，成功实现了氮化镓微波功率器件在雷达、通信、导航等领域的应用，核心器件实现国产化，支撑了我国在上述领域的领先地位。

1.2　氮化镓材料研究进展

氮化镓异质结构的优劣主要取决于衬底材料以及外延薄膜。总体来说，衬底材料对外延薄膜的结晶质量及器件性能具有重要影响。

就衬底来讲，理论上同质外延衬底是最好的选择，但是对于Ⅲ-Ⅴ族氮化物而言，由于同质外延衬底在成本、尺寸等方面受限，因此通常需采用异质外延的手段进行薄膜生长[1-2]。异质外延衬底材料需要满足以下几个方面的要求：

(1) 衬底材料与外延材料应具有尽可能小的晶格失配。理论上晶格失配越小，外延材料中失配位错密度越低，结晶质量越高。

(2) 衬底材料应与外延材料具有较小的热膨胀失配。理论上热膨胀失配越小，外延材料中由于热失配引起的失配位错密度越低，结晶质量越好。

(3) 衬底材料应具有稳定的化学性质。外延生长过程中，衬底材料不能与反应物或载气发生化学反应，也不能发生分解或者被腐蚀。

(4) 衬底材料价格要尽可能低，尺寸要尽可能大，有利于降低生产成本，实现大批量生产并提高成品率。

另外，考虑器件的功率应用，衬底应选取热导率高、绝缘性能好的材料；考虑器件的光电应用，衬底应选取透光性能好的材料，有时还希望选用导电材料，便于制备电极。

目前氮化物外延薄膜生长最常用的衬底材料为蓝宝石、碳化硅和硅。蓝宝石是Ⅲ-Ⅴ族氮化物外延生长时最常用的衬底材料。它具有六方对称性，其生产工艺非常成熟，结晶质量很高，能够实现较大尺寸且价格低廉，并且其化学性质非常稳定。但是蓝宝石作为氮化镓外延薄膜的衬底也存在明显缺点：首先，蓝宝石与氮化镓晶格失配较大(约 15%)，导致氮化镓外延薄膜内位错密度较高(达 10^{10} cm^{-2})；其次，蓝宝石热膨胀系数大于氮化镓，导致蓝宝石衬底上外延的氮化镓薄膜受双轴压缩应力的影响，特别是当外延薄膜厚度较大时，衬底和外延薄膜可能破裂；再次，蓝宝石热导率较低(约 0.25 W/(cm・K)@100℃)，散热能力差；同时，蓝宝石是绝缘材料，所以不能制作背电极；此外，蓝宝石与氮化镓解理面不平行，划片困难；最后，蓝宝石中的氧原子会导致氮化镓外延薄膜的非故意掺杂，增加外延薄膜中背景电子浓度，影响绝缘性能。

相比于蓝宝石衬底，选用碳化硅作为氮化镓外延薄膜的衬底具有诸多优点，如具有更小的晶格失配(3.1%)、更高的热导率(3.8 W/(cm・K))，可以实现导电且便于制作背电极，碳化硅衬底与氮化镓解理面平行便于划片。另外，碳化硅存在 Si 与 C 两种极性，因此通过调整衬底极性来控制氮化镓外延薄膜的极性更加容易。但是，碳化硅衬底也存在不足：碳化硅衬底表面比蓝宝石衬底表面粗糙得多；碳化硅衬底本身就含有较高的螺位错密度(10^3～10^4 cm^{-2})，这些位错会延伸进入氮化镓外延薄膜，可能引起器件性能退化；碳化硅衬底价格昂贵，这在一定程度上阻碍了碳化硅衬底的大规模应用。但随着碳化硅衬底技术的进步，微管等缺陷显著下降、成本急剧降低，衬底技术日益成熟。目前，在高性能氮化镓射频器件上，主要采用就是碳化硅衬底。

得益于硅基集成电路产业的发展，硅衬底的优势包括低价格、大尺寸、高质量。此外，硅衬底是导电的，便于制作背电极，可降低管芯面积，提高晶片利用率。采用硅衬底外延氮化镓基材料，有望将氮化镓基器件与硅基集成电路工艺相结合。但是由于硅与氮化镓之间存在非常大的晶格失配及热膨胀失配，因此硅衬底上外延的氮化镓薄膜质量很差，经常出现多晶生长或者龟裂等问题。硅原子容易与 NH_3 发生反应生成非晶 SiN，影响外延薄膜的质量。这些都是目前硅衬底氮化镓材料亟待解决的问题。

总之，在氮化物外延薄膜生长过程中，需要根据实际要求和应用场景，比如性能、可靠性、成本等，选用合适的衬底材料。近 20 多年来，研究者对于不

同衬底材料外延氮化物薄膜投入了大量的精力，在研究水平和产业化方面取得了长足的进步。

在外延薄膜生长方面，蓝宝石衬底与碳化硅衬底氮化镓外延生长工艺窗口相对较宽。随着外延工艺技术的改进和氮化物薄膜材料质量的不断提高，AlGaN/GaN异质结的2DEG迁移率也不断提升。国外方面，1992年，APA光学公司率先制备的蓝宝石衬底AlGaN/GaN异质结的低温(77K)二维电子气(2DEG)迁移率为2626 $cm^2/(V \cdot s)$[3]。1995年，APA光学公司进一步通过优化MO源类型，将蓝宝石衬底AlGaN/GaN异质结的低温(77K)2DEG迁移率提升至5000 $cm^2/(V \cdot s)$[4]。1996年，美国AT&M公司将蓝宝石衬底AlGaN/GaN异质结的低温(77K)2DEG迁移率提高到5700 $cm^2/(V \cdot s)$[5]。1999年，日本德岛大学将蓝宝石衬底AlGaN/GaN异质结的低温(77K)2DEG迁移率提高到10 300 $cm^2/(V \cdot s)$[6]。此后在蓝宝石衬底AlGaN/GaN异质结的2DEG迁移率研究方面没有更高的报道。蓝宝石AlGaN/GaN异质结的室温(300K)2DEG迁移率，通常在800～1500 $cm^2/(V \cdot s)$范围。碳化硅与氮化镓之间的晶格失配较小，因此碳化硅衬底AlGaN/GaN异质结的2DEG迁移率更高一些。1999年，APA光学公司制备的碳化硅衬底AlGaN/GaN异质结的低温(100K)2DEG迁移率已达到11 000 $cm^2/(V \cdot s)$[7]。目前碳化硅衬底AlGaN/GaN异质结的低温2DEG最高迁移率为28 000 $cm^2/(V \cdot s)$(10K)。碳化硅衬底AlGaN/GaN异质结的室温2DEG迁移率通常在1000～2000 $cm^2/(V \cdot s)$范围。国内方面，2017年，广州大学采用AlN/PSS基板，成功制备出高质量的蓝宝石衬底氮化镓薄膜，其粗糙度为0.17 nm，总体位错密度为$4.6 \times 10^7\ cm^{-2}$[8]。2018年，吉林大学采用渐变AlGaN缓冲层和SiN插入层成功降低了碳化硅衬底AlGaN/GaN异质结的应力，大大提高了碳化硅衬底氮化镓薄膜的晶体质量，其(002)、(102)面半高宽分别降至98弧秒、128弧秒[9]。2022年，中国科学院大学在磁控溅射的蓝宝石AlN衬底上采用MOCVD方法成功得到了高质量的AlGaN/GaN异质结，(002)、(102)面的半高宽分别为35弧秒、220弧秒，二维电子气的迁移率和面密度分别达到1909 $cm^2/(V \cdot s)$、$1.18 \times 10^{13}\ cm^{-2}$[10]。

由于硅衬底氮化镓外延生长工艺窗口较窄，且晶格失配与热失配严重，因此研究人员将更多的注意力投入如何提升氮化物外延薄膜材料结晶质量方面，这也取得了长足的进步。1994年，美国西北大学首次利用AlN缓冲层在Si衬

底上生长出较高质量的氮化镓薄膜，光致发光谱半宽达 40～50 meV[11]。1999年，美国德州理工大学第一次阐述了采用预通 Al 的方法防止多晶 SiN 的形成，为制备高质量氮化镓薄膜材料奠定了基础[12]。2002 年，日本名古屋大学采用选区外延的方法生长出 1.5 μm 无裂纹的 GaN 外延层，GaN(0004)面半高宽为 388 弧秒[13]。2010 年，法国 Lille 大学采用 12.5 nm 的 AlGaN 势垒层制备出的氮化镓异质结构材料，钝化后室温下的电子迁移率为 2122 $cm^2/(V \cdot s)$，二维电子气面密度为 9.5×10^{12} m^{-2}，为同期报道的硅衬底 AlGaN/GaN HEMT 结构材料二维电子气性能的最高水平[14]。国内方面，2016 年北京大学通过调节高温 AlN 层的 TMAl 源流量，成功制备出(002)、(102)面半高宽分别为 547 弧秒、563 弧秒的高质量硅衬底氮化镓材料[15]。同年，南京电子器件研究所通过厚 AlGaN 缓冲层、AlGaN 超晶格相结合的方法，成功制备出 3.6 μm 厚的高质量硅衬底氮化镓薄膜，(002)、(102)面半高宽分别为 575 弧秒、645 弧秒[16]。2018 年，南京电子器件研究所对硅衬底 AlGaN/GaN 异质结进行进一步优化，在 1040℃下二维电子气迁移率达到 1940 $cm^2/(V \cdot s)$，面密度达到 1.02×10^{13} cm^{-2}[17]。西安电子科技大学首次通过衬底预处理的方法，降低了硅衬底氮化镓薄膜位错密度，为硅衬底氮化镓晶体质量的进一步提高提供了新思路[18]。

在外延薄膜中，沟道是氮化镓器件工作的核心，器件优越的性能很大程度上得益于其独特的沟道。因此，提升器件特性的工作，有很大一部分将聚焦于其沟道的创新。常规器件结构采用 AlGaN/GaN 异质结沟道，此种沟道结构在迁移率、2DEG 面密度等方面仍有提升的空间。此外，氮化镓器件在量子限域性方面也有一些问题，特别是在高温下出现沟道载流子向缓冲层逸出，从而引起栅控制能力下降等性能劣化问题，并带来可靠性方面的问题。为解决此问题，有研究人员提出了采用 InGaN 代替 GaN 缓冲层的沟道结构。

1999 年，日本 NTT 公司首次提出 AlGaN/InGaN/AlGaN 双异质结，77K 低温下载流子输运特性优于常规 GaN 沟道材料，并指出这些优势是由于强压电效应增强了沟道电子限域性[19]。2001 年，通过理论预测，InAlN/InGaN 异质结将会实现 3.3 A/mm 的大电流密度和 400 mS/mm 的高跨导，这将远超 AlGaN/GaN 异质结的器件性能[20]。2004 年，日本 NTT 公司研究表明合金无序散射和界面粗糙散射是制约 InGaN 沟道迁移率的重要散射机制，并且理论

预测了 InGaN 沟道双异质结适用于大功率应用场景[21]。同年，东京大学实现了迁移率为 1100 $cm^2/(V \cdot s)$的 3 nm 超薄 InGaN 沟道报道，这是当时针对 InGaN 沟道迁移率优化的突破性进展[22]。2007 年，美国弗吉尼亚联邦大学发现 InAlN 等含 In 势垒较 AlGaN 更适合作为 InGaN 沟道器件势垒[23]。2012 年，美国 Kopin 公司制备的 AlInGaN/AlN/InGaN/GaN 异质结室温下迁移率达到 1290 $cm^2/(V \cdot s)$[24]。2014 年，西安电子科技大学采用背势垒结构制备了 InAlN/InGaN/AlGaN 双异质结，室温下迁移率进一步提高到 1293 $cm^2/(V \cdot s)$，这是当时报道的 InGaN 沟道异质结最高指标[25]。2015 年，西安电子科技大学通过优化 InAlN/InGaN 材料体系中的氮化铝(AlN)插入层两步法生长[26]，极大改善了界面形貌，抑制了界面粗糙散射，室温迁移率达到 890 $cm^2/(V \cdot s)$，二维电子气面密度达到 1.78×10^{13} cm^{-2}。2018 年，美国 UCSB 大学实现了 N 面复合 GaN/InGaN 沟道，同厚度的 InGaN/GaN 沟道与 GaN 单沟道进行对比，由于部分 InGaN 沟道减小了 AlGaN/GaN 界面散射，载流子迁移率提升 1.9 倍，并且实现了 4 nm 超薄沟道，这验证了 N 面 InGaN 沟道的垂直方向小型化潜力[27]。

1.3 氮化镓微波功率器件研究进展

1993 年，美国 Khan 等人研制并报道了世界上第一只 GaN 基 HEMT 晶体管[28]。氮化镓微波功率器件的性能，特别是其射频特性，在过去 20 余年的研究过程中有两次重大改进。一是，采用器件表面钝化工艺，有效缓解了器件有源区表面态引起的“虚栅”效应，显著改善了器件在射频条件下的功率退化及效率降低的问题。二是，场板技术的采用极大地降低了栅极边缘峰值电场，提高了器件的击穿特性。2004 年，美国 Cree 公司采用场板技术，在 C 波段和 X 波段连续波条件下，获得了大于 30 W/mm 的功率密度和 50%的功率附加效率(PAE)(工作电压 120 V)[29]。2006 年，他们进一步采用双场板技术将 C 波段功率密度提高到 40 W/mm 以上[30]。

微波功率器件的功率密度及功率附加效率是其重要性能指标。在相当长一段时间内，氮化镓微波功率器件的发展也正是围绕这些指标展开的。

在C波段，2009年，美国UCSB大学采用AlGaN缓冲层结合V形栅技术，在4 GHz下实现了72%的功率附加效率和13.1 W/mm的功率密度[31]。2011年，西安电子科技大学采用绝缘栅器件结构，实现了C波段4 GHz下73%的功率附加效率和13 W/mm的功率密度[32]；2018年，该团队又采用图形化欧姆技术，实现了C波段5 GHz下71.6%的功率附加效率，采用谐波抑制技术更是使氮化镓微波功率器件达到85%的超高功率附加效率[33]。

在X波段，2008年，美国UCSB大学利用V形槽栅实现了65%的功率附加效率和12.2 W/mm的功率密度[34]。2010年，美国Triquint公司在Si基GaN上采用场板技术，实现了10 GHz下65%的功率附加效率和7 W/mm的功率密度[35]。2012年，美国HRL实验室采用场板技术实现了E类放大器，其在3.5 W的输出功率下功率附加效率达到61%[36]。2015年，美国空军实验室制备了一款单片微波集成电路(MMIC)，实现了10 GHz下50%的功率附加效率[37]。

在毫米波频段，2005年，美国UCSB大学实现了Ka波段40 GHz下10.5 W/mm的功率密度和32%的功率附加效率[38]。2007年，美国Cree公司-UCSB联合实验室采用场板技术和InGaN背势垒，在Ka波段30 GHz下实现了13.7 W/mm的功率密度和40%的功率附加效率[39]。2008年，美国HRL实验室采用源极重掺技术，在Ka波段30 GHz下实现了55%的功率附加效率和7.3 W/mm的功率密度[40]。2017年，西安电子科技大学采用非栅区氧化技术，实现了Ka波段下59.4%的功率附加效率[41]。2017年，美国UCSB大学采用N面GaN HEMT，实现了Ka波段30 GHz下55.9%的功率附加效率，在W波段94 GHz下实现了27.7%的功率附加效率[42]。

在射频InGaN沟道器件方面，2001年，南卡罗来纳大学首次报道了AlGaN/InGaN/GaN双异质结场效应晶体管的功率特性，器件在2 GHz、25 V下实现了4 W/mm的连续波输出功率和6.3 W/mm的脉冲输出功率[43]。同年，中国台湾中央大学制备了GaN/InGaN异质结场效应晶体管，1 μm栅长器件特征频率(f_T)和最高振荡频率(f_{max})分别为8 GHz、20 GHz，1.9 GHz连续波大信号测试实现了2 W/mm的输出功率密度[44]。2002年，南卡罗来纳大学进一步设计了MOS栅结构，优化了器件电流崩塌和栅漏电，在2 GHz、30 V下实现了6.1 W/mm的连续波输出功率和7.5 W/mm的脉冲输出功率，并且

评估了 15 h 的大信号射频可靠性，器件输出功率未出现明显劣化[45]。2007 年，南卡罗来纳大学在 2 GHz、35 V 下实现了 15 W/mm 的高输出功率[46]。2008 年，该大学继续优化了四元 InAlGaN 势垒和双台阶栅槽刻蚀，制备的 InGaN 沟道器件实现了特征频率(f_T)和最高振荡频率(f_{max})分别为 65 GHz、94 GHz，在毫米波 26 GHz、35 V 下实现了 3.1 W/mm 的输出功率[47]。2012 年，美国 Kopin 公司在报道的高迁移率 InGaN 沟道异质结基础上，结合源漏再生长和 50 nm 深亚微米栅技术实现了 f_T 和 f_{max} 分别为 260 GHz、220 GHz 的超高频器件，但是未有功率结果报道[48]。2019 年，美国俄亥俄州立大学基于 4 nm GaN 沟道和 15 nm 渐变 InGaN 沟道实现了 X 波段线性度报道，器件输出三阶交截点 OIP3 达到 38 dBm[49]。

近年来，5G 移动通信技术的发展极大拓展了氮化镓微波功率器件的应用并推进了其产业化。在 5G 应用场景下，氮化镓器件在功率、效率等方面体现出极大的优势，然而其最大的问题在于线性度较差。为了解决该问题，先后有多种器件结构及工艺被提出来。

2004 年，美国 UCSB 大学采用槽栅和场板结构来改善氮化镓器件的线性度，在深 AB 类偏置条件下载波三阶交调比(C/IM3)达到 45 dBc[50]。2006 年，美国 UCSB 大学采用双沟道器件实现跨导平坦化，最终制备的双沟道器件的 C/IM3 较常规单沟道器件提升了 2 dB[51]。2009 年，德国 Fraunhofer IAF 研究所通过优化势垒层结构，改善器件的跨导平坦度，减小谐波放大因子，进而优化器件交调失真[52]。2015 年，电子科技大学利用栅下锆钛酸铅(PZT)介质极化场调制带来的栅电容特性变化实现了跨导平坦化，但是迁移率会产生明显退化[53]。2016 年和 2017 年，美国麻省理工学院分别提出了一种新型的大信号模型和鳍式场效应晶体管(FinFET)结构来实现阈值补偿，利用 Fin 结构多阈值特点实现高阶导相互抵消，进而实现高线性度[54-55]。2017 年，中国电子科技集团第五十五研究所采用 FinFET 结构极大地改善了线性度，在 8 GHz 实现了 11.3 W/mm 的功率密度和 5.5 dBc 的 IMD[56]。2019 年，西安电子科技大学采用电子束技术制备出具有渐变凹槽的 HEMT，改善了谐波信号抑制和交调失真[57]。2020 年，该大学进一步采用三明治势垒结构，实现了高线性器件的外延材料设计，同时实现了高工作电压和高功率密度下具有国际领先水平的 OIP3/P_{DC}[58]。美国俄亥俄州立大学持续采用极化渐变沟道结构(PolFET)[59]，来使电子呈现三维

分布特征，调制沟道电子的速场关系。而美国 HRL 实验室采用渐变沟道结构制备的超短栅长完成了毫米波频段下的线性度提升，线性度指标 OIP3/P_{DC}相较常规单沟道器件改善了 10 dB[60]。2022 年，西安电子科技大学进一步提出势垒层选区电荷注入法，采用该法显著改善了器件的线性度，综合性能指标达到国际同期先进水平[61]。

当前，氮化镓的另外一个重要发展方向是超大功率射频器件，以解决在电子对抗中的大功率输出问题。2006 年，美国 CREE 公司采用内匹配技术成功实现了双胞合成氮化镓 HEMT 放大器，工作电压为 55 V，在 3.45 GHz 下器件最大输出功率达到 550 W[62]。2009 年，日本东芝公司推出一款用于 C 波段雷达的氮化镓功率放大器，输出功率为 340 W，效率为 50%[63]。2014 年，日本住友电工美国 SEDU 公司展示了一款空间应用氮化镓微波功率器件，工作电压为 50 V，在 1.575 GHz 下输出功率为 150 W，功率附加效率为 71.2%[64]。2017 年，美国 Integra 公司报道了一款 L 波段氮化镓器件，在 50 V 工作下可实现 1200 W 的输出功率，效率达到 75%[65]。2018 年，中国电子科技集团公司第十三研究所成功设计并制备了一款 L 波段氮化镓 HEMT 器件，工作电压为 80 V，输出功率为 750 W，效率为 80%[66]。2019 年，南京电子器件研究所研制了 L 波段氮化镓功率放大器，工作电压为 60 V，在 1.2～1.4 GHz 的频带内输出功率达到 1100 W，功率附加效率超过 70%[67]。2019 年，中国电子科技集团公司第十三研究所研制的 C 波段氮化镓器件，工作电压为 32 V，在 4.4～5.0 GHz 下实现连续波输出功率大于 160 W、功率附加效率大于 50%[68]。南京电子器件研究所研制的 S 波段宽频段氮化镓功率放大器，在工作脉宽 100 μs，400 MHz 带宽下脉冲输出功率大于 800 W，漏极效率大于 60%[69]。近年来，大功率氮化镓射频器件的输出功率已经达到千瓦乃至万瓦级别，处于较高水平。

1.4 氮化镓微波功率器件可靠性进展

氮化镓器件可靠性是制约其工程应用的关键因素，研究人员已开展了大量研究。在前期研究中，研究人员主要集中于器件在高工作电场下的虚栅效应、逆压电效应、热电子效应、高温退化等基础机制研究。2001 年，美国加利福尼

亚大学研究了氮化镓 HEMT 器件在高场下的退化问题，提出了“虚栅”模型[70]。同年，美国康奈尔大学将高电压开态应力下氮化镓 HEMT 器件的退化归因于热电子效应[71]。2006 年，美国麻省理工学院提出了逆压电效应，认为高工作电压下氮化镓 HEMT 器件栅极靠近漏边缘的电场超过某一临界值，该区域势垒层材料就会发生晶格断裂并引起退化乃至失效[72]。2011 年，比利时鲁汶大学提出栅电极上的 Ni 与 Au 存在相互扩散，导致了栅极与 AlGaN 界面层的恶化[73]。2012 年，美国佛罗里达大学研究了氮化镓射频器件在连续短波射频应力的退化问题[74]。2016 年，意大利帕多瓦大学认为热电子效应在高温下会受到一定的抑制作用[75]。2018 年，美国范德比尔特大学研究认为器件的退化是不同类型陷阱共同作用的结果[76]。更多关于器件失效的研究成果也相继报道，目前看来，制约氮化镓微波功率器件基本的可靠性问题已经解决，但要想获得更高的可靠性、更长的工作寿命，相关的机制仍然有待深入认识。

参考文献

[1] LIU L, EDGAR J H. Substrates for gallium nitride epitaxy[J]. Materials Science and Engineering R-Reports, 2002, 37(3): 61-127.

[2] FREITAS J A. Properties of the state of the art of bulk Ⅲ-Ⅴ nitride substrates and homoepitaxial layers[J]. Journal of Physics D: Applied Physics, 2010, 43(7): 073001.

[3] KHAN M A, KUZNIA J N, VAN HOVE J M, N. et al. Observation of a two-dimensional electron gas in low pressure metalorganic chemical vapor deposited GaN-$Al_xGa_{1-x}N$ heterojunctions[J]. Applied Physics Letters, 1992, 60(24): 3027-3029.

[4] KHAN M A, CHEN Q, SUN C J et al. Two-dimensional electron gas in GaN-AlGaN heterostructures deposited using trimethylamine-alane as the aluminum source in low pressure metalorganic chemical vapor deposition[J]. Applied Physics Letters, 1995, 67(24): 1429-1431

[5] REDWING J M, TISCHLER M A, FLYNN J S, et al. Two-dimensional electron gas properties of AlGaN/GaN heterostructures grown on 6H-SiC and sapphire substrates[J]. Applied Physics Letters, 1996, 69(7): 963-965.

[6] WANG T, OHNO Y, OHNO H. Electron mobility exceeding 10^4 cm^2/Vs in an AlGaN-GaN

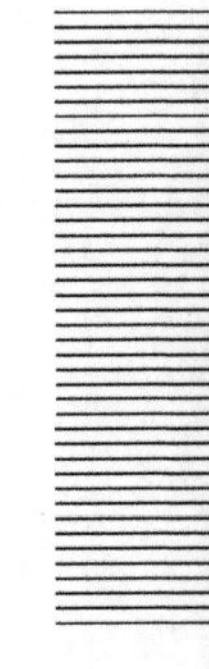

heterostructure grown on a sapphire substrate[J]. Applied Physics Letters, 1999, 74(23): 3531 - 3533.

[7] GASKA R, SHUR M S, BYYKHOVSKI A D, et al. Electron mobility in modulation-doped AlGaN-GaN heterostructures[J]. Applied Physics Letters, 1999, 74(2): 287 - 289.

[8] CHEN C G, ZHAO W, ZHANG K, et al. High-quality GaN epilayers achieved by facet-controlled epitaxial lateral overgrowth on sputtered AlN/PSS templates[J]. ACS Applied Materials & Interfaces, 2017, 9(49): 43386 - 43392.

[9] DENG G Q, ZHANG Y T, YU Y, et al. Significantly reduced in-plane tensile stress of GaN films grown on SiC substrates by using graded AlGaN buffer and SiNx interlayer[J]. Superlattices and Microstructures, 2018, 122: 74 - 79.

[10] SU Z L, KONG R, HU X T, et al. Effect of initial condition on the quality of GaN film and AlGaN/GaN heterojunction grown on flat sapphire substrate with ex-situ sputtered AlN by MOCVD[J]. Vacuum, 2022, 201: 111063.

[11] KUNG P, SAXLER A, ZHANG X, et al, High quality AlN and GaN epilayers grown on (001) sapphire, (100), and (111) silicon substrates[J]. Applied Physics Letters, 1994, 66(22): 2958 - 2960.

[12] NIKISHM S A, ANTIPOV V G. High-quality AlN grown on Si(111) by gas-source molecular-beam epitaxy with ammonia[J]. Applied Physics Letters, 1999, 75(4): 484 - 486.

[13] HONDA Y, KUROIWA Y, YAMAGUCHI M et al. Growth of GaN free from cracks on a (111) Si substrate by selective metalorganic vapor-phase epitaxy[J]. Applied Physics Letters, 2002, 80(2): 222 - 224.

[14] LECOURT F, DOUVRY Y, DEFRANCE N, et al. High Transconductance AlGaN/GaN HEMT with Thin Barrier on Si(111) Substrate[C]. 2010 Proceedings of the European Solid-State Device Research Conference (ESSDERC). 2010: 281 - 284.

[15] WANG K, XING Y H, HAN J, et al. Influence of the TMAl source flow rate of the high temperature AlN buffer on the properties of GaN grown on Si (111) substrate[J]. Journal of Alloys and Compounds, 2016, 671: 435 - 439.

[16] PAN L, DONG X, NI J, et al. Growth of compressively-strained GaN films on Si(111) substrates with thick AlGaN transition and AlGaN superlattice buffer layers[J]. Physica Status Solidi (c), 2016, 13(5 - 6): 181 - 185.

[17] PAN L, DONG X, LI Z H, et al. Influence of the AlN nucleation layer on the properties

of AlGaN/GaN heterostructure on Si (111) substrates[J]. Applied Surface Science, 2018, 447: 512 - 517.

[18] MA J B, ZHANG Y C, LI T, et al. Effects of the pretreatment of Si substrate before the pre-deposition of Al on GaN-on-Si[J]. Superlattices and Microstructures, 2021, 159: 107009.

[19] MAEDA N, SAITOH T, TSUBAKI K, et al. Enhanced electron mobility in AlGaN/InGaN/AlGaN double-heterostructures by piezoelectric effect[J]. Japanese Journal of Applied Physics, 1999, 38(7B): L799.

[20] KUZMÍK J. Power electronics on InAlN/(In)GaN: Prospect for a record performance [J]. IEEE Electron Device Letters, 2001, 22(11): 510 - 512.

[21] WANG C X, TSUBAKI K, KOBAYASHI N, et al. Electron transport properties in AlGaN/InGaN/GaN double heterostructures grown by metalorganic vapor phase epitaxy[J]. Applied Physics Letters, 2004, 84(13): 2313 - 2315.

[22] OKAMOTO N, HOSHINO K, HARA N, et al. MOCVD-grown InGaN-channel HEMT structures with electron mobility of over 1000 cm^2/Vs[J]. Journal of Crystal Growth, 2004, 272(1 - 4): 278 - 284.

[23] XIE J, LEACH J H, Ni X, et al. Electron mobility in InGaN channel heterostructure field effect transistor structures with different barriers[J]. Applied Physics Letters, 2007, 91(26): 262102.

[24] LABOUTIN O, CAO Y, JOHNSON W, et al. InGaN channel high electron mobility transistor structures grown by metal organic chemical vapor deposition[J]. Applied Physics Letters, 2012, 100(12): 121909.

[25] ZHAO Y, XUE J S, ZHANG J C, et al. Superior carrier confinement in InAlN/InGaN/AlGaN double heterostructures grown by metal-organic chemical vapor deposition[J]. Applied Physics Letters, 2014, 105(22): 223511.

[26] ZHANG Y, ZHOU X, XU S, et al. Effects of interlayer growth condition on the transport properties of heterostructures with InGaN channel grown on sapphire by metal organic chemical vapor deposition[J]. Applied Physics Letters, 2015, 106(15): 152101.

[27] LI H, WIENECKE S, ROMANCZYK B, et al. Enhanced mobility in vertically scaled N-polar high-electron -mobility transistors using GaN/InGaN composite channels[J]. Applied Physics Letters, 2018, 112(7): 073501.

[28] KHAN M A, HATTARAI A B, KUZNIA J N, et al. High electron mobility transistor

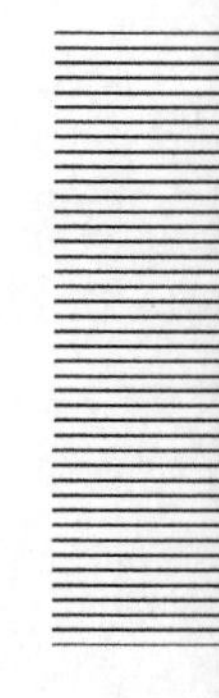

based on a GaN-$Al_x Ga_{1-x}$ N heterojunction[J]. Applied Physics Letters, 1993, 63(9): 1214-1215.

[29] WU Y F, SAXLER A, MOORE M, et al. 30-W/mm GaN HEMTs by field plate optimization[J]. IEEE Electron Device Letters, 2004, 25(3): 117-119.

[30] WU Y F, MOORE M, WISLEDER T, et al. 40-W/mm double field-plated GaN HEMTs[C]. Proceeding of IEEE Device Research Conference, 2006: 151-152.

[31] CHU R, CHEN Z, PEI Y, et al. MOCVD-grown AlGaN buffer GaN HEMTs with V-gates for microwave power applications[J]. IEEE Electron Device Letters, 2009, 30(9): 910-912.

[32] HAO Y, YANG L, MA X H, et al. High-performance microwave gate-recessed AlGaN/AlN/GaN MOS-HEMT with 73% power-added efficiency[J]. IEEE Electron Device Letters, 2011, 32(5): 626-628.

[33] LU Y, MA X H, YANG L, et al. High RF performance AlGaN/GaN HEMT fabricated by recess-arrayed ohmic contact technology[J]. IEEE Electron Device Letters, 2018, 39(6): 811-814.

[34] CHU R, SHEN L, FICHTENBAUM N, et al. V-gate GaN HEMTs for X-band power applications[J]. IEEE Electron Device Letters, 2008, 29(9): 974-976. 35

[35] DUMKA D C, SAUNIER P. GaN on Si HEMT with 65% power added efficiency at 10 GHz[J]. Electronics letters, 2010, 46(13): 946-947.

[36] MOON J S, MOYER H, MACDONALD P, et al. High efficiency X-band class-E GaN MMIC high-power amplifiers[C]. 2012 IEEE Topical Conference on Power Amplifiers for Wireless and Radio Applications. IEEE, 2012: 9-12.

[37] FITCH R C, WALKER D E, GREEN A J, et al. Implementation of High-Power-Density X-Band AlGaN/GaN High Electron Mobility Transistors in a Millimeter-Wave Monolithic Microwave Integrated Circuit Process[J]. IEEE Electron Device Letters, 2015, 36(10): 1004-1007.

[38] PALACIOS T, CHAKRABORTY A, RAJAN S, et al. High-power AlGaN/GaN HEMTs for Ka-band applications[J]. IEEE Electron Device Letters, 2005, 26(11): 781-783.

[39] WU Y F, MOORE M, ABRAHAMSEN A, et al. High-voltage millimeter-wave GaN HEMTs with 13.7W/mm power density[C], 2007 IEEE International Electron Devices Meeting. IEEE, 2007: 405-407.

[40] MOON J S, WONG D, HU M, et al. 55% PAE and high power Ka-Band GaN HEMTs with linearized transconductance via n+ GaN Source Contact Ledge[J]. IEEE Electron Device Letters, 2008, 29(8): 834-837.

[41] MI M H, MA X H, YANG L, et al. Millimeter-wave power AlGaN/GaN HEMT using surface plasma treatment of access region[J]. IEEE Transactions on Electron Devices, 2017, 64(12): 4875-4881.

[42] ROMANCZYK B, WIENECKE S, GUIDRY M, et al. Demonstration of constant 8 W/mm power density at 10, 30, and 94 GHz in state-of-the-art millimeter-wave N-polar GaN MISHEMTs[J]. IEEE Transactions on Electron Devices, 2017, 65(1): 45-50.

[43] SIMIN G, HU X, TARAKJI A, et al. AlGaN/InGaN/GaN double heterostructure field-effect transistor[J]. Japanese Journal of Applied Physics, 2001, 40(11A): L1142.

[44] HSIN Y M, HSU H T, CHUO C C, et al. Device characteristics of the GaN/InGaN-doped channel HFETs[J]. IEEE Electron Device Letters, 2001, 22(11): 501-503.

[45] SIMIN G, KOUDYMOV A, FATIMA H, et al. SiO_2/AlGaN/InGaN/GaN MOS DHFETs[J]. IEEE Electron Device Letters, 2002, 23(8): 458-460.

[46] ADIVARAHAN V, GAEVSKI M, KOUDYMOV A, et al. Selectively doped high-power AlGaN/InGaN/GaN MOS-DHFET[J]. IEEE Electron Device Letters, 2007, 28(3): 192-194.

[47] ADIVARAHAN V, GAEVSKI M, ISLAM M M, et al. Double-recessed high-frequency AlInGaN/InGaN/GaN metal-oxide double heterostructure field-effect transistors[J]. IEEE Transactions on Electron Devices, 2008, 55(2): 495-499.

[48] WANG R, LI G, KARBASIAN G, et al. InGaN channel high-electron-mobility transistors with InAlGaN barrier and f_T/f_{max} of 260/220 GHz[J]. Applied Physics Express, 2012, 6(1): 016503.

[49] SOHEL S H, XIE A, BEAM E, et al. Polarization engineering of AlGaN/GaN HEMT with graded InGaN sub-channel for high-linearity X-band applications[J]. IEEE Electron Device Letters, 2019, 40(4): 522-525.

[50] CHINI A, BUTTARI D, COFFIE R, et al. Power and linearity characteristics of field-plated recessed-gate AlGaN-GaN HEMTs[J]. IEEE Electron Device Letters, 2004, 25(5): 229-231.

[51] PALACIOS T, CHINI A, BUTTARI D, et al. Use of double-channel heterostructures to

improve the access resistance and linearity in GaN-based HEMTs[J]. IEEE Transactions on Electron Devices, 2006, 53(3): 562-565.

[52] KHALIL I, BAHAT-TREIDEL E, SCHNIEDER F, et al. Improving the linearity of GaN HEMTs by optimizing epitaxial structure[J]. IEEE Transactions on Electron Devices, 2009, 56(3): 361-364.

[53] GAO T, XU R, KONG Y, et al. Improved linearity in AlGaN/GaN metal insulator semiconductor high electron mobility transistors with nonlinear polarization dielectric [J]. Applied Physics Letters, 2015, 106(24): 243501.

[54] RADHAKRISHNA U, CHOI P, GRAJAL J, et al. Study of RF-circuit linearity performance of GaN HEMT technology using the MVSG compact device model[C]//2016 IEEE International Electron Devices Meeting (IEDM). IEEE, 2016: 371-374.

[55] JOGLEKAR S, RADHAKRISHNA U, PIEDRA D, et al. Large signal linearity enhancement of AlGaN/GaN high electron mobility transistors by device-level Vt engineering for transconductance compensation[C]//2017 IEEE International Electron Devices Meeting (IEDM). IEEE, 2017: 2531-2534.

[56] ZHANG K, KONG Y, ZHU G, et al. High-linearity AlGaN/GaN FinFETs for microwave power applications[J]. IEEE Electron Device Letters, 2017, 38(5): 615-618.

[57] WU S, MA X H, YANG L, et al. A millimeter-wave AlGaN/GaN HEMT fabricated with transitional-recessed-gate technology for high-gain and high-linearity applications [J]. IEEE Electron Device Letters, 2019, 40(6): 846-849.

[58] HOU B, YANG L, MI M, et al. High linearity and high power performance with barrier layer of sandwich structure and $Al_{0.05}GaN$ back barrier for X-band application [J]. Journal of Physics D: Applied Physics, 2020, 53(14): 145102.

[59] BAJAJ S, YANG Z, AKYOL F, et al. Graded AlGaN channel transistors for improved current and power gain linearity[J]. IEEE Transactions on Electron Devices, 2017, 64(8): 3114-3119.

[60] MOON J S, GRABAR B, ANTCLIFFE M, et al. High-speed graded-channel GaN HEMTs with linearity and efficiency[C]//2020 IEEE/MTT-S International Microwave Symposium (IMS). IEEE, 2020: 573-575.

[61] ZHANG F, ZHENG X F, HE Y L, et al. Linearity enhancement of AlGaN/GaN HEMTs with selective-area charge implantation[J]. IEEE Electron Device Letters, 2022, 43(11): 1838-1841.

[62] WU Y F, WOOD S M, SMITH R P, et al. An Internally-matched GaN HEMT amplifier with 550-watt peak power at 3. 5 GHz[C]. International Electron Devices Meeting. IEEE, 2006: 41542191 - 41542194.

[63] SHIGEMATSU H, INOUE Y, AKASEGAW A, et al. C-band 340 W and X-band 100 W GaN power amplifiers with over 50% PAE[C]. Proceedings of IEEE MIT-S International Microwave Symposium Digest. Boston, MA, USA, 2009: 73 - 78.

[64] TUFFY N, PATTISON L. A compact high efficiency GaN-Si PA implemented in a low cost DFN package with 71% fractional bandwidth[C]. 2014 IEEE MTT-S International Microwave Symposium, 2014: 1 - 3.

[65] FORMICONE G, BURGER J, CUSTER J, et al. A GaN power amplifier for 100 VDC bus in GPS L-band[C]. Proceedings of IEEE Topical Conference on RF/Microwave Power Amplifiers for Radio and Wireless Applications. Phoenix, AZ, USA, 2017: 100 - 103.

[66] ZHANG L J, MO J H, CUI Y X, et al. Research and fabrication of L-Band 350 W AlGaN /GaN HEMT[J]. Semiconductor Devices, 2018, 43(6): 437 - 442.

[67] JING S H, ZHONG S C, RAO H, et al. Design of 1. 1 kW L-band GaN RF power amplifier[J]. Research and Progress of Solid-State Electronics. 2019, 39(5): 325 - 328.

[68] WU J F, XU Q S, ZHAO X B, et al. Development of a 160 W continuous wave internally-matched GaN HEMT power device at C-Band[J]. Semiconductor Devices. 2019, 44(01): 27 - 31.

[69] CHEN X Q, GE S, SHI X H. Design of S-Band high power internally matched power amplifier based on the GaN HEMT[J]. Electronics & Packaging. 2019, 19(07): 45 - 48.

[70] VETURY R, ZHANG N Q, KELLER S, et al. The impact of surface states on the DC and RF characteristics of AlGaN/GaN HFETs[J]. IEEE Transactions on Electron Devices. 2001, 48(3): 560 - 566.

[71] KIM H, TILAK V, GREEN B M, et al. Reliability evaluation of high power AlGaN/GaN HEMTs on SiC Substrate[J]. Physica Status Solidi (a). 2001, 188(1): 203 - 206.

[72] JOH J, ALAMO J. Mechanisms for Electrical Degradation of GaN High-Electron Mobility Transistors[C]. International Electron Devices Meeting. 2006: 41542181 - 41542184.

[73] MARCON D, KANG X, VIAENE J, et al. GaN-based HEMTs tested under high temperature storage test[J]. Microelectronics Reliability. 2011, 51(9 - 11): 1717 - 1720.

[74] RAO H P, BOSMAN G. Study of RF reliability of GaN HEMTs using Low-Frequency

Noise spectroscopy[J]. IEEE Transactions on Device & Materials Reliability. 2012, 12(1): 31-36.

[75] RUZZARIN M, MENEGHINI M, ROSSETTO I, et al. Evidence of hot-Electron degradation in GaN-Based MIS-HEMTs submitted to high temperature constant source current stress[J]. IEEE Electron Device Letters. 2016, 37(11): 1415-1417.

[76] JIANG R, SHEN X, FANG J T, et al. Multiple defects cause degradation after high field stress in AlGaN/GaN HEMTs[J]. IEEE Transactions on Devicesand Materials Reliability. 2018, 18(03): 364-375.

第2章
氮化物材料 MOCVD 生长技术

要实现高性能光电器件和电子器件，首先需要生长出高质量的氮化物晶体，并控制它们的电特性。自从第一次成功地使用氢化物气相外延(HVPE)在蓝宝石衬底上得到GaN单晶，蓝宝石就成为最受欢迎的氮化物外延衬底。这是因为它能经受住高温和氨等反应物的侵蚀，并且很容易生长。由于蓝宝石衬底与氮化物晶格高度不匹配，为了提高氮化物的晶体质量，Amano等人在1986年提出了采用金属有机物化学气相沉积法(MOCVD)低温沉积LT-AlN薄层作为一种缓冲层的外延方法。其本质是插入一种缓冲材料来减小外延层和高度不匹配的衬底之间的界面自由能。实验结果清楚地表明，在最优条件下插入LT-AlN缓冲层，极大地改善了氮化物的晶体质量，同时也提高了它的发光亮度和电特性。而今，MOCVD成为产业界GaN生长最为常用的方法，本章基于MOCVD方法，对新型氮化物薄膜材料及异质结构生长技术进行介绍。

2.1 GaN材料基本特性及MOCVD生长技术

GaN基半导体材料具有稳定的化学性质，因而通过传统的半导体材料生长方法如提拉法以及熔融法很难进行制备。GaN基体单晶材料的制备还处于发展的初期。目前，GaN基半导体材料及其异质结的生长制备主要是在其他衬底上异质外延进行的。由于MOCVD方法具有成本低廉、工艺成熟等优点，因此成为异质外延工艺的主要选择，且得到了广泛运用。

2.1.1 GaN材料的基本特性

目前，GaN基半导体材料是半导体领域研究的前沿内容，是制备电力电子器件(微波电子器件和功率电子器件)和光电子器件最重要的半导体材料之一，是重要的第三代半导体材料(第三代半导体材料还包括SiC和金刚石等)。与Ge、Si、InP和GaAs等第一代和第二代半导体材料相比，GaN基半导体材料具有高饱和电子漂移速度、高导热率、宽带隙(或称宽禁带宽度)、低介电常数、高吸收系数、强原子键和良好的化学稳定性(很难被酸腐蚀)等优点，在高频微波器件、光电子器件、高温功率器件、抗辐照器件和太赫兹器件等器件中极具应用前景[1]。几种常用的半导体材料的基本性能参数对比如表2.1所示。

表 2.1 几种重要半导体材料的材料性能参数[2-6]

半导体材料	GaN	金刚石	4H-SiC	Si	GaAs	InP
能带类型	直接带隙	间接带隙	间接带隙	间接带隙	直接带隙	直接带隙
禁带宽度/eV	3.4	5.6	3.2	1.12	1.43	1.34
熔点/℃	1700	4000	2830	1420	1238	1070
击穿场强/(10^5 V/cm)	50	215	35	6.0	6.5	5.0
相对介电常数	8.9	5.5	9.7	11.9	13.2	12.5
电子饱和速度/(10^7 cm/s)	2.5	2.7	2.0	1.0	2.0	1.0
迁移率/(cm^2/(V·s))	900	2200	800	1350	6000	5400
热导率/(W/(cm·K))	1.50	20.00	4.90	1.40	0.54	0.7

从表2.1中可以看到，相比于禁带宽度(或称带隙)较窄的Si和化合物半导体GaAs、InP等材料，SiC、GaN以及金刚石等具有更好的性能参数，表明这些材料在微波器件和功率器件中具有更大的应用潜力。但目前用于制备器件的高质量金刚石材料的生产还存在一定难度，距离大规模商业应用还存在一定距离。相比于SiC材料，GaN基半导体材料具有更高的电子饱和速度和更宽的禁带宽度，因此GaN基半导体材料更适合应用于高频、大功率及微波器件领域；GaN基半导体材料的能带类型属于直接带隙，这使其更适合制备发光二极管(LED)、激光器(LD)和光电探测器等光电器件；另外，GaN基器件具有较低的噪声系数、很强的抗辐照能力、良好的温度稳定性，因此能够在高温和强辐照等严苛的环境下工作。

2.1.2 MOCVD方法生长GaN简介

MOCVD是目前GaN基半导体材料及其异质结生长的最主要的方法之一，它是一种非平衡的半导体材料生长方法。经过人们多年的研究与总结，对于MOCVD方法生长GaN基半导体材料，无论是工艺改善还是理论体系的建立都已经相当完善，下面对利用MOCVD方法生长GaN的机理以及MOCVD外延生长系统进行简单的介绍。

1. GaN 生长过程

在半导体薄膜材料生长过程中，金属有机物源以溶液的形式存储在钢瓶中，使用时用载气(H_2、N_2 和它们的混合气体)将金属有机物源蒸气携带至反应室中，同时在互相分离的管路中向反应室中输送高纯氨气(NH_3)。这些气体在反应室中相互扩散混合，当混合气体到达加热后的衬底上方以及表面时，发生化学反应，反应所产生的化合物分子最后沉积到衬底的表面，随着反应的进行，大量的化合物分子聚集在一起最终形成外延的半导体薄膜。MOCVD 外延生长 GaN 薄膜，在生长过程中以 NH_3 作为 N 源，以三乙基镓($Ga(C_2H_5)_3$)作为 Ga 源，主要的化学反应可概括为

$$Ga(C_2H_5)_3 + 3NH_3 \longrightarrow GaN\downarrow + 6CH_4 + N_2 \tag{2-1}$$

在 GaN 的实际生长过程中，情况非常复杂，其生长示意图如图 2.1 所示。

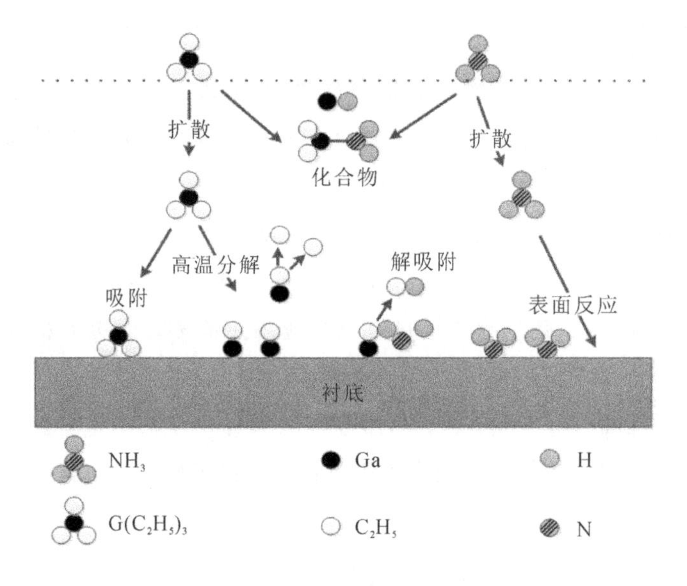

图 2.1 GaN 生长示意图

GaN 主要生长过程包括：

(1) 在反应室中同时通入 NH_3 和 MO 源；

(2) 均匀混合后的 MO 源和 NH_3 被传输到衬底上方材料的生长区域；

(3) 高温使得 MO 源在沉积之前先进行分解，分解之后与 NH_3 发生反应，氮化物薄膜晶体的生长正是由这些分解产物进一步发生化学反应生成；

(4) 分解产生的材料先沉积并吸附到衬底表面，之后进行扩散寻找最优的生长格点；

(5) 通过扩散过程，氮化物分子在衬底上相互混合，并转变成半导体薄膜；

(6) 其他的副产物在物化过程后，通过解吸附脱离衬底；

(7) 副产物在载气的作用下被带离生长区域并输送到尾气处理系统中排出去。

GaN 薄膜的外延过程是一个动态平衡的过程，在衬底加热的过程中 GaN 形成的同时还进行分解。通常采用较高的 NH_3 流量来抑制外延薄膜的分解。

2. MOCVD 外延生长系统

MOCVD 外延生长系统主要由五个部分组成，分别是反应室系统、气体输运系统、控制系统(计算机)、尾气处理系统和原位监测系统，MOCVD 外延生长系统的设备示意图如图 2.2 所示，某 MOCVD 外延生长系统(MOCVD－120)的设备实物图如图 2.3 所示。受反应室大小的限制，MOCVD－120 每次只能生长一片 2 英寸的样品。它采用冷壁反应室，其管壁的降温采用循环的冷却水进行，生长过程中加热采用射频线圈感应进行。在半导体材料的生长过程中，

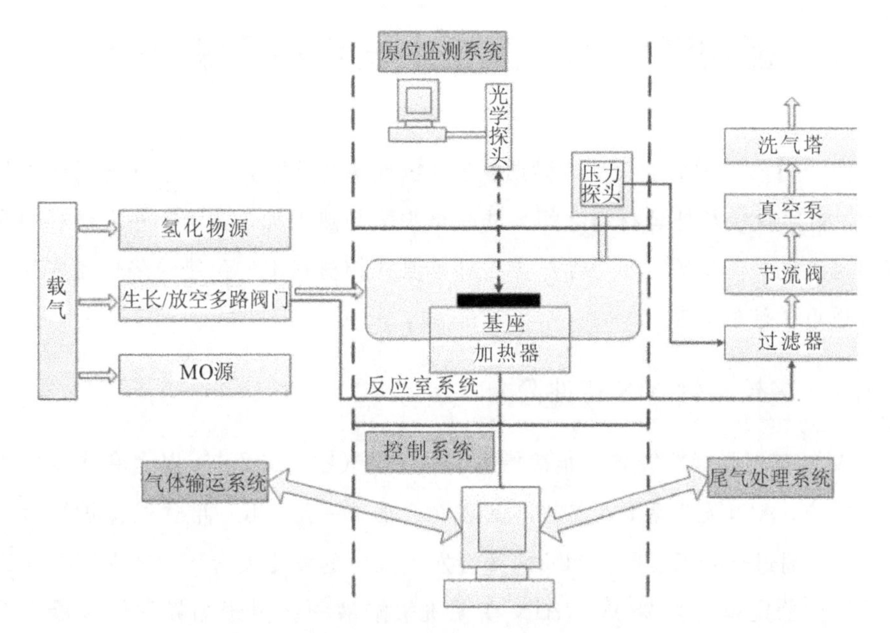

图 2.2　MOCVD 外延生长系统的设备示意图

图 2.3 MOCVD－120 设备实物图

MO 源和 NH_3通过载气携带，从上到下通入反应室中，气体的流动方向和衬底的表面互相垂直。机械传动装置使石墨基座匀速地进行自转和公转，衬底置于石墨基座上随之进行转动，从而提升生长样品的均匀性。

2.2 磁控溅射 AlN 基板生长 GaN 薄膜技术

由于自然界中缺乏天然的同质衬底，因此氮化物材料多基于异质衬底外延获得。衬底材料与外延材料之间大的晶格失配与热失配，会导致外延材料中存在高密度的位错缺陷。如何降低异质外延氮化物材料中的位错缺陷也就成为研究者重点关注的问题。

2.2.1 磁控溅射 AlN 特性简介

AlN 在高温惰性气体中非常稳定，而在空气中，在 700℃以上它容易发生氧化反应。AlN 发生氧化反应时，其表面会形成一层 AlO_x 形式的保护层直至 1370℃。超过这个温度时，AlN 内部会发生大量的氧化反应。AlN 在二氧化碳氛围下的稳定温度为 980℃。AlN 在无机酸溶液中会由于晶界的侵袭慢慢溶解，而在强碱性溶液中溶液会直接腐蚀 AlN 晶粒。AlN 在水中会缓慢地水解。

AlN 的禁带宽度达到 6.2 eV，是一种重要的紫外波段光电器件材料。AlN 体单晶材料可用于外延生长高质量的 GaN 基光电以及电子器件，这是由于 AlN 相比于大部分衬底能更好地匹配 GaN 的晶格常数，使得位错密度明显减小。AlN 具有高达 280 W/mK 的导热率、高达 6.2 eV 的超宽禁带宽度和高电阻率等特性，可作为高功率紫外发光二极管、紫外光电探测器和高功率高频电子器件(AlGaN /GaN HEMT)的衬底。此外，AlN 难以熔融于铝、镓、铁、镍、钼、硅氟和硼中。磁控溅射是另一种可以在低温下生长高质量的 AlN 薄膜的强大而灵活的技术。与气相外延和 PLD 相比，磁控溅射具有更大范围的参数和衬底材料可以使用，以控制薄膜的特性。但是，大多数通过磁控溅射得到的材料为多晶，少部分材料在有限的范围内可获得单晶。

2012 年，Yen 等人报道了一种采用磁控溅射 AlN 成核层取代传统 MOCVD 方法生长 AlN 成核层的生长方法。该方法进一步提高了氮化镓薄膜质量，而且与目前普遍使用的图形衬底技术相兼容。将该方法运用于实际生产时，由于不需要设置成核层，因此可以缩短 MOCVD 设备的使用时间。而磁控溅射所需要的成本又远低于 MOCVD，故而该方法能有效降低 GaN 材料的生产成本。正是由于低成本、高稳定性等优势，磁控溅射 AlN 成核层技术近年来广泛应用于 GaN 的生长。Yen 等人[7]研究了磁控溅射 AlN 成核层在高纵横比图形衬底上降低位错的机理，他们发现传统高纵横比图形衬底附近经常出现闪锌矿结构，从而导致在 GaN 成核阶段出现较高的位错密度。但是，该结果并不具有普遍意义，尤其是平面衬底上磁控溅射 AlN 成核层的位错降低机理依然有待进一步研究。经过这几年的发展，基于磁控溅射 AlN 成核层的 GaN 材料外延在位错密度上已取得很好的进展。目前，GaN 的(002)面和(102)面的 FWHM (半高宽)已经能降低到 100 弧秒左右，并已在商业上取得广泛运用。因此，更好地了解磁控溅射 AlN 成核层降低氮化物位错的机理可以促进该方法的进一步发展和应用。

2.2.2 磁控溅射 AlN 基板上 GaN 材料生长及表征

首先，通过原子力显微镜(AFM)测试来比较基于磁控溅射 AlN 成核层和 MOCVD AlN 成核层上生长的 GaN 的表面形貌。如图 2.4(a)和(b)所示，两者的样品表面都呈现明显的台阶流，说明两种生长方法都是步进式生长模式；两

者的均方根粗糙度(RMS)分别为0.252 nm和0.382 nm，说明磁控溅射AlN成核层上生长的GaN材料具有更平整的表面形貌。

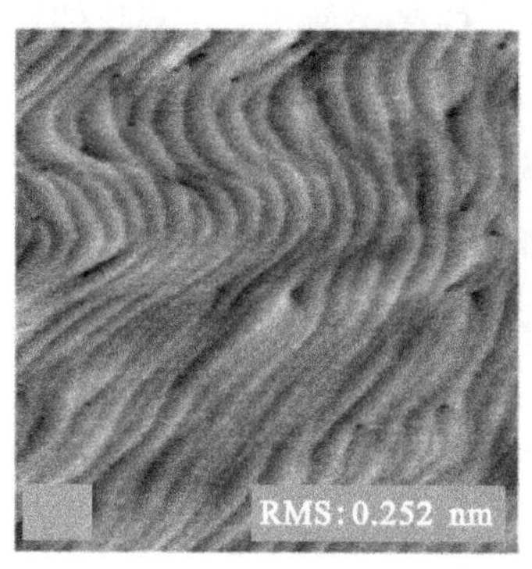

(a) 磁控溅射AlN

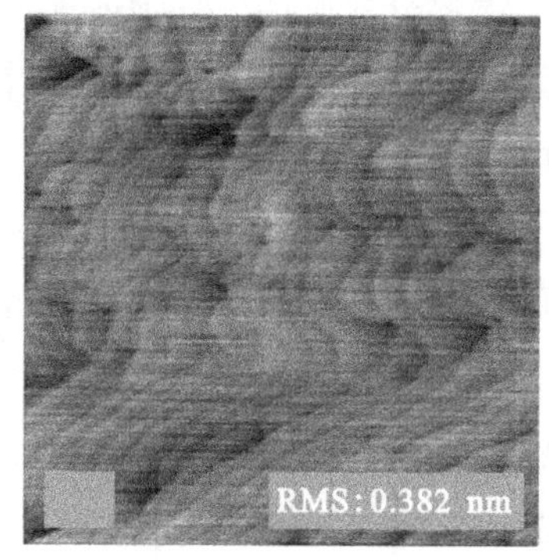

(b) MOCVD AlN

图 2.4 AlN成核层上生长的GaN表面形貌(5 μm×5 μm)

接下来，采用高分辨率衍射仪(HRXRD)来分析两种生长方法生长的氮化镓晶体质量。由图2.5可见，MOCVD AlN成核层上生长的GaN样品，其(002)和(102)半高宽分别为244弧秒和696弧秒；而磁控溅射AlN成核层上生长的GaN样品，其(002)面和(102)面半高宽分别为252弧秒和338弧秒。由此可以看出，磁控溅射AlN成核层上生长GaN的方法在降低位错密度上有明显优势，总的位错密度较传统MOCVD AlN成核层上生长GaN的下降了76%。

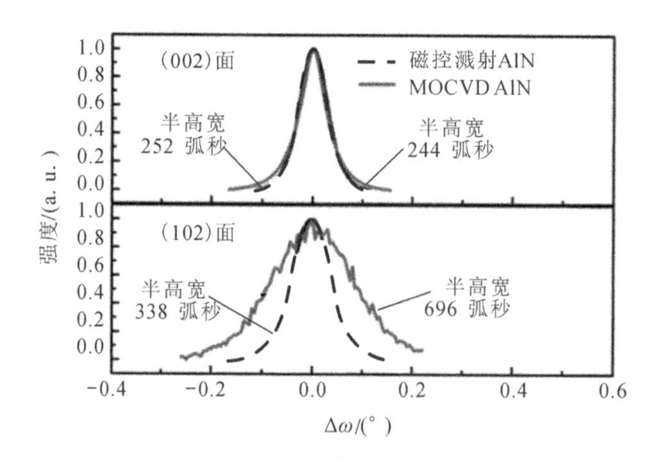

图 2.5 GaN样品(002)面和(102)面HRXRD摇摆曲线

2.2.3 磁控溅射AlN基板位错抑制机理分析

为了研究磁控溅射AlN成核层降低氮化物位错密度的机理，可采用透射电子显微镜(TEM)对其上生长的GaN进行进一步分析。图2.6(a)和(b)分别为明场下，磁控溅射AlN成核层上生长的GaN样品在[0002]和[$10\bar{1}0$]两个矢量$\boldsymbol{g}$下的TEM图像。在TEM图像中可以观测到螺位错、刃位错和混合位错。其中，螺位错在[0002]矢量下观测到了，刃位错在[$10\bar{1}0$]矢量下观测到了，而混合位错在两个矢量下均观测到了。从图中可以看到，磁控溅射AlN成核层上生长的GaN样品有很高密度的位错。但大多数穿透位错在0.3 μm处停止向上延伸，同时，有许多基本面堆垛层错出现在穿透位错停止延伸处，所以，可以认为是堆垛层错的出现阻挡了大量穿透位错的延伸，从而使得GaN材料的位错密度大幅下降。

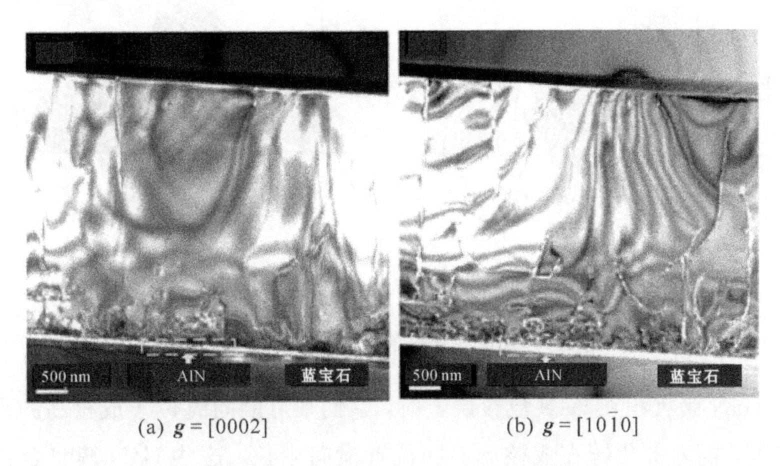

(a) $\boldsymbol{g}$=[0002]　(b) $\boldsymbol{g}$=[$10\bar{1}0$]

图2.6 明场下磁控溅射AlN成核层上生长的GaN样品的TEM图像

根据已有的研究报道，堆垛层错的形成能在20 meV左右[8]。这使得在极性面(包括Ga面和N面)中，堆垛层错很难形成。堆垛层错一般大量出现在半极性和非极性面GaN材料中，在极性面中只有少数文献报道了堆垛层错阻挡位错延伸[9-10]。在这些文献中，有的是在大角度斜切衬底上获得的，其机理类似于半极性面GaN材料。其中两个报道比较有参考价值，一个是在N面GaN材料中发现的，另一个是在图形衬底上的Ga面GaN上发现的[10]。这两个发现的共同点是在GaN生长初期具有很强的纵向生长模式，但实现的方法不同：

N 面 GaN 是通过生长 N 极性时所需要的极高Ⅴ/Ⅲ比而导致的强横向生长模式；而图形衬底是通过加强横向生长模式以加强图形合并。

为了进一步研究磁控溅射 AlN 成核层上生长的 GaN 材料中出现堆垛层错的原因，可分析另外两个样品，分别为磁控溅射 AlN 成核层与 MOCVD 生长的 AlN 成核层。图 2.7(a)和(b)显示了这两个样品的 AFM 表面形貌图像。显然，磁控溅射 AlN 成核层有更高的成核密度。相比之下，MOCVD 生长的 AlN 成核岛尺寸更大。这是由于外延方法不同。在传统的 MOCVD 两步法生长中，AlN 成核层在开始时处于三维生长模式，然后成核岛逐渐生长和合并，因此形成的成核岛尺寸较大。而 AlN 在溅射过程中，原子附着在表面，具有更多的随机性，容易形成高密度成核岛。因此，磁控溅射 AlN 成核层的表面起伏降低到约 3.5 nm(5 μm×5 μm)。

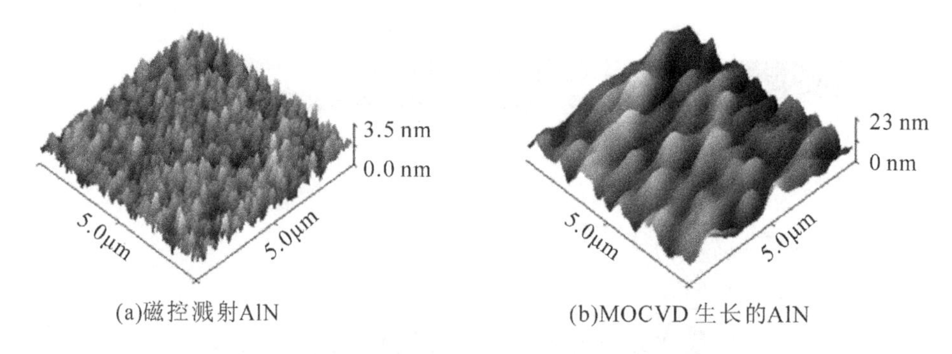

(a)磁控溅射AlN　　(b)MOCVD 生长的AlN

图 2.7　AlN 成核层的 AFM 表面形貌图像

当 GaN 簇沉积在 AlN 成核层上时，它们很可能同时位于成核岛的顶部和底部之间。随着氮化镓在成核岛不同位置横向生长，这些 GaN 簇将合并并产生很多台阶。在一定概率下，这些台阶会生长成堆垛层错。更高密度的成核岛会使得 GaN 簇有更多机会形成台阶。而台阶一旦形成堆垛层错后，它们很容易延伸到其他区域。由于堆垛层错的形成有一定的随机性，它们形成的位置也会不同，所以在图 2.6(b)可以看到这些层错出现的高度并不一致。当氮化镓外延层沉积在 MOCVD 生长的 AlN 成核层时，它们始终处于台阶流生长模式。在这种模式下，GaN 内很难形成堆垛层错。

另一个影响堆垛层错形成的关键原因是 GaN 的生长条件。在实验中，生长压强设置为 40 Torr(1 Torr≈133.322 Pa)，GaN 外延中的Ⅴ/Ⅲ比达到了

2133。常规的 GaN 生长压强为 100 Torr，Ⅴ/Ⅲ为 100 量级。而极高的Ⅴ/Ⅲ比和较低的压强有利于横向生长[11-12]。因此，这一条件也有利于在 GaN 上形成堆垛层错。因此，实验条件的优化有利于台阶形成堆垛层错。而这些堆垛层错阻挡了穿透位错的延伸，从而提高了 GaN 材料的晶体质量。

2.3　微纳球掩膜部分接触式横向外延过生长技术

2.3.1　部分接触式横向外延过生长简介

横向外延过生长(ELOG)是 GaN 材料外延生长过程中常用于降低位错密度的方法，其中用到的硬质掩膜通常是介质薄膜，如 SiO_2、SiN_x 等。这些介质薄膜通常利用各种物理或者化学气相沉积方法制备，再被用作生长掩膜或刻蚀掩膜，因此，它们都是与衬底材料“粘连”在一起的。而与衬底“分离”的掩膜则很少被研究，这种掩膜所采用的介质材料与前者基本相同，唯一不同的是其介质材料没有与衬底材料粘连在一起[13-15]，就像是被放在衬底表面。相比前者，这种掩膜在衬底表面是可动的，非粘连的可动特征可能会减小衬底材料与掩膜之间的应力作用，抑制因应力带来的问题。接下来介绍的微纳球掩膜就是一种与衬底“分离”的掩膜。

理想的微纳球单层是密堆积排列的无缺陷单层，微纳球单层的制备方法将决定能否获得理想的微纳球单层，这也是微纳球单层的掩膜功能能否实现的关键。实际中，微纳球单层制备受很多因素的影响，首先是制备方法的选择，然后是制备方法中的各种条件。目前比较有效的制备方法有两种：旋涂法和提垃法。其他的方法几乎都是在这两种方法的基础上改进得到的，这两种方法都是利用微纳球在衬底表面的自组织行为进行的，而自组织行为的主要驱动力就是布朗运动和表面张力。

相比提垃法，旋涂法具有成本低、工艺简单等优点，但也有可控性差等缺点。经过大量的实验研究和优化，作者团队开发了一套完整的旋涂法——两步旋涂法。该方法可以在任意衬底上实现大面积微纳球单层的制备。

传统 ELOG 的样品包括衬底种子层、生长掩膜、窗口区(Window)和过生长区(翼区，Wing)。其中衬底种子层是过生长的基础，它为过生长提供成核点和良好的晶体取向；生长掩膜用于阻挡生长和抑制位错，使得选区生长得以实现；窗口区用于二次生长成核；翼区是成核岛扩展后在掩膜上方形成的区域。对于传统ELOG，主要困难是抑制窗口区穿透位错和控制翼与相邻翼合并处材料的结晶质量[16]。早期的研究观察到，在垂直于成核条方向，翼区材料与窗口区材料之间存在晶向偏差，称之为“翼倾”。因为相邻翼区之间合并时会存在两倍翼倾大小的晶向偏差，只要存在晶向偏差，在两个翼区合并处就不可避免地产生位错等晶格缺陷，因此翼倾会导致合并区域材料的结晶质量变差。实际测试中，翼倾是由入射波和绕射波矢量定义的衍射平面垂直于成核条方向时，测试(0002)面摇摆曲线的分峰情况来表征的，这时候分峰的衍射信号分别来自两侧翼区和中间窗口区材料，因此可以通过提取翼区峰位与窗口区峰位间的峰位差，得到翼区翼倾角度的精确大小。

此外，为了减小异质外延GaN薄膜的位错密度，在2005—2013年期间有许多GaN纳米ELOG及纳米悬臂外延生长方法的报道。其中，有些利用多孔阳极氧化铝或者多孔SiO_2在GaN基板上制造具有纳米生长窗口的生长掩膜，再在上面二次外延GaN；有些则直接在多孔GaN(即纳米空气桥结构)、多孔硅衬底或多孔SiC衬底上外延GaN。这些纳米ELOG方法是通过减小过生长区和窗口区的尺度来实现的，是微米ELOG方法的延续。这些纳米ELOG方法虽然对降低合并厚度和减小残余应力有明显的效果，但因具有高密度的纳米成核窗口，导致成核岛密度增加，从而形成大量的合并边界，增加了合并位错产生的概率，使得减小位错密度效果受限。

为了抑制“翼倾”和减少合并位错，这里提出一种新型的ELOG方法，即部分接触式ELOG(PC-ELOG)，它的过生长区将与下层种子层(Seed Layer)始终保持部分接触。图2.8(b)和(c)分别展示了传统的介质光刻掩膜PC-ELOG方法和无需光刻的单层微纳球掩膜PC-ELOG方法的原理示意图，并且与图2.8(a)中的传统ELOG方法形成对比。PC-ELOG方法的典型特点是生长掩膜不仅具有大的成核窗口，还具有小的接触窗口。

图2.8(c)给出了密堆积氧化硅微纳球单层作为生长掩膜的生长原理示意

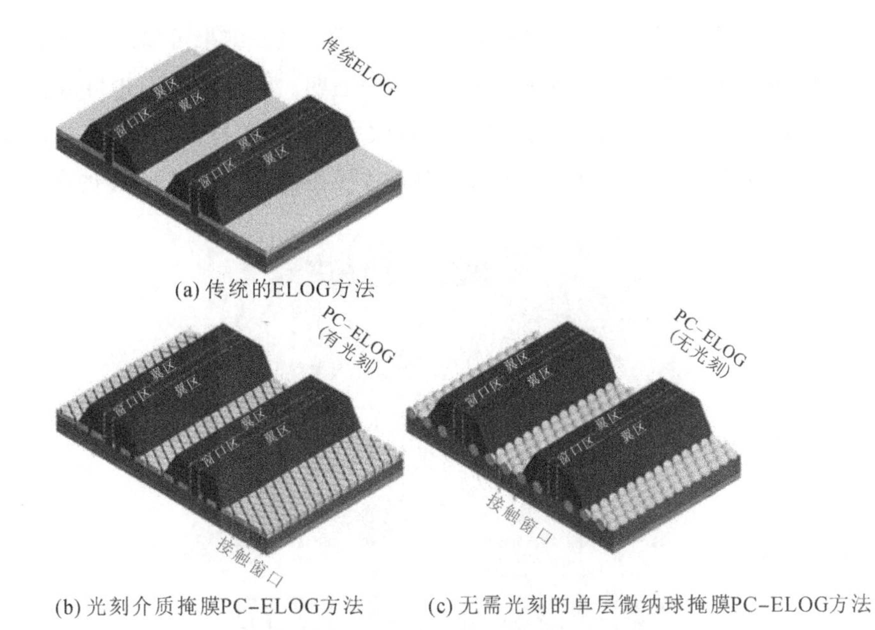

图 2.8　ELOG 方法的生长原理示意图

图。虽然目前已经有人报道在 Si 衬底和 GaN 衬底上利用密堆积的氧化硅纳米球和微纳球单层作为掩膜过滤 GaN 中的位错，也有一些报道使用部分覆盖的和选区覆盖的纳米球作为位错的过滤器。但是这些微纳球掩膜与这里应用的微纳球掩膜在排布结构上明显不同，它们的微纳球排布因为缺乏合适的生长窗口和接触窗口，所以不能实现 PC - ELOG。

2.3.2　微纳球掩膜技术外延薄膜材料表征

图 2.9(a)给出了退火之后微纳球排布的表面显微图像，由图观察到微纳球形成了大量的小面积密堆积微纳球块，称之为“簇(Cluster)”，它将作为 PC - ELOG 的过生长区的掩膜，而簇中密堆积排列的微纳球之间的间隙就可以作为 PC - ELOG 的接触窗口。簇与簇之间的空隙称之为“簇间隙(Cluster Gaps)”，它可以作为 PC - ELOG 的生长窗口。对于密堆积排列的微纳球单层，相邻的生长窗口，也就是簇间隙，它们之间的夹角只有 0°、60°和 120°三种可能，这是由微纳球的密堆积排列决定的。这种生长窗口的摆列正好与六方对称性的纤锌矿 GaN 的某个晶向族排列一致，也就是说局部的成核窗口的延伸方向都是沿着 GaN 的某一

个晶向族的，这使得形成的成核条纹形貌更加一致，这一结果可以通过观察图2.9(b)给出的早期成核条纹的表面SEM图像来证明。从图2.9(b)中可以看到成核条纹形貌相似，排列均匀，且局部成核条纹之间的夹角符合上述分析中指出的三种类型，成核条的均匀性和一致性将有利于成核条的合并和位错密度的降低。

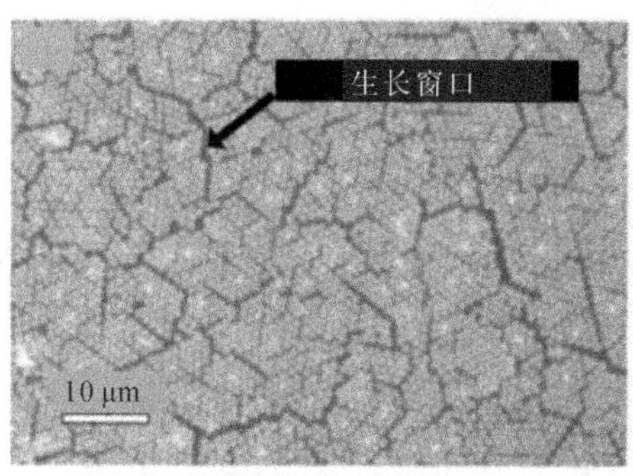

(a) 退火之后的单层微球

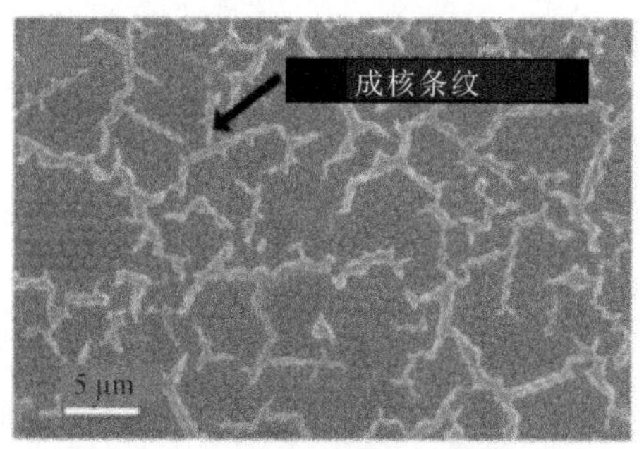

(b) 成核岛的表面

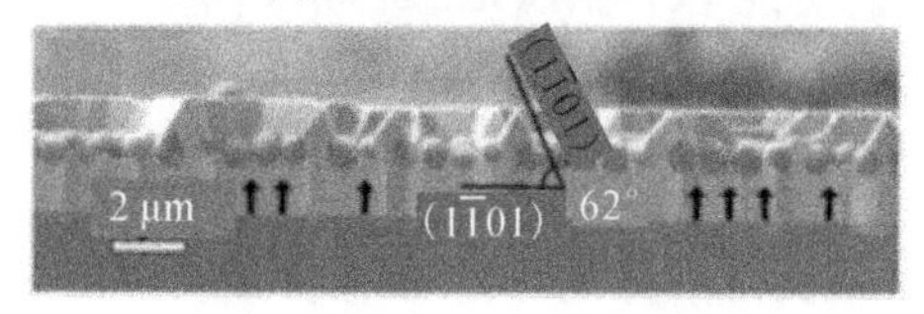

(c) 成核岛的截面SEM图像

图2.9　微纳球的SEM图像(图(a)的黑色箭头标记出了生长窗口，图(b)的黑色箭头标记出了早期成核条纹，可以看到微纳球间隙的生长受到抑制)

由图2.9(b)可以发现，对于1000 nm直径的微纳球来说，生长窗口的典型宽度为(700±200)nm，单个簇大约由25个密堆积排列的微纳球组成，也就是说两个成核窗口之间的间距大约为4 μm。图2.9(c)所示的截面SEM图像显示成核条成三角脊状，参照两步ELOG方法可以知道，三角脊状成核条可以促

使成核岛内位错横向弯曲，有助于减少位错。由图 2.9(c)可以发现成核岛侧面晶面与 c 面的夹角约为 62°，这与(1$\bar{1}$01)面和 c 面间夹角一致，因此成核条的侧面为(1$\bar{1}$01)面，这是由于在该生长条件下 GaN 沿(1$\bar{1}$01)面的生长速率最慢。

值得注意的是，密堆积微纳球的间隙作为接触窗口，使 GaN 种子层暴露在外，GaN 的生长受到了抑制，前文提到这是 PC－ELOG 能够实现的三个必要条件之一。下面就对该现象的产生机理进行解释。如图 2.9(c)所示，截面 SEM 图像中的黑色箭头标示出了 GaN 生长受到抑制的接触窗口区。从图中可以清晰地看到接触窗口区 GaN 的生长停止在微纳球的中心高度处，而生长窗口区 GaN 的生长却没有停止，并穿过生长窗口形成了三角脊状成核条。一方面，接触窗口处 GaN 的生长停止是由于接触窗口的窗口直径非常小，这阻碍了气源向生长表面的输运过程，例如这里采用的 1 μm 直径微纳球，密堆积微纳球中心高度处的间隙(接触窗口)直径只有 150 nm，接触窗口的高宽比高达 6.7，所以又深又窄的接触窗口阻碍了气源向生长表面(种子层表面)输运，GaN 生长因缺少气源停止在微纳球的中心高度处。另一方面，接触窗口区 GaN 的生长受到生长窗口区 GaN 生长的抑制作用，这些生长窗口更宽并与接触窗口处的 GaN 生长存在竞争关系，这时候气源向较宽的生长窗口区输运更容易，所以 GaN 将优先在窗口较大的生长窗口区生长，并会消耗大部分的 Ga 源，从而进一步抑制了接触窗口区 GaN 的生长。

2.3.3　微纳球掩膜技术外延机理分析

由图 2.9(c)可知，接触窗口区 GaN 的生长停止在微纳球的中心高度处，那么生长初期接触窗口处微纳球中心高度以下的 GaN 是如何生长的呢？从 SEM 测试结果中可以看到，在密堆积排列的微纳球下方，种子层出现的大量的分解坑，而在生长窗口附近，种子层的分解相对较弱。这不仅说明了接触窗口区 GaN 的分解强于生长窗口区，还为接触窗口中微纳球中心高度以下 GaN 的生长找到了气源来源。因此，这时候该区域用于生长的气源主要来自种子层材料的分解，特别是在有位错的区域。

图 2.10 给出了成核条的截面 SEM 图像。从本质上说，样品结构看起来像一个“多孔桥”。生长层和种子层分别是“桥面”和“地基”。利用多孔桥的“桥墩”，生长层与种子层发生接触。此外，翼倾会导致过生长层与种子层之间的

晶体方向失配。晶体方向失配导致了位于桥墩中部的接触界面缺陷的形成。因此，为了证明过生长区域受到接触区域的支撑和晶向修正作用，显示过生长层与种子层的接触情况是非常重要的，接触界面质量可以用来证明晶体方向失配的存在，样品接触界面处的缺陷可以用 TEM 测量来显示。

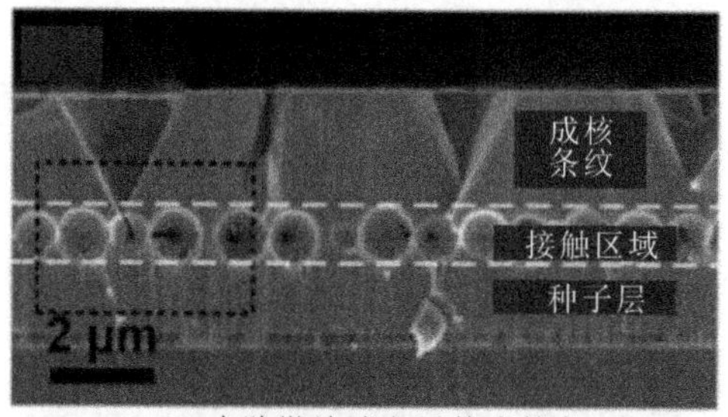

(a) 去除微纳球之后的成核条

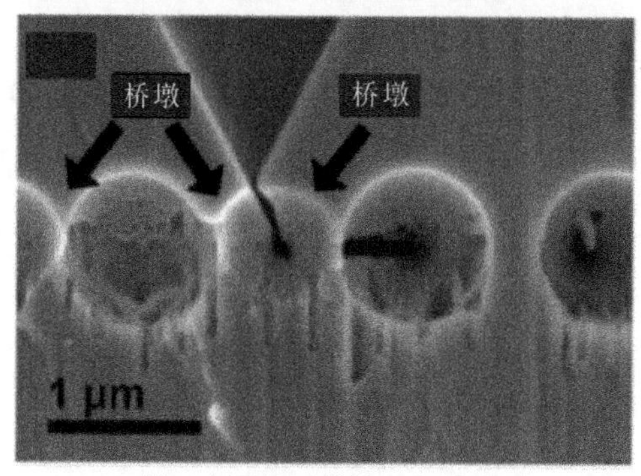

(b) 图(a)中黑框区域的局部放大图

图 2.10　成核条截面 SEM 图像

通过摇摆曲线测试进一步估计得到 PC-ELOG 样品具有 0.04°的晶粒倾转角，相比其他的高质量合并前外延方法(大于 0.11°的有掩膜方法[17-19]和大于 0.08°的无掩膜方法[20-21])，这是一个非常小的晶粒倾转角。图 2.11 给出了在旋转轴分别为[$1\bar{1}00$]和[$11\bar{2}0$]时的成核条合并前后的摇摆曲线测试结果，两个旋转轴的摇摆曲线分别反映了两个延伸方向的成核条的晶粒倾转情况。旋转轴分别为[$1\bar{1}00$]和[$11\bar{2}0$]时，未合并成核条的摇摆曲线单峰 FWHM 分别为 303 弧秒和 311 弧秒，合并之后的样品的摇摆曲线单峰 FWHM 分别为 216 弧秒和 206 弧秒。由图可以发现，[$1\bar{1}00$]和[$11\bar{2}0$]旋转轴下样品的摇摆曲线 FWHM 非常接近，而且未合并时样品的摇摆曲线 FWHM 只比合并后的摇摆

曲线 FWHM 有非常微小的增加，这说明未合并条具有非常好的晶体取向。对于传统的 ELOG 方法，即具有平行成核条的 ELOG 方法，翼倾的形成机制与过生长区域 GaN 同介质掩膜之间的应力密切相关。这里，影响被消除的原因可以这样解释：一方面，因为微纳球彼此之间以及微纳球与衬底之间是空间分离的，所以过生长层与微纳球之间就不存在明显的应力；另一方面，翼区 GaN 与衬底种子层是部分接触的，在生长过程中翼区 GaN 始终通过接触窗口与种子层材料连接，这对翼区 GaN 起到了支撑和晶向修正作用。

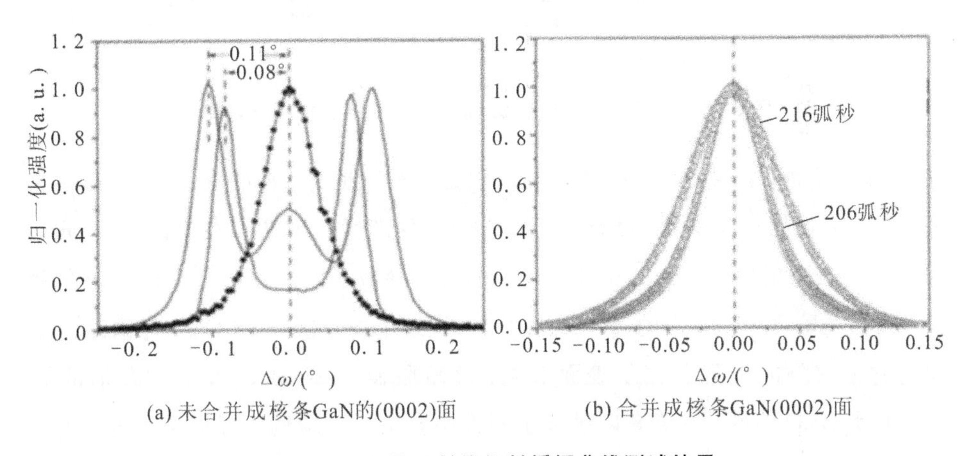

(a) 未合并成核条GaN的(0002)面　　(b) 合并成核条GaN(0002)面

图 2.11　双晶 X 射线衍射摇摆曲线测试结果

2.4　斜切衬底上 N 面 GaN 材料生长技术

2.4.1　N 面 GaN 材料简介

目前常规的 GaN 器件都是基于 Ga 面 GaN 材料制备的。如图 2.12 所示，与常规的 Ga 面 GaN 材料相比，N 面 GaN 材料的极性完全相反，因此拥有很多常规 Ga 面 GaN 材料不具备的优良特性，譬如异质结构中天然的背势特性、与金属接触具有较低的欧姆接触电阻、更好的等比例缩小特性等。利用 N 面 GaN 材料制备的光电器件、探测器及微波功率器件具备巨大的优势。

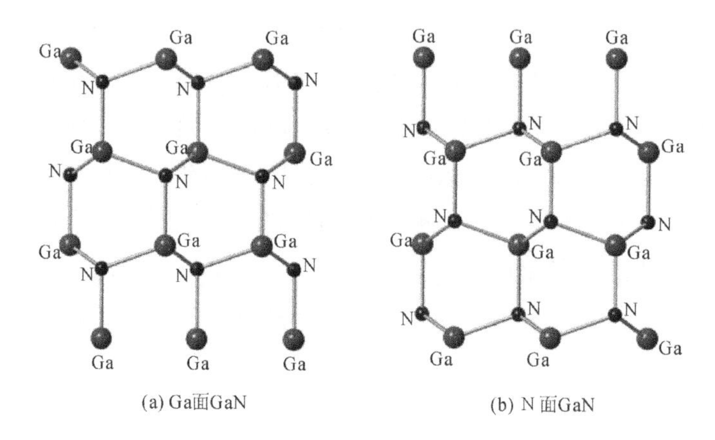

图 2.12　Ga 面 GaN 与 N 面 GaN 的原子排列结构示意图

由于 N 面 GaN 材料的特殊性，在常规蓝宝石衬底上获得的 N 面 GaN 材料的表面存在大量的六方缺陷。目前关于六方缺陷的产生原因还存在争议。Rouviere 等人认为是反相畴界(Inversion Domain)的出现导致了六方缺陷[22]，但是研究发现，在已经确定极性方向的$(000\bar{1})$体材料上继续生长时依然会出现六方缺陷[23]。

六方缺陷的出现恶化了表面形貌，严重阻碍了 N 面 GaN 器件性能的提高：对于 LED 器件，六方缺陷破坏了器件中多量子阱结构的界面平坦度，从而削弱了量子阱对载流子的限制作用，降低了器件的发光效率[24]；对于探测器，六方缺陷造成材料表面粗糙，使得制备欧姆接触及肖特基接触的工艺难度增大，器件可靠性下降；对于 HEMT(高电子迁移率晶体管)器件，六方缺陷增加了界面的粗糙度，导致 2DEG(二维电子气)工作过程中受到的散射增加，器件性能退化。因此，如何消除六方缺陷，生长出表面平坦的 N 面 GaN 材料，是制备高性能 N 面 GaN 器件之前必须解决的关键问题。

2.4.2　斜切衬底上 N 面 GaN 材料生长

当蓝宝石衬底的斜切方向偏向$(10\bar{1}0)m$面时，蓝宝石表面的台阶平行于$(11\bar{2}0)a$面；当蓝宝石衬底的斜切方向偏向$(11\bar{2}0)a$面时，蓝宝石表面的台阶平行于$(10\bar{1}0)m$面，如图 2.13 所示。当 GaN 在蓝宝石衬底上生长的时候，GaN 晶体的方向相对于蓝宝石衬底的斜切方向旋转了 30°。但是，台阶方向由衬底决定，因此当衬底斜切方向偏向 m 面的时候，GaN 表面的台阶方向是偏向 a 面的。

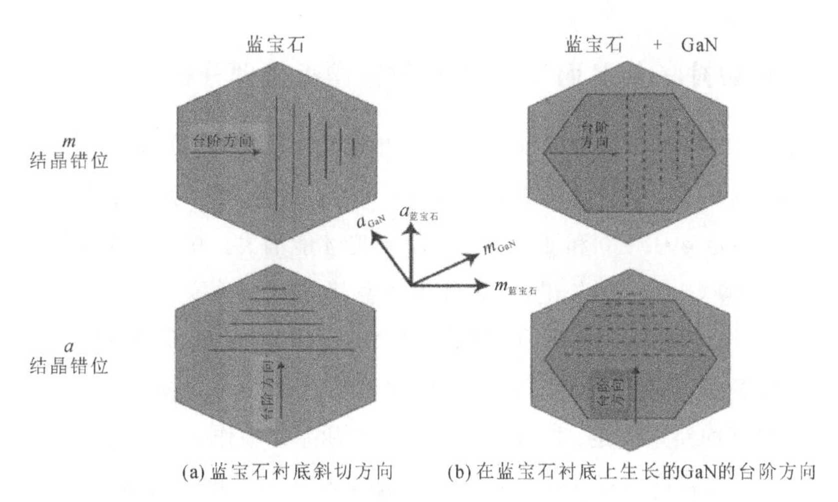

(a) 蓝宝石衬底斜切方向　　(b) 在蓝宝石衬底上生长的GaN的台阶方向

图 2.13　蓝宝石衬底斜切方向与 GaN 材料台阶方向的关系

图 2.14 显示了不同衬底上 N 面 GaN 样品表面的 SEM 图像。从图中可以发现，在常规衬底上生长的 N 面 GaN 样品表面的六方缺陷数目很多，尺寸也很大。与常规衬底相比，斜切衬底上生长的 N 面 GaN 表面没有出现明显的六方缺陷，表面比较平坦，如图 2.14(c)和(d)所示。

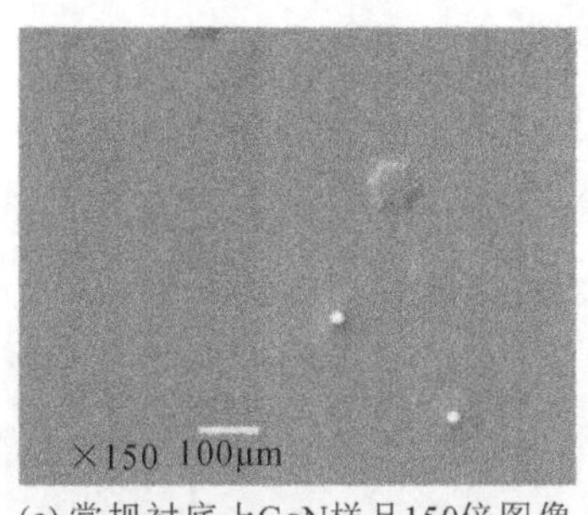

(a) 常规衬底上GaN样品150倍图像

(b) 常规衬底上GaN样品300倍图像

(c) 斜切衬底上GaN样品150倍图像

(d) 斜切衬底上GaN样品300倍图像

图 2.14　不同衬底上 N 面 GaN 样品表面的 SEM 图像

2.4.3 斜切衬底上N面GaN材料位错湮灭机理分析

根据TEM衍射对比度原理中位错的消像准则[25]可以判断位错类型。在弹性各向同性材料中，对于螺位错，只要 $\boldsymbol{g} \cdot \boldsymbol{b}=0$，位错衬度就会消失；对刃位错，须同时满足 $\boldsymbol{g} \cdot \boldsymbol{b}=0$ 和 $\boldsymbol{g} \cdot \boldsymbol{b} \times \boldsymbol{u}=0$，衬度才能消失，其中 $\boldsymbol{g}$ 为操作反射矢量，$\boldsymbol{b}$ 为伯格斯(Burgers)矢量，$\boldsymbol{u}$ 为位错线空间方向的单位矢量。由于六方晶体结构的GaN薄膜，其(0001)面和所有与之垂直相交的面都是弹性对称的晶面，因此可根据衬度消像准则($\boldsymbol{g} \cdot \boldsymbol{b}=0$)来判断这些面内的位错。伯格斯矢量可通过伯格斯回路来确定，即在含有位错的实际晶体中作一个包含位错发生畸变的回路，然后将这同样大小的回路置于理想晶体中，此时回路将不能封闭，需引一个额外的矢量 $\boldsymbol{b}$ 连接回路，才能使回路闭合，这个矢量 $\boldsymbol{b}$ 就是实际晶体中位错的伯格斯矢量。在GaN材料中，螺位错的伯格斯矢量为[0001]，刃位错的伯格斯矢量为[$11\bar{2}0$]，混合位错的伯格斯矢量既包括刃形部分也包括螺形部分。根据消像准则，当矢量 $\boldsymbol{g}$=[0002]的时候，螺位错以及具有螺位错分量的混合位错可以在图像中显现出来；当矢量 $\boldsymbol{g}$=[$10\bar{1}0$]的时候，刃位错以及具有刃位错分量的混合位错可以在图像中显现出来。

图2.15(a)和(b)分别显示了斜切衬底上N面GaN样品在矢量 $\boldsymbol{g}$=[0002]和矢量 $\boldsymbol{g}$=[$10\bar{1}0$]的条件下的截面TEM图像。从图2.15(a)中可发现，在GaN外延层与AlN成核层之间的界面处存在大量的位错，这与Ga面GaN中的情况

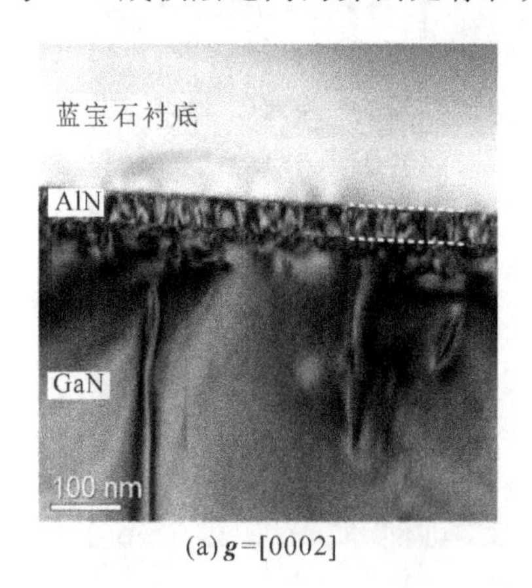

(a) g=[0002]

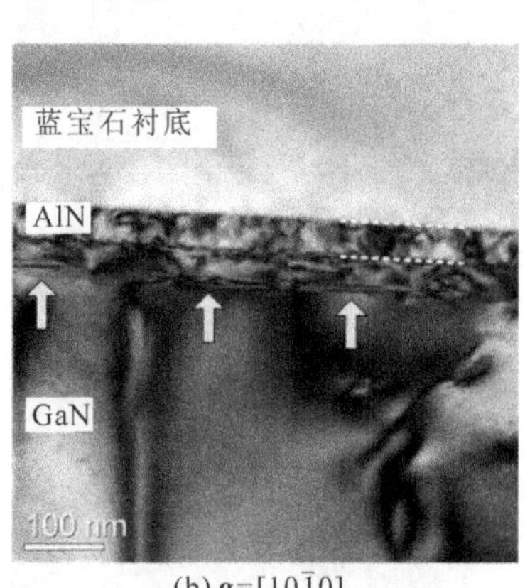

(b) g=[$10\bar{1}0$]

图2.15 斜切衬底上生长N面GaN外延材料截面TEM测试结果

类似。有趣的是，图 2.15(a)显示大部分位错在距离 GaN－AlN 界面大概 40 nm 位置处的 GaN 外延层中中断，并没有继续延伸下去。与图 2.15(a)相比，图 2.15(b)中的位错数目明显较少，说明 N 面 GaN 样品中，在 GaN 外延层与 AlN 成核层之间界面处产生的位错主要是螺位错及具有螺位错分量的混合位错，这与 Ga 面 GaN 材料中的位错特点明显不同[26-27]。在图 2.15(b)中同时发现了层错，而且层错的位置恰好与图 2.15(a)中位错中断的位置相同，这说明层错阻挡了位错的延伸，斜切衬底上 N 面 GaN 中的层错降低了位错密度。

图 2.16(a)和(b)分别显示了常规衬底上 N 面 GaN 样品在矢量 $\boldsymbol{g}=[0002]$和矢量 $\boldsymbol{g}=[10\bar{1}0]$的条件下的截面 TEM 图像。在图 2.16(a)中，在 GaN 外延层与 AlN 成核层之间界面处出现的位错大部分都延伸到了样品的表面，在延伸过程中并没有受到任何阻挡。在图 2.16(b)中，也没有发现层错的出现，这说明对 N 面 GaN 材料来说，层错阻挡位错的现象是斜切衬底上所特有的。

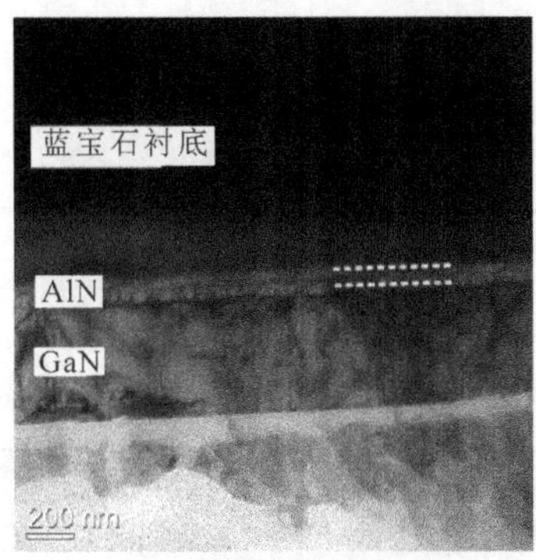

(a) 测试矢量$\boldsymbol{g}$=[0002]

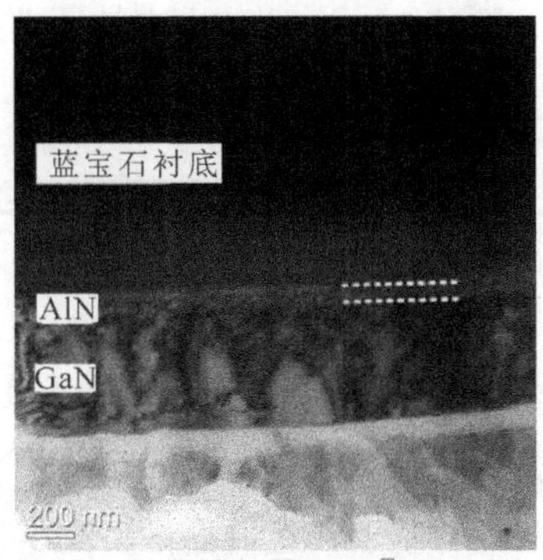

(b) 测试矢量$\boldsymbol{g}$=[$10\bar{1}0$]

图 2.16 常规衬底上 N 面 GaN 样品 TEM 测试结果(白色虚线表示 GaN－AlN 界面和 AlN－蓝宝石的界面)

对于斜切衬底来说，斜切角度导致了原子台阶，这进一步导致了高密度成核岛。由于成核岛密度高、间距小，因此成核岛在生长了很短的时间之后就开始相互合并，又由于 GaN、AlN 以及蓝宝石之间的晶格常数不同，这一过程使得 GaN 内部的应力不断积累。J. Q. Liu 等人的研究表明，应力是晶体结构中层错出现的原因。在成核岛合并之后，GaN 开始进行二维模式生长，考虑到合并前 GaN 内部的应力，此时 GaN 外延层开始通过形成层错来释放应力，如图 2.15 中的 TEM 测试结果所示。层错的出现导致了之前“ABABAB”密排六方结

构的纤锌矿 GaN 中出现了“ABC”结构，而这一结构是闪锌矿结构立方 GaN 中的基本单元，也就是说层错的出现导致了立方 GaN 的闪锌矿结构出现在六方 GaN 的纤锌矿结构中。由于晶体结构发生了变化，所以位错的向上延伸过程被破坏，因此在斜切衬底上，N 面 GaN 中层错的出现阻挡了位错延伸，降低了位错密度。

对于常规衬底来说，由于表面没有原子台阶，缺少出现成核岛所需要的初始条件，反相畴界或者外来杂质数量较少，因此在常规衬底上外延生长的 N 面 GaN 成核岛密度低，成核岛之间间距非常大，成核岛在合并之前生长时间非常长，在这一过程中 GaN 内部的应力已经通过形成位错等方式得到释放。由于常规衬底上 N 面 GaN 内部的应力没有得到足够的积累，因此没有导致层错出现，所以在常规衬底上 N 面 GaN 内部没有层错阻挡位错向上延伸，位错大部分都延伸到外延层的表面。这使常规衬底上 GaN 的位错密度高于斜切衬底上 GaN 的位错密度。TEM 以及 CL 测试也支持了上述观点。

2.5 InGaN 沟道异质结

AlGaN/GaN 基电子器件的研究已经较为成熟，进一步提升器件性能变得愈发困难。另外，随着研究的深入，AlGaN/GaN HEMT 表现出一定的局限性，譬如，沟道层与势垒层较大的晶格失配导致器件稳定性下降，较差的 2DEG 限域性导致缓冲层漏电严重及器件关断性能差，存在电流崩塌、短沟道效应等问题。因此，需要开发新型异质结以提升Ⅲ族氮化物电子器件的应用潜能。其中，InGaN 沟道异质结由于具备突出的理论优势，也在近些年获得了研究者的广泛关注。

2.5.1 InGaN 沟道异质结特性简介

相较于常规 GaN 沟道，InGaN 沟道异质结的优越性主要体现在两个方面，一方面，InGaN 具有更为出色的材料特性。InN 的导带中心能谷最小值与高阶卫星能谷最小值之间的能量间隔较大，相应地具有较小的载流子有效质量和较大的光学声子能，因此 InGaN 合金中载流子的极限漂移速度和饱和漂移速度高于 GaN 材料[28-33]，采用 InGaN 作为异质结沟道层能够进一步提升 2DEG 迁

移率，这对于提高电子器件的频率特性具有重要意义。同目前制造高频电子器件的常用材料GaAs相比[34-35]，InGaN材料具有更高的温度稳定性，并且受掺杂的影响较小。

另一方面，InGaN沟道异质结的优势体现在能带结构调制上。常规AlGaN/GaN异质结的GaN缓冲层同时充当2DEG沟道层。沟道利用与势垒层形成的势阱构成2DEG导电通路，该势阱限域作用有限，当外加电压过大或者工作温度过高时，2DEG获得更高的能量扩散进入势垒层和缓冲层而形成三维电子，这些三维电子被各种类型的陷阱俘获，产生无法利用的热能和泄漏电流，造成器件的自热效应以及关断特性恶化等不利影响。而采用InGaN作为插入型沟道，生长区在GaN缓冲层与AlGaN势垒层之间。图2.17所示为自洽求解薛定谔-泊松方程得到AlGaN/GaN异质结和AlGaN/InGaN异质结的能带结构示意图(E_c表示导带底)，求解过程中选取势垒层厚度为20 nm，InGaN沟道层厚度为20 nm，In组分为5%。从能带结构分布得到，InGaN沟道能够与势垒层形成更深的势阱以存储2DEG，同时在指向衬底方向，GaN缓冲层天然形成背势垒结构[36-43]，因此InGaN沟道中2DEG在上下两个方向均受到高势垒的阻挡，降低了其扩散进入势垒层和缓冲层的概率。另外有研究表明，在InGaN沟道异质结中，GaN缓冲层形成的天然背势垒结构能够起到有效抑制短沟道效应和漏致势垒降低效应的作用。图2.18所示为基于蓝宝石衬底的AlGaN/InGaN异质结截面结构示意图。

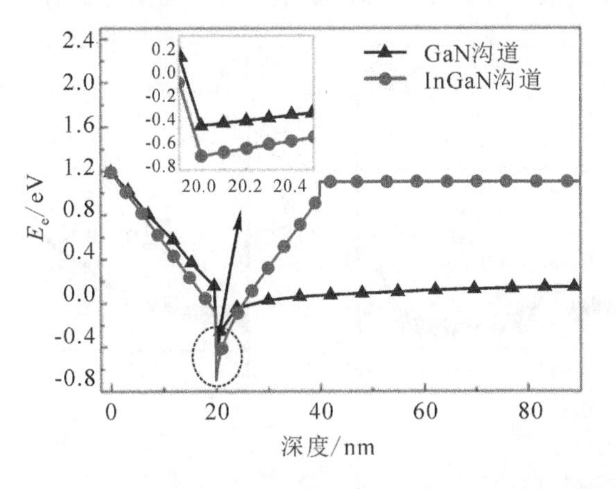

图2.17 AlGaN/GaN和AlGaN/InGaN异质结能带结构示意图

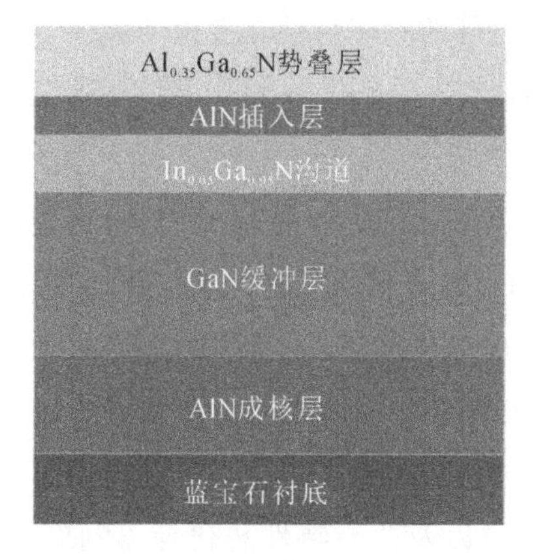

图 2.18 AlGaN/InGaN 异质结截面结构示意图

2.5.2 InGaN 沟道异质结基本特性表征

图 2.19 所示为 AlGaN/InGaN 异质结(0006)面的 HRXRD $2\theta-\omega$ 衍射谱。如图 2.19(a)所示，三个清晰、独立的衍射峰从低角度到高角度依次位于 125.8°、130.0°和 137.3°，分别对应 GaN 缓冲层、AlGaN 势垒层和 AlN 成核层，势垒层对应 Al 组分为 35%。由于 InGaN 沟道中 In 组分较低且厚度远小于 GaN 缓冲层，因此图 2.19(a)中并未明确观测到 InGaN 沟道层的衍射峰。图 2.19(b)所示为 123°～127°范围内 HRXRD 衍射谱放大后的结果，从图中可以清楚地观测到 GaN 衍射峰呈现明显的不对称性，并且在低角度方向存在对应 InGaN 沟

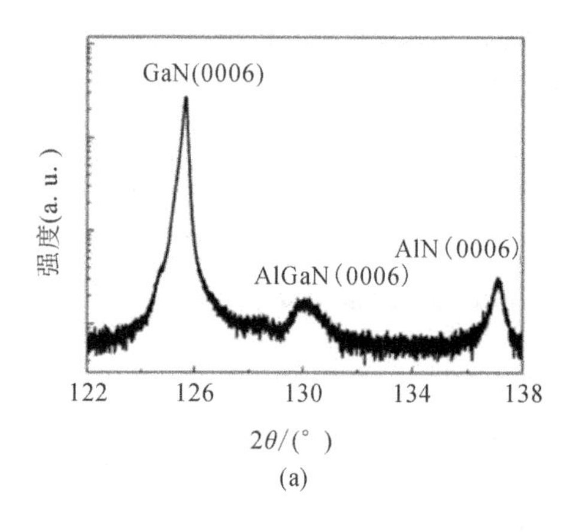

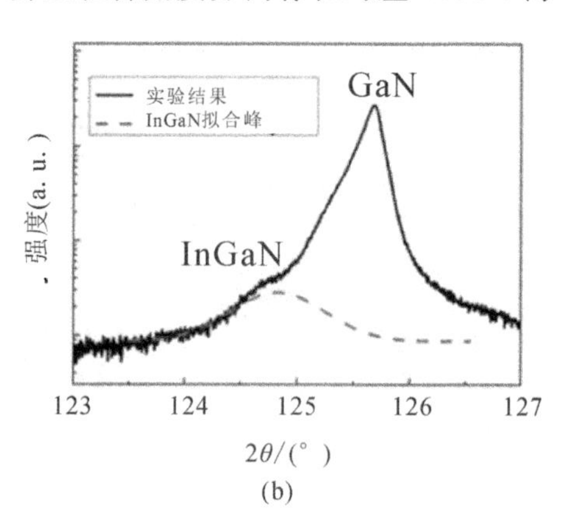

图 2.19 AlGaN/InGaN 异质结(0006)面的 HRXRD $2\theta-\omega$ 衍射谱

道层的衍射肩峰。通过洛仑兹拟合得到独立的 InGaN 衍射峰位于 124.8°，运用 Vegard's 定律计算得到 InGaN 中 In 组分约为 5%。在图 2.19(b)中同时可以观测到 InGaN 沟道层衍射峰的强度明显大于 AlGaN 势垒层衍射峰的强度，这一结果表明生长的 InGaN 沟道层具有出色的材料质量。

AlGaN/InGaN 异质结的 PL(光致发光光谱)测试结果如图 2.20 所示，测试所用光源为 Ar^+ 激光器，激发光波长为 325 nm。为便于对比分析，图 2.20 同时给出常规 AlGaN/GaN 异质结的 PL 测试结果。AlGaN/InGaN 异质结和常规 AlGaN/GaN 异质结中的 GaN 主发射峰均位于 3.42 eV，并且均在 3.35 eV 位置有肩峰的存在，该类肩峰与被穿透位错俘获的点缺陷有关，类似现象在 GaN 基外延样品的 PL 测试结果中较为常见。对于 AlGaN/InGaN 异质结，在 3.22 eV 位置出现 InGaN 发射峰，计算得到沟道 In 组分约为 5%。

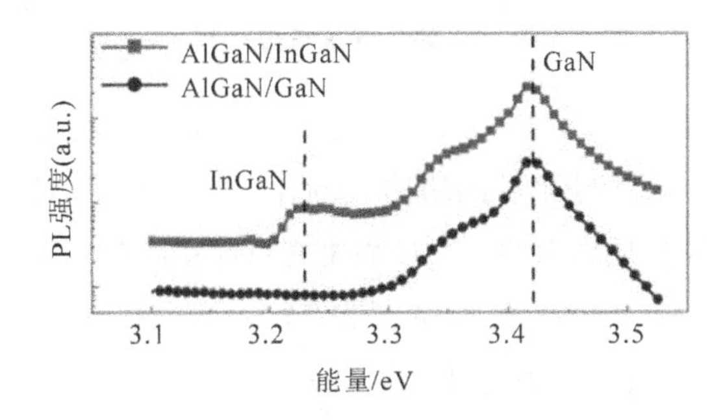

图 2.20　AlGaN/InGaN 和 AlGaN/GaN 异质结的 PL 测试结果

2.5.3　InGaN 沟道异质结电学特性分析

图 2.21 插图所示为 AlGaN/InGaN 异质结的 $C-V$ 测试结果，测试选用汞探针接触，接触面积为 600 μm^2，测试频率为 100 kHz。AlGaN/InGaN 异质结具有非常出色的电容耗尽特性。在外加电压下降至 −3.5 V 时，电容呈现非常陡峭的耗尽台阶，并且在 −3.6 V 时实现完全耗尽。图 2.21 示出了 $C-V$ 曲线中提取的异质结载流子体浓度随深度的变化情况。在距离表面 18 nm 处出现体浓度的峰值，对应 16 nm 厚的 AlGaN 势垒层以及 2 nm 厚的 AlN 插入层。载流子体浓度峰值为 7.0×10^{19} cm^{-3}，并且随着深度的增大，载流子体浓度呈现陡峭的下降趋势，这表明 AlGaN/InGaN 异质结中 2DEG 具有出色的限域性。

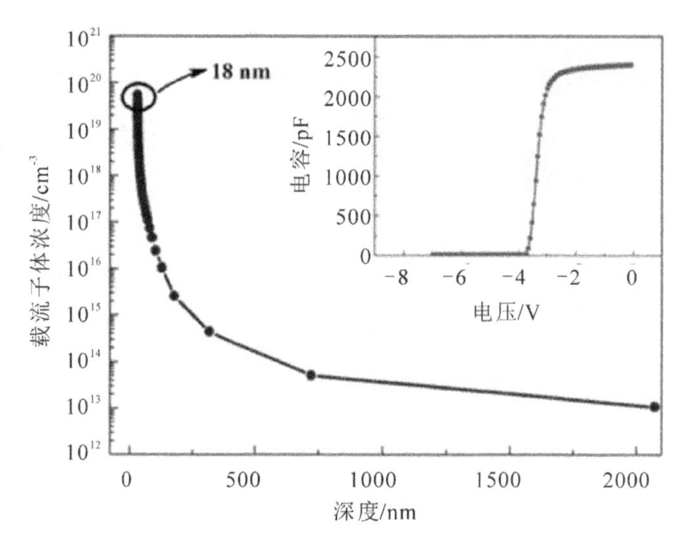

图 2.21　AlGaN/InGaN 异质结的 $C-V$ 测试结果

图 2.22 给出了 AlGaN/InGaN 异质结的变温霍耳效应测试结果，同时给出了常规 AlGaN/GaN 异质结的结果作为对比。在 77～570 K 的测试温度区间内，AlGaN/InGaN 异质结中的 2DEG 面密度稳定保持在 1.30×10^{13} cm^{-2}，始终优于 AlGaN/GaN 异质结的结果。在 77～350 K 的较低测试温度下，AlGaN/InGaN 异质结的迁移率低于 AlGaN/GaN 异质结，这主要是因为 InGaN 沟道中的载流子受到来自 InGaN 三元合金的合金无序散射，而 GaN 沟道中载流子不受这一部分散射机制的影响。随着测试温度的升高，两种异质结的迁移率均呈现减小的趋势，并且 AlGaN/GaN 异质结的下降速率快于 AlGaN/InGaN 异质结的。导致这一现象的原因是沟道中载流子在高温环境下获得更高的能量，加剧其在纵向的输运能力，GaN 沟道中载流子限域性较差，其在纵向上的扩散运动削弱了其横向输运能力，而 InGaN 沟道中载流子限域性强，所受影响较小。当测试温度超过 360 K 时，AlGaN/InGaN 异质结具有更高的 2DEG 迁移率，表明其在高温环境下的电学输运特性更为优越。由于电子器件一旦处于工作状态，必定会产生热量而导致器件整体温度升高，因此异质结在高温环境下的特性以及可靠性更为重要。变温霍耳效应测试结果显示 AlGaN/InGaN 异质结在高温环境下拥有比常规 AlGaN/GaN 异质结更为优越的特性，表明 InGaN 沟道异质结在制备电子器件方面具有一定优势。

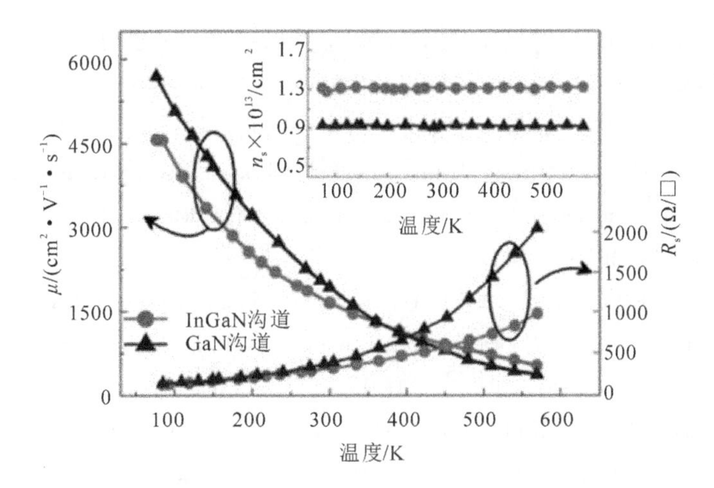

图 2.22　AlGaN/InGaN 和 AlGaN/GaN 异质结变温霍耳效应测试结果
(R_s 为方块电阻，n_s 为面密度)

参 考 文 献

[1]　AMANO H, KITO M, HIRAMATSU K, AKASAKI I. P-Type Conduction in Mg-Doped GaN Treated with Low-Energy Electron Beam Irradiation (LEEBI)[J]. Japanese Journal of Applied Physics, 1989, 28(2): L2112 - L2114.

[2]　CHOW T P AND TYAGI R. Wide bandgap compound semiconductors for superior high-voltage unipolar power devices[J]. IEEE Transactions on Electron Devices, 1994, 41(8): 1481 - 1483.

[3]　KEMERLEY R T, WALLACE H B, YODER M N. Impact of wide bandgap microwave devices on DoD systems[J]. Proceedings of the IEEE, 2002, 90(6): 1059 - 1064.

[4]　薛军帅. 新型氮化物 InAlN 半导体异质结构与 HEMT 器件研究[D]. 西安电子科技大学微电子学院, 2013.

[5]　马俊彩. 高电子迁移率 GaN 基双异质结材料与器件研究[D]. 西安电子科技大学微电子学院, 2012.

[6]　陈浩然. 太赫兹波段 GaN 基共振隧穿器件的研究[D]. 西安电子科技大学微电子学院, 2014.

[7]　YEN C H, LAI W C, YANG Y Y, et al. GaN-Based Light-Emitting Diode With Sputtered

AlN Nucleation Layer[J]. Photonics Technology Letters, IEEE, 2012, 24(4): 294.

[8] ROMANO L T, KRUSOR B S, MOLNAR R J. Structure of GaN films grown by hydride vapor phase epitaxy[J]. Applied Physics Letters, 1997, 71(16): 2283.

[9] LIN Z, ZHANG J, XU S, et al. Influence of vicinal sapphire substrate on the properties of N-polar GaN films grown by metal-organic chemical vapor deposition[J]. Applied Physics Letters, 2014, 105(8): 082114.

[10] LEE S B, KWON T W, LEE S. H, et al. Threading-dislocation blocking by stacking faults formed in an undoped GaN layer on a patterned sapphire substrate[J]. Applied Physics Letters, 2011, 99(21): 211901.

[11] HAN J, NG T B, BIEFELD R M, et al. The effect of H2 on morphology evolution during GaN metalorganic chemical vapor deposition[J]. Applied Physics Letters, 1997, 71(21): 3114.

[12] COLLAZO R, MITA S, RICE A, et al. Fabrication of a GaN p/n lateral polarity junction by polar doping selectivity[J]. Physica Status Solidi, 2008, 5(6): 1977.

[13] PAK S W, LEE D U, KIM E K, et al. Defect states of a-plane GaN grown on r-plane sapphire by controlled integration of silica nano-spheres[J]. Journal of Crystal Growth, 2013, 370: 78-81.

[14] ZHANG Q, LI K H, CHOI H W. InGaN light-emitting diodes with indium-tin-oxide sub-micron lenses patterned by nanosphere lithography[J]. Applied Physics Letters, 2012, 100(6).

[15] KIM B J, JUNG H, KIM H Y, et al. Fabrication of GaN nanorods by inductively coupled plasma etching via SiO2 nanosphere lithography[J]. Thin Solid Films, 2009, 517(14): 3859-3861.

[16] FINI P, ZHAO L, MORAN B, et al. High-quality coalescence of laterally overgrown GaN stripes on GaN/sapphire seed layers[J]. Applied Physics Letters, 1999, 75(12): 1706-1708.

[17] FINI P, MUNKHOLM A, THOMPSON C, et al. In situ, real-time measurement of wing tilt during lateral epitaxial overgrowth of GaN[J]. Applied Physics Letters, 2000, 76(26): 3893-3895.

[18] MARCHAND H, ZHANG N, ZHAO L, et al. Structural and optical properties of GaN laterally overgrown on Si(111) by metalorganic chemical vapor deposition using an AlN buffer layer[J]. Mrs Internet Journal of Nitride Semiconductor Research, 1999, 4(2): art. no. -2.

[19] KATONA T M, CRAVEN M D, FINI P T, et al. Observation of crystallographic wing tilt in cantilever epitaxy of GaN on silicon carbide and silicon (111) substrates[J]. Applied Physics Letters, 2001, 79(18): 2907 - 2909.

[20] YAMADA A, KAWAGUCHI Y, YOKOGAWA T. Reduction of leakage current of p-n junction by using air-bridged lateral epitaxial growth technique. In: Stutzmann M, editor. 5th International Conference on Nitride Semiconductors, 2003: 2494 - 2497.

[21] KIDOGUCHI I, ISHIBASHI A, SUGAHARA G, et al. Air-bridged lateral epitaxial overgrowth of GaN thin films[J]. Applied Physics Letters, 2000, 76(25): 3768 - 3770.

[22] ROUVIERE J L, ARTERY M, NIEBUHR R, et al. Transmission electron microscopy characterization of GaN layers grownby MOCVD on sapphire[J]. Materials Science and Engineering: 8, 1997, 43(1 - 3): 161 - 166.

[23] WEYHER J L, BROWN P D, ZAUNER A R A, et al. Morphological and structural characteristics of homoepitaxial GaN grownby metalorganic chemical vapour deposition (MOCVD)[J]. Journal of Crystal Growth, 1999, 204(4): 419 - 428.

[24] ZHAO D G, JIANG D S, ZHU J J, et al. Effect of Interface Roughness and Dislocation Density on Electroluminescence Intensity of InGaN Multiple Quantum Wells[J]. Chinese Physics Letters, 2008, 25(11): 4143 - 4146.

[25] HIRSCH P B. Electron microscopy of thin crystals[M]. New York: Krieger, 1977.

[26] 林志宇，张进成，许晟瑞，等. 斜切蓝宝石衬底 MOCVD 生长 GaN 薄膜的透射电镜研究[J]. 物理学报，2012，61(18)：186103.

[27] HUANG S Y, YANG J R. A transmission electron microscopy observation of dislocations in GaN grown on (0001) sapphire by metal organic chemical vapor deposition[J]. Japanese Journal of Applied Physics, 2008, 47(10): 7998 - 8002.

[28] TSEN K T, POWELEIT C, FERRY D K, et al. Observation of large electron drift velocities in InN by ultrafast Raman spectroscopy[J]. Applied Physics Letters, 2005, 86(22): 222103.

[29] DAVYDOV V Y, KLOCHIKHIN A A, EMTSEV V V, et al. Photoluminescence and Raman study of hexagonal InN and In-rich InGaN alloys[J]. Physica Status Solidi B, 2003, 240(2): 425 - 428.

[30] POLYAKOV V M, SCHWIERZ F. Low-field electron mobility in wurtzite InN[J]. Applied Physics Letters, 2006, 88(3): 119.

[31] ADERHOLD J, DAVYDOV V Y, FEDLER F, et al. InN thin films grown by metalorganic molecular beam epitaxy on sapphire substrates[J]. Journal of Crystal

Growth, 2001, 222(4): 701 - 705.

[32] LIANG W, TSEN K T. Field-induced nonequilibrium electron distribution and electron transport in a high-quality InN thin film grown on GaN[J]. Applied Physics Letters, 2004, 84(18): 3681 - 3683.

[33] O'LEARY S K, FOUTZ B E, SHUR M S, et al. Electron transport in wurtzite indium nitride[J]. Journal of Applied Physics, 1998, 83(2): 826 - 829.

[34] MARTIN M Z, OSHITA F K, MATLOUBIAN M, et al. Electrical and optical response of a very high frequency AlGaAs/GaAs heterojunction bipolar transistor[J]. Journal of Applied Physics, 1994, 76(6): 3847 - 3849.

[35] CAETANO E W S, WANG H, FREIRE V N, et al. Doping effects on the high-frequency mobility of minority carriers in p-GaAs[J]. Journal of Applied Physics, 1998, 84(3): 1405 - 1407.

[36] CHEN C Q, ZHANG J P, ADIVARAHAN V, et al. AlGaN/GaN/AlGaN double heterostructure for high-power III-N field-effect transistors[J]. Applied Physics Letters, 2006, 82(25): 4593 - 4595.

[37] FAN Z, LU C, BOTCHKAREV A E, et al. AlGaN/GaN double heterostructure channel modulation doped field effect transistors (MODFETs)[J]. 1997, 33(9): 814 - 815.

[38] VESCAN A, HARDTDEGEN H, KETTENIß N, et al. Study on growth and electrical performance of double-heterostructure AlGaN/GaN/AlGaN field-effect-transistors[J]. Physica Status Solidi C, 2010, 6(S5): S1003 - S1006.

[39] BAHAT T E, HILT O, BRUNNER F, et al. Punchthrough-voltage enhancement of AlGaN/GaN HEMTs using AlGaN double-heterojunction confinement[J]. IEEE Transactions on Electron Devices, 2009, 55(12): 3354 - 3359.

[40] DONG S L, GAO X, GUO S, et al. InAlN/GaN HEMTs with AlGaN back barriers[J]. IEEE Electron Device Letters, 2011, 32(5): 617 - 619.

[41] LEE H S, PIEDRA D, SUN M, et al. 300-V 4.3-mΩ cm2 InAlN/GaN MOSHEMTs With AlGaN Back Barrier[J]. IEEE Electron Device Letters, 2012, 33(7): 982 - 984.

[42] MENG F N, ZHANG J C, ZHOU H, et al. Transport characteristics of AlGaN/GaN/AlGaN double heterostructures with high electron mobility[J]. Journal of Applied Physics, 2012, 112(2): 023707.

[43] DARAKCHIEVA V, BECKERS M, XIE M Y, et al. Effects of strain and composition on the lattice parameters and applicability of Vegard's rule in Al-rich Al1-xInxN films grown on sapphire[J]. Journal of Applied Physics, 2008, 103(10): 103513.

第3章

氮化镓微波功率器件技术

本章将讨论氮化镓器件阈值电压、跨导、饱和漏极电流、导通电阻等直流参数的测试方法，并在此基础上详细阐述氮化镓基器件制备的全工艺流程、微波大功率器件和毫米波器件的结构设计以及热分析和热设计等关键技术，这些是高性能氮化镓器件制备和性能测试的重要内容。

3.1 器件的直流参数及测量

对于氮化镓器件，直流参数是快速评估器件性能优劣的重要依据之一。表 3.1 列出了 HEMT 器件的主要直流参数，本节将重点介绍这些参数的测量与提取。

表 3.1 HEMT 器件的主要直流参数

物理参数	定义
V_{th}	阈值电压
G_m	跨导
I_{dsat}	饱和漏极电流
R_s	源极串联电阻
R_d	漏极串联电阻
$R_{ds(on)}$	导通电阻

1. 阈值电压

阈值电压(V_{th})又称夹断电压，是指器件从关闭状态转换到开启状态的临界栅极电压。阈值电压是评价器件特性的一个重要参数，通常通过器件的转移特性曲线进行提取。

转移特性曲线是描述氮化镓器件性能的一个重要直流特性曲线。它反映在某固定漏极电压 V_d 下，栅极电压 V_g 对漏极电流 I_d 的控制能力。

在实际测量中，阈值电压的提取主要有两种方法。第一种方法为恒定电流法，即某个固定漏极电流(本书提到的电流均指电流密度)，如 1 mA/mm 所对应的栅极电压，如图 3.1(a)所示。第二种方法为线性外推法，即通过

在转移特性曲线上某固定栅极电压处（一般选取跨导最大点对应的栅极电压）展开线性外推，并将切线与横轴的交点作为器件的阈值电压，如图 3.1(b)所示。

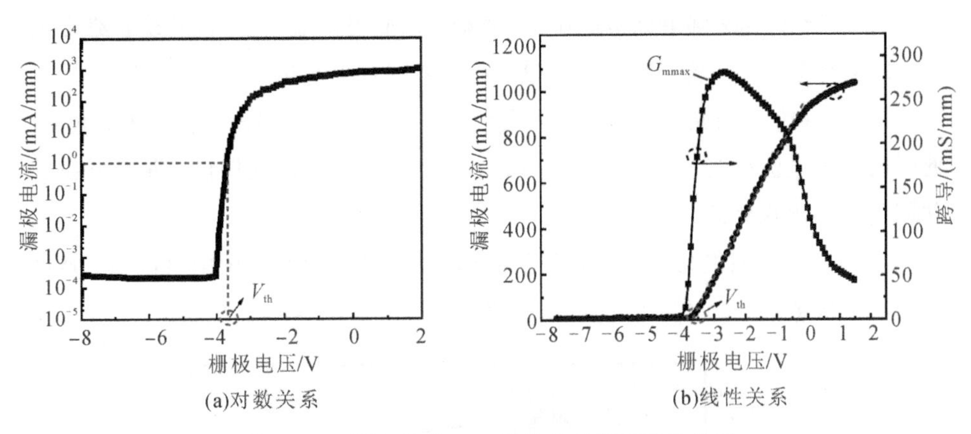

图 3.1　典型氮化镓 HEMT 器件的转移特性曲线

图 3.1 为典型氮化镓 HEMT 器件转移特性曲线。从图中可看出，器件的阈值电压约为−3.6 V，表明该器件为耗尽型器件。

2. 跨导

跨导 G_m 是评估器件放大能力的重要参数。通常，跨导是通过器件的转移特性曲线提取的。其方法是：计算漏极电流对栅极电压的一阶导数，进而得到器件的跨导。跨导的大小可以直接反映器件栅极对沟道电流的控制能力。跨导的数值越大，表示器件栅极对沟道电流的控制能力越好。

图 3.1(b)提供了跨导与栅极电压的关系曲线，从图中可以看出器件的跨导最大值约为 280 mS/mm。跨导与栅极电压、漏极电压密切相关，这是因为跨导与载流子的浓度、迁移率等直接相关。通常，我们用跨导最大值(或峰值) G_{mmax} 表征某个半导体器件的栅极控制能力。

3. 饱和漏极电流

饱和漏极电流 I_{dsat} 是评价器件驱动能力的重要参数，主要通过器件的输出特性来获取。

输出特性是指栅极电压 V_g 为常数时，漏极电流 I_d 随漏极电压 V_d 的变化关系。根据器件的工作状态，输出特性可以分为三个区域：线性区、非线性区

及饱和区(如图 3.2 所示)。

(1) 线性区：当漏极电压 V_d 较小时，漏极电流 I_d 与漏极电压 V_d 呈线性关系，此区域漏极电流 I_d 的增长速度最快。

(2) 非线性区：随着漏极电压 V_d 的增加，漏极电流 I_d 与其呈现非线性关系。这主要原因在于沟道载流子浓度、迁移率等发生变化。

(3) 饱和区：当漏极电压 V_d 达到膝点电压 V_{knee} 时，漏极电流 I_d 开始饱和，此时的漏极电流称为饱和漏极电流 I_{dsat}，这时，器件沟道在栅极、漏极电压的共同作用下出现夹断。

图 3.2 为典型氮化镓 HEMT 器件的输出特性曲线。从图中可看出，器件的饱和漏极电流约为 1100 mA/mm，所对应的膝点电压约为 4 V。

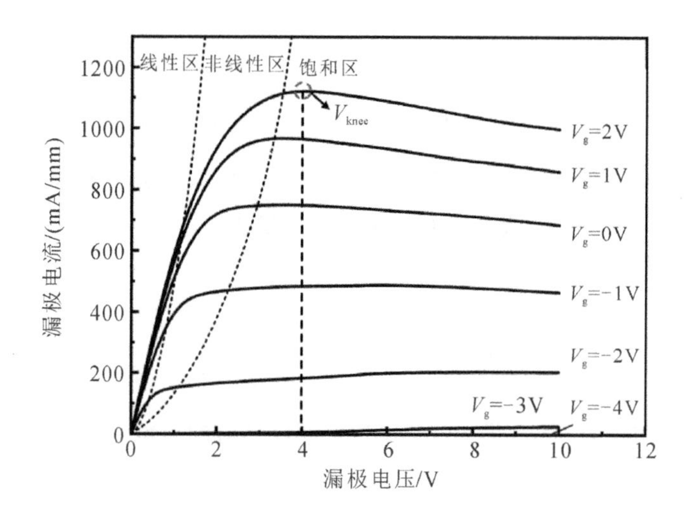

图 3.2　典型氮化镓 HEMT 器件的输出特性曲线

4. 导通电阻

导通电阻 $R_{ds(on)}$ 也是器件的关键参数之一，是指器件导通状态下漏极到源极的所有电阻之和，也称开态电阻。其表达式如下：

$$R_{ds(on)}=2R_c+R_{2DEG}+R_g \tag{3-1}$$

式中，R_c 为欧姆接触电阻；R_{2DEG} 是指器件栅源和栅漏之间二维电子气沟道的电阻，该电阻由沟道的电子迁移率、沟道载流子浓度、沟道长度及宽度等决定；R_g 指栅极下方导电沟道的电阻，该参数主要受栅极电压等影响。

在实际测量过程中，导通电阻可通过输出特性曲线的线性区斜率提取，如图 3.3 所示。

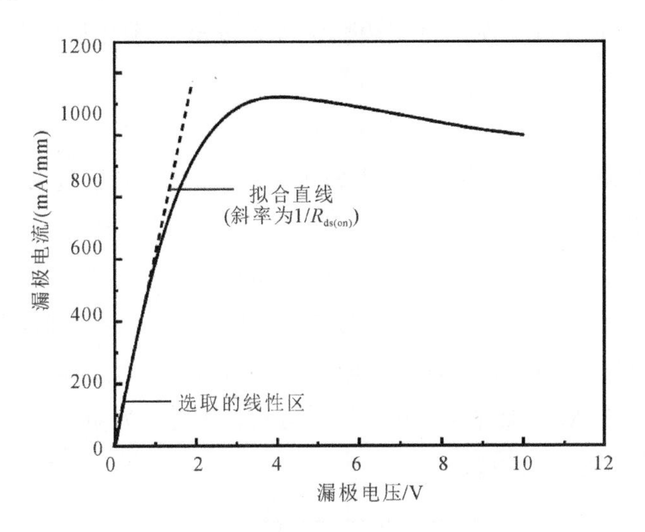

图 3.3　导通电阻 $R_{ds(on)}$ 的提取

此外，源极和漏极串联电阻也是人们关注的重点。如图 3.4 所示，源极串联电阻 R_s 和漏极串联电阻 R_d 分别来源栅源与栅漏之间无栅沟道区的沟道电阻 R_{2DEG} 以及欧姆接触电阻 R_c，即

$$R_s = R_c + R_{sh}\frac{L_{gs}}{W} \tag{3-2}$$

$$R_d = R_c + R_{sh}\frac{L_{gd}}{W} \tag{3-3}$$

其中，R_{sh} 为材料的方块电阻(简称方阻)，W 为栅宽，L_{gs} 为栅源间距，L_{gd} 为栅漏间距。

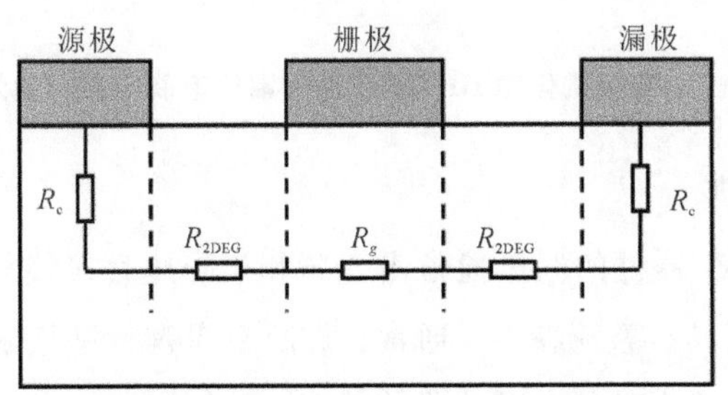

图 3.4　源极和漏极串联电阻示意图

在实际测量过程中，通常采用注入电流法提取器件的 R_s 和 R_d。若提取漏极串联电阻 R_d，可将漏极接地，在栅极注入某恒定电流 I_g，同时从源极注入变化的电流 I_s，在此过程中监测源极电流 I_s 和栅极电压 V_g 的变化，可得

$$V_g=(I_g+I_s)\times R_d+V_{diode} \tag{3-4}$$

式中，V_{diode} 为栅下肖特基势垒层结上的压降，为常数。由于 I_g 为恒定值，上式可进一步简化为

$$V_g=I_s\times R_d+\text{const.} \tag{3-5}$$

式中，const. 表示 $I_g\times R_d$ 与 V_{diode} 这两部分之和。显而易见，栅极电压 V_g 相对源极电流 I_s 的斜率即为漏极串联电阻 R_d。图 3.5 为典型氮化镓 HEMT 器件的漏极串联电阻 R_d 测量结果。从图中可看出，其值约为 40 mΩ。采用相同的方法，可得到源极串联电阻 R_s。

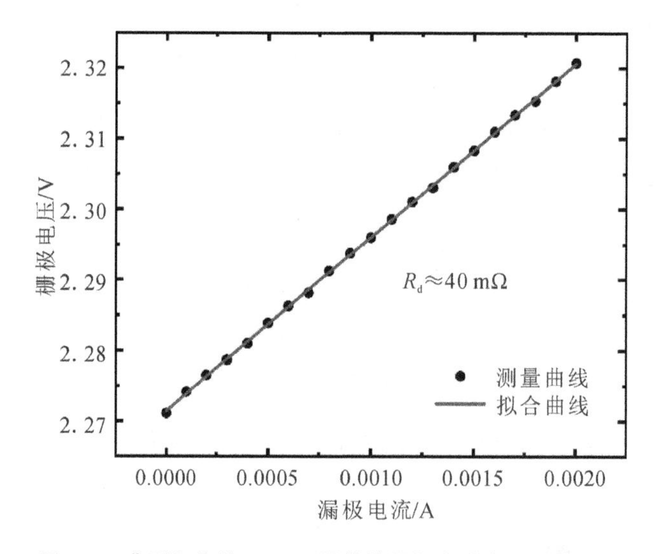

图 3.5　典型氮化镓 HEMT 器件的漏极串联电阻测量结果

5. 肖特基特性

氮化镓 HEMT 器件的栅极通常由金属和半导体直接接触形成肖特基二极管。肖特基二极管具有整流特性。通常，我们希望肖特基接触的反向电流尽量小，以减小器件的静态功耗，提升器件效率。

图 3.6 为典型氮化镓 HEMT 器件的正、反向肖特基特性曲线。从图中可以看出，当栅极电压为－10 V 时，栅极电流约为 5.1×10^{-5} mA/mm。从正向肖特基特性曲线上也可以提取器件的肖特基势垒高度 ϕ_B(通常为 0.65 eV 左右)以及理想因子 n(室温下通常为 1 左右)，这两个参数可以作为评估肖特基接触好坏的依据。

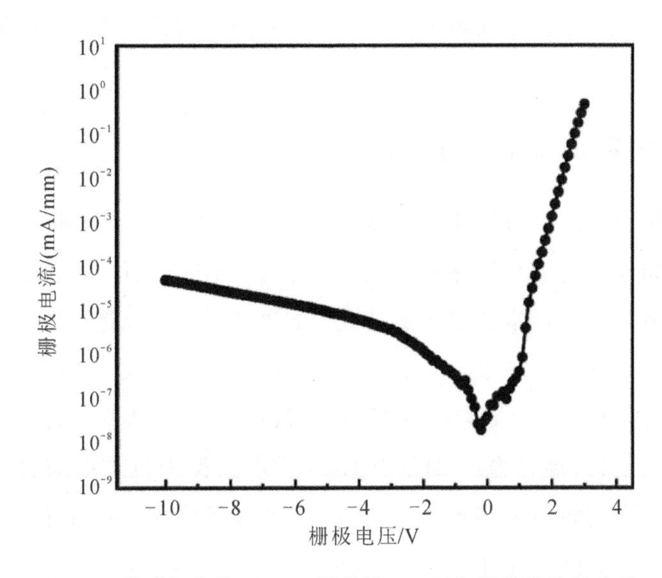

图 3.6　典型氮化镓 HEMT 器件的正、反向肖特基特性曲线

3.2　氮化镓基器件制备工艺

AlGaN/GaN 器件制备的主要步骤包括：新材料表面镜检与清洗、标记金属制备、欧姆金属制备、器件有源区隔离、表面钝化、栅下钝化层去除以及势垒层处理，栅下绝缘介质生长、肖特基栅金属制备、表面二次钝化与互连金属布线。这里需要注意的是，以上器件制备步骤中同时包含了氮化镓增强型器件制备的关键步骤，即栅下势垒层处理以及栅下绝缘介质生长，这两步骤分别是制备肖特基结构以及绝缘栅结构增强型器件的核心步骤。这是因为，国际上将传统耗尽型器件变成增强型器件比较有效的方案是对栅下的 AlGaN 势垒层进

行处理(包括刻蚀、F注入)以及在处理过的势垒层上进行高介电常数的介质生长，制备出MISHEMT结构。整个增强型器件制备工艺是兼容耗尽型器件的制备工艺的。

无论是耗尽型器件还是增强型器件，氮化镓器件的研制中每一步的工艺彼此间均互相影响，为了获得高性能的器件，单步的工艺优化与各步工艺之间的彼此配合必不可少。接下来对每步工艺进行详细的叙述，并对一些关键工艺技术进行优化。

3.2.1 新材料表面镜检与清洗

由于HEMT器件的制备步骤繁多，为了确保器件的每步工艺都顺利进行，需要在每步工艺前后留存照片，方便后续的工艺分析以及优化。镜检作为器件制备的第一步，通常指在光学显微镜下对材料的表面进行细致观察，区分材料的正反面，保证材料表面光滑平整，没有明显的裂纹。待材料首次镜检结束后进行清洗。由于AlGaN/GaN异质结材料在生长结束后的冷却过程容易被氧化(GaO_x与AlO_x混合物)，即便有GaN帽层的保护也难以彻底避免氧化物的生成；另外在对材料的特性进行表征时(霍耳迁移率、材料方阻、二维电子气密度、XRD、表面粗糙度等测试)也可能会引入一些有机或无机的杂质，影响材料的表面洁净度。因此新材料表面可能同时存在氧化物、有机物和无机物等杂质。这些表面杂质如果过多则会成为表面陷阱，使具有极化特性的异质结界面产生严重的充放电现象。

为了去除材料表面的氧化物，通常采用氟化铵(BOE)、浓硫酸过氧化氢混合物(H_2SO_4 : H_2O_2)等酸性溶液以及NaOH、氨水($NH_3 \cdot H_2O$)等碱性溶液对材料进行清洗。而为了去除有机物，则采用丙酮(Acetone)、异丙醇(IPA)、乙醇(Ethanol)等溶液对材料进行清洗。最后采用去离子水(D. I water)与氮气分别对材料进行清洗与吹干。作者所在实验室的具体清洗步骤为：氢氟酸清洗30 s→去离子水清洗→氮气吹干→丙酮超声波清洗3 min(去除残余物质)→60℃剥离液水浴加热5 min(进一步去除残存物质)→丙酮超声波清洗3 min→异丙醇二次超声波清洗3 min→去离子水清洗→氮气吹干。如图3.7所示，经过清洗后的材料表面在光学显微镜下较为干净，没有明显的裂纹，可以在后续工艺中使用。

图 3.7　光学显微镜下新片清洗后照片

3.2.2　标记金属制备

标记金属是为了每步光刻工艺之间的套刻而设计的。在光刻工艺当中，层与层之间的精确对准是保证器件顺利制备的基础。标记金属需要贯穿整个工艺过程，因此对其的要求是：平整明亮、与材料黏附性强。本实验室采用的标记金属为 Ti/Ni，Ti 的作用是使标记金属与材料的黏附性强，而 Ni 的作用是使标记金属平整明亮以保证光刻设备可以识别。标记金属采用电子束设备蒸发(E-Beam Evaporator)、剥离(Lift-Out)而成。如图 3.8 所示，标记金属表面平整明亮。

图 3.8　标记金属图形照片

3.2.3　欧姆金属制备

欧姆接触电阻是评价 HEMT 器件特性的关键参数。低的欧姆接触能够降低器件的导通电阻，提高器件的输出电流能力，降低器件工作时因过高的电阻而产生的额外热量，从而提高工作效率。对于等比率缩小的高频微波器件，欧姆接触的大小更是制约着器件的工作频率特性。AlGaN/GaN HEMT 器件的欧姆接触通常由 Ti/Al/Ni/Au 叠层金属在 N_2 气氛下经过快速热退火(Rapid Thermal Annealing，RTA)形成。由于 SiC 衬底和蓝宝石衬底的热导率不同，因而退火温度会有一定的差异。作者所在实验室采用的 SiC 衬底异质结退火温度为 850℃，而蓝宝石衬底异质结为 830℃，退火时间均为 30 s。经过退火后的欧姆金属将与 AlGaN/GaN 异质结界面处的 2DEG 接触，从而使器件源漏与沟道之间形成通路。欧姆接触的各层金属均有自己的作用。

Ti 作为与 AlGaN 接触的第一层金属主要有两个作用：一是因其具有很好的黏附性与机械稳定性，能够防止欧姆接触在制作过程以及后续的其他工艺过程中脱落；二是 Ti 能够降解少量依旧存在于 AlGaN/GaN 材料表面的原位氧化层(这些氧化层的来源可能是工艺过程引入或者经过新片清洗步骤后依旧存在的一部分)。在 RTA 过程中，AlGaN 的部分 Ga—N、Al—N 共价键断裂，并与 Ti 形成 TiN，然后在 AlGaN/GaN 异质结中产生高密度的 N 空位(N-Vacancies)。这些 N 空位将作为施主，使 AlGaN 势垒与 GaN 沟道产生 n -型掺杂的效果，从而使费米能级钉扎，降低势垒高度。因此电子将很容易地从二维电子气隧穿到欧姆接触电极。另外生成的 TiN 相比于 Ti 具有更低的金属功函数，有助于低阻欧姆接触的形成。第二层 Al 金属的作用是与 Ti 形成 Al_3Ti，以防止第一层 Ti 被氧化，同时 Al_3Ti 也能继续反应形成 $AlTi_2N$，进一步降低欧姆接触电阻。第三层 Ni 的作用主要是为了防止最顶层的 Au 从顶端扩散到 Al 金属层，同时也阻止底层金属的逆扩散。最顶层的 Au 金属一方面是防止 Ti 和 Al 金属被氧化，另一方面是提高器件工作时电极的电导率。

图 3.9 为欧姆接触退火前后的照片，可以看到高温退火下的欧姆接触表面还是会有些起伏。这对于源漏间距较大的器件来说影响不是很大，但对于等比例缩小后的面向高频微波使用的器件来说，源漏之间轻微的金属毛刺(一般为部分 Al 溢出)可能会影响器件的击穿特性以及长期的可靠性(这一点对于源漏间距较大的器件也存在一定的影响)。因此当追求高性能的器件指标时，需要采用低温欧姆接触工艺。为了降低欧姆接触的退火温度，可以采用 Mo/Al/Mo/Au 叠层金属替代 Ti/Al/Ni/Au 叠层金属。该欧姆接触的退火温度可以降低至 500℃。另外采用欧姆区域势垒层部分刻蚀或者源漏区域 Si 掺杂注入，以及采

用分子束外延(MBE)对源漏区域再生长均可以实现低温欧姆接触。

(a) 退火前　　(b) 退火后

图 3.9　欧姆接触退火前后的照片

由于器件的源漏间距相对较大(3～4 μm)，因此现有欧姆接触的平整度已经可以满足实验的需求。对 Ti/Al/Ni/Au 欧姆接触的比率进行一定的优化，采用现有的各层金属比率(Ti/Al/Ni/Au＝220Å/1400Å/550Å/450Å)在 SiC 衬底的异质结上可以获得 R_c 为 0.361 Ω·mm 的欧姆接触电阻，如图 3.10 所示，通过传输线模型(TLM)测试可提取 R_c 的数值。

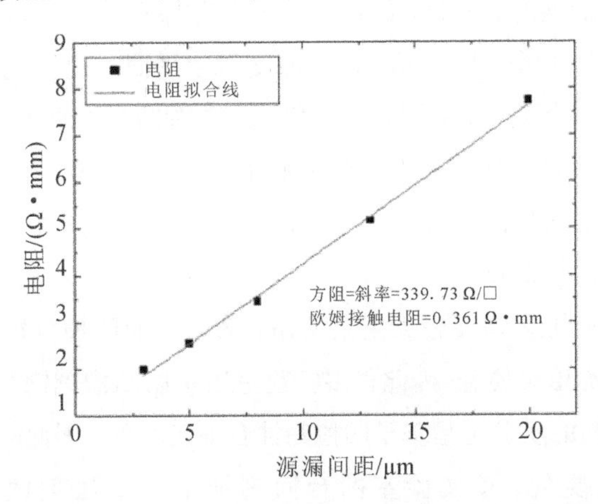

图 3.10　SiC 衬底 AlGaN/GaN 异质结的 TLM 测试方阻与欧姆接触电阻

3.2.4　器件有源区隔离

由于 AlGaN/GaN 异质结界面处存在二维电子气，在欧姆金属制备完成后电极之间就能导通。而当多个器件同时制备在同一异质结上时，电极彼此间就会存在相互干扰。为了确保单个器件能够独立工作，需要对器件的有源区外进行隔离，使每个器件在施加电压时不会受到其他器件的影响。器件隔离的好坏

直接影响器件的特性，比如关态漏电、击穿电压、器件的开关比。器件的隔离工艺通常有平面隔离工艺和凹槽刻蚀台面工艺。前者采用的是高能离子(As、N、B等)对AlGaN/GaN异质结的有源区外进行注入轰击，将晶格破坏，阻止极化效应的产生，消除沟道电子；后者类似凹槽的刻蚀原理，采用干法或者湿法(对于GaN基材料通常以干法为主，部分工艺会采用干法和湿法)将有源区外的AlGaN/GaN异质结沟道刻蚀掉。

对于GaN基异质结材料来说，假设势垒层的厚度为25 nm，考虑到二维电子气的分布主要集中在异质结界面处，若要将器件隔离开，则隔离深度需要大于25 nm。为了确保器件有效隔离，可以将深度增加，理论上隔离深度是越大越好，但是由于GaN缓冲层在生长过程中不可避免地会引入一些材料缺陷。例如，对于凹槽刻蚀台面工艺，当刻蚀深度过大时，含有缺陷的GaN缓冲层将暴露出来，它很容易与后续的钝化层介质形成漏电通道，进而降低器件的隔离效果。又如，对于平面隔离工艺，隔离深度越大，需要的离子能量就越大，这会增大工艺的控制难度。因此，经过长期的工艺探索，GaN基异质结材料的最佳隔离深度一般为140～200 nm。这一深度对于平面隔离工艺来说是离子能量分布较为均衡的一个数值，并且经过140 nm左右的刻蚀后暴露出来的GaN缓冲层依然具有较好的质量，满足凹槽刻蚀台面工艺的需求。由于隔离工艺属于制备高性能增强型器件的关键工艺，因此需要进行详细的优化。接下来对两种隔离工艺的效果进行对比。

由于平面隔离工艺需要较为复杂的昂贵设备，而凹槽刻蚀台面工艺相对容易实现，并且设备相对便宜，因此很多实验室还是以凹槽刻蚀台面工艺为主。作者所在实验室早期的实验也是基于凹槽刻蚀台面工艺的，因此对于该工艺的探索与优化还是有必要的。该实验室的台面刻蚀采用干法刻蚀，基于ICP-RIE (Inductively Coupled Plasma Reactive-Ion-Etching)设备，采用BCl_3/Cl_2混合气体进行AlGaN势垒以及GaN缓冲层刻蚀，刻蚀深度为140 nm。刻蚀结束后依次采用丙酮、IPA、去离子水进行去胶清洗，然后对台面隔离的效果进行漏电测试。图3.11(c)为台面刻蚀后的结构示意图，此时的漏电有GaN缓冲层的漏电(Buffer Leakage)以及经过刻蚀后的GaN表面漏电(Surface Leakage)。值得注意的是，此时缓冲层的漏电为主要的漏电(这个可以从后续制备的三端器件关态漏极电流中得到验证)，其大小一方面取决于GaN缓冲层

的生长质量，另一方面取决于刻蚀过程带来的损伤。而表面漏电并不是很大，不过由于后续工艺中会引入表面钝化层，如图 3.11(d)所示，当刻蚀过的 GaN 表面被 Si_3N_4 钝化层覆盖后，未钝化前存在的表面漏电将会被 Si_3N_4/GaN 界面漏电(Interface Leakage)所替代。

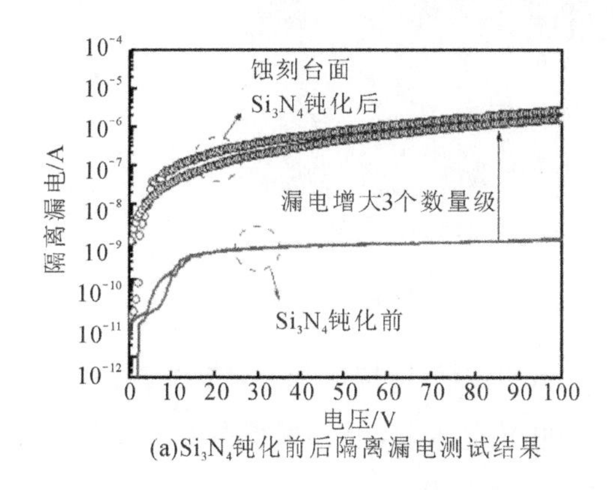

(a)Si_3N_4钝化前后隔离漏电测试结果

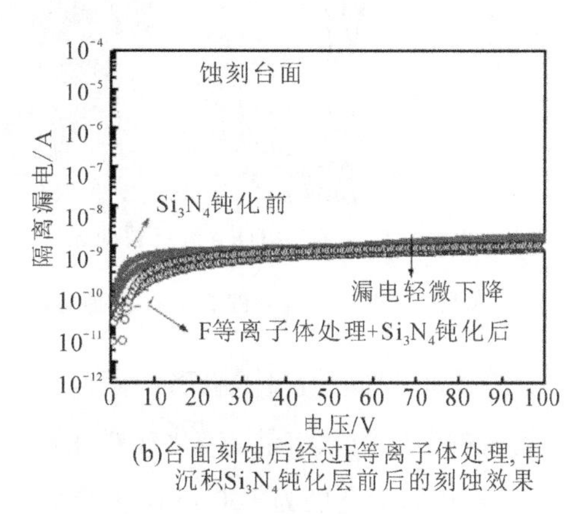

(b)台面刻蚀后经过F等离子体处理，再沉积Si_3N_4钝化层前后的刻蚀效果

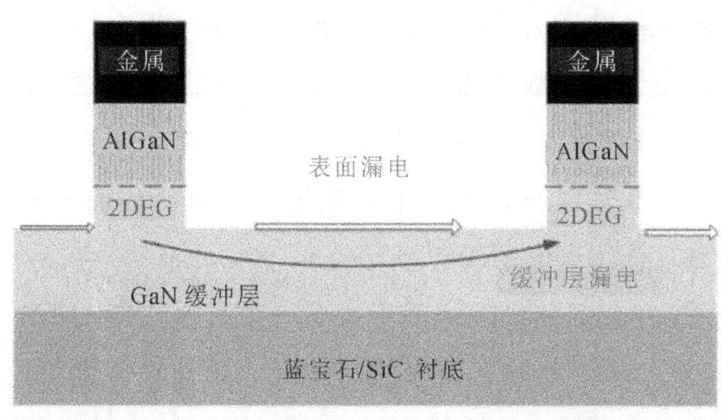

(c)台面刻蚀后的结构示意图

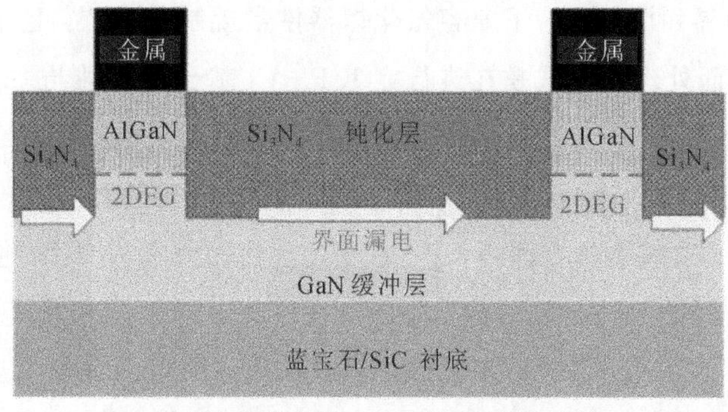

(d)没有优化的刻蚀工艺钝化后结构示意图

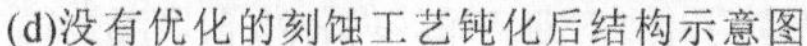

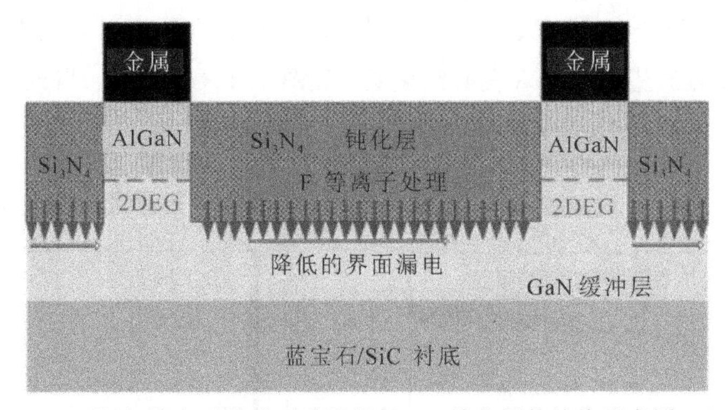

(e)经过F等离子体处理后再沉积Si_3N_4钝化层的结构示意图

图 3.11 台面漏电测试结果与原理分析图

图 3.11(a)给出了隔离(ISO)间距为 5 μm 的测试结构在 Si_3N_4 钝化前与钝化后的漏电测试结果。钝化前器件漏电在 100 V 电压下，依然保持在 10^{-9} A 量级(隔离图形宽度为 100 μm，换算成单位电流密度为 10^{-8} A/mm)。该漏电量级与其他文献中报道的刻蚀台面工艺中的结果基本吻合。不过钝化后的漏电数值相比之前增加了 3 个数量级(10^{-5} A/mm)，该结果同样与文献中报道的一致。增大的漏电主要来源于 Si_3N_4 钝化层与刻蚀过后的 GaN 界面处的泄漏电流，而该电流主要与 GaN 的表面沿着能带分布着的表面态相关。处在费米能级附近的表面态会作为电子跃迁(Electron Hopping)的中心，使界面导通，产生泄漏电流。由于器件台面漏电的增大会严重影响三端 HEMT 器件的直流关态特性，因此需要对刻蚀台面工艺进行优化，或者对钝化前的台面进行处理。考虑到表面态对界面漏电特性的影响，对刻蚀过的 GaN 表面进行处理应该能够有效抑制界面漏电。为了兼容氮化镓器件常规制备工艺，且不增加过于烦琐的工序，表面处理的方式是在进行完 ICP－Cl 基台面刻蚀与 Si_3N_4 钝化工艺之间增加一步 ICP－F 基等离子体处理，由于都是采用相同的设备，只是改变一下设备的气体环境，从工序和成本上都做到了最大的优化。优化后的工艺步骤调整为 ICP－Cl 基刻蚀台面→ICP－F 基处理台面→Si_3N_4 表面钝化，图 3.11(e)为优化后的刻蚀及钝化后结构示意图。

图 3.11(b)示出了经过工艺优化后的钝化前后台面漏电情况对比结果，可以看到，在经过 F 等离子体处理后再钝化的台面漏电与立即经过 Cl 基刻蚀处

理的台面漏电特性相比，漏电数量级基本一致，漏电轻微下降。这主要是由于 F 等离子在 GaN 中引入了深能级陷阱，在 Si_3N_4 钝化后依旧能保持较高的势垒高度，从而抑制了界面漏电的产生。由于经过 F 等离子体处理能改善 GaN 表面态的分布，因此钝化后的漏电相比刻蚀后的漏电能够进一步降低。尽管从结果上看，经过优化后的刻蚀钝化工艺能够有效降低台面漏电，但是考虑到刻蚀后的台面结构会存在几何尺寸上的起伏，这可能会对器件的长期稳定性造成隐患。因此为了制备高性能增强型器件，本章所述的以 SiC 为衬底的异质结采用平面隔离工艺。

实验室采用 Ar^+ 离子注入，注入能量与计量分别为 100 keV 和 3×10^{14} cm^{-2}。注入后的去胶过程相比凹槽刻蚀台面隔离工艺复杂一些，由于注入的掩膜胶厚度要比凹槽刻蚀台面工艺的胶厚很多，因此在去除掩膜胶时，需要对丙酮加热之后进行超声清洗，清洗前需要长时间的浸泡，保证溶液充分与掩膜胶反应。图 3.12 示出了平面隔离工艺钝化前后的隔离漏电对比结果。由图可以看到钝化前后的漏电几乎没有变化，这与凹槽刻蚀台面工艺结合 F 等离子体处理的结果类似。钝化后泄漏电流也会有少量的降低，因此平面隔离工艺不但能够保证器件几何尺寸的完整性，而且能获得优异的隔离效果。离子注入的原理同样是在(Al)GaN 内引入深能级的陷阱，提高表面势垒高度，最大程度地降低有源区外 Si_3N_4 与(Al)GaN 之间的界面漏电。

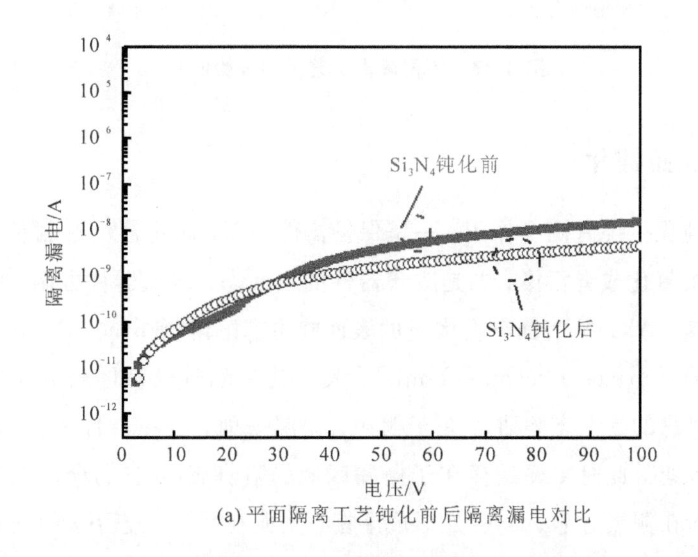

(a) 平面隔离工艺钝化前后隔离漏电对比

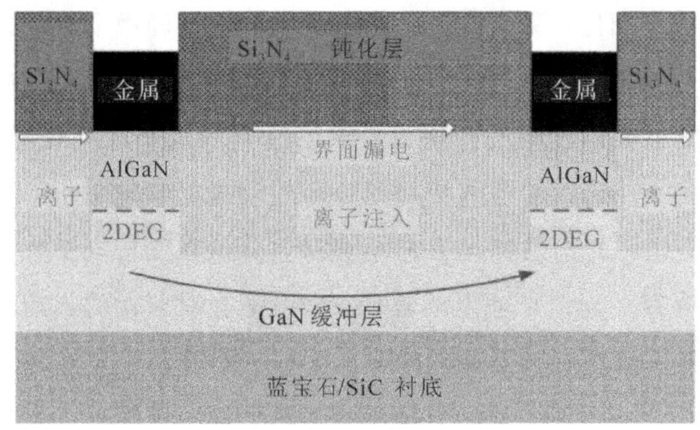

(b) 结构示意图

图 3.12　平面隔离工艺钝化前后的电学测试结果和隔离漏电示意图

图 3.13 示出了凹槽刻蚀台面工艺与平面隔离工艺的镜检照片。由图可以看到，相比于凹槽刻蚀台面工艺，平面隔离工艺的有源区外几乎看不到明显的台面痕迹，这说明离子注入对材料的减薄作用很小，保证了平面。

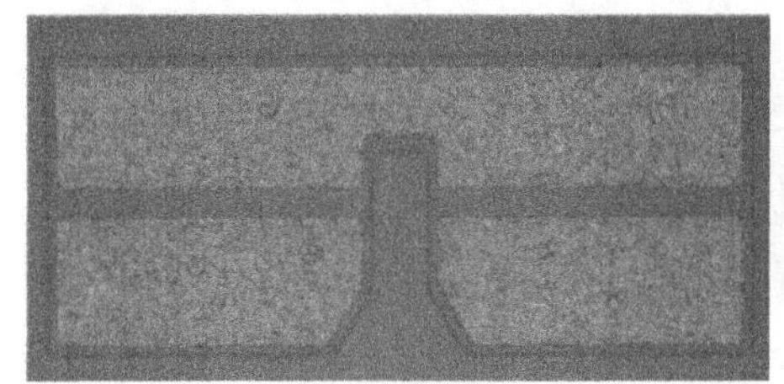

(a) 凹槽刻蚀台面工艺

(b) 平面隔离工艺

图 3.13　不同隔离工艺下的镜检照片

3.2.5　表面钝化

表面钝化主要有两个作用：一是保护器件表面，防止器件在制备过程中暴露出来而被氧化或者污染；二是改善器件的表面态，降低器件方阻，提高二维电子气密度。AlGaN 表面存在大量的表面施主态陷阱(Surface Donor Trap)和受主态陷阱(Surface Acceptor Traps)，其中受主陷阱极易俘获电子从而显现负电性。大量的受主态陷阱存在于栅源、栅漏表面，当在器件工作时(尤其是高漏压的状态，此时主要是存在于栅漏区域的陷阱态)，它们会俘获栅极释放的电子，而在栅极且靠近漏极处形成虚栅，从而在瞬态状态下，暂时或永久性

地耗尽部分沟道的电子，使器件输出的电流降低，即产生所谓的电流崩塌现象。这种现象严重影响器件工作，尤其是在高频与脉冲工作条件下会影响器件的输出功率密度，同样在高压开关的应用场合下会影响开关速度与效率。

为了抑制虚栅的形成，常用的手段就是在 AlGaN 表面生长一层介质钝化层。对于 GaN 基材料来说，氮化物介质比如 Si_3N_4、AlN 经常用作钝化层，关于 Si_3N_4 钝化表面改善电流崩塌的一种解释是：Si_3N_4 中的 Si 原子会成为 AlGaN 表面的浅施主(Shallow Donor)，降低电子从栅中释放以及抑制虚栅的形成，从而改善高漏压下器件的输出电流。事实上关于表面钝化的原理是比较复杂的，由于 AlGaN 表面的陷阱态本身比较复杂，包含了生长中造成的 N 缺失而引起的 N 空位缺陷以及位错等。因此理论上只要降低这些陷阱的密度或者将其分布状态改善均可以达到钝化的目的，即不一定需要钝化层介质的生长，可以是单纯的等离子体处理，比如氧等离子体。这种采用非介质钝化的技术可以降低寄生电阻从而提高器件的频率特性，适用于毫米波领域。不过非介质的钝化从保护器件防止污染的角度考虑，可能会存在一些隐患，因此采用了常规的 Si_3N_4 介质钝化层。

图 3.14 示出了采用等离子体增强化学气相沉积(Plasma Enhanced Chemical Vapor Deposition，PECVD)设备在 250℃生长的 60 nm Si_3N_4 钝化层，其中 Si 源为硅烷(SiH_4)、N 源为氨气(NH_3)。

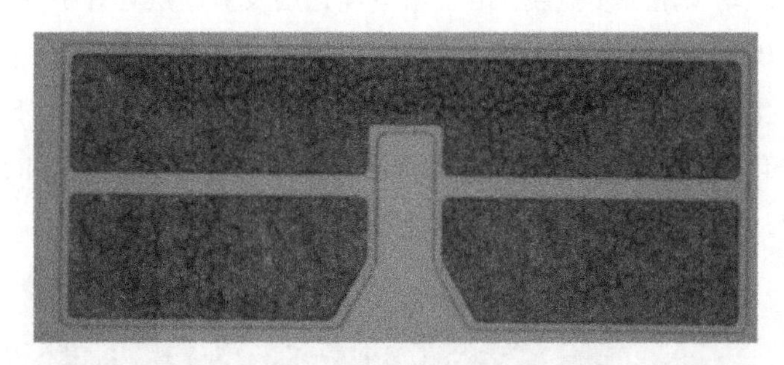

图 3.14　PECVD Si_3N_4 钝化后器件镜检照片

3.2.6　栅下钝化层去除以及势垒层处理

栅下钝化层去除以及势垒层处理是制备增强型器件的关键步骤，对于采用钝化层结构的器件来说首先要把栅下钝化层刻蚀掉，将 AlGaN 势垒层暴露出来，然后再对其进行相关处理。由于耗尽型器件与增强型器件制备工艺的区别仅在于对 AlGaN 势垒层的处理，因此增强型器件的制备工艺基本是兼容常规耗尽型 HEMT 器件制备工艺的。Si_3N_4的刻蚀采用 ICP 或者 RIE 设备在 F 基环境下进行，由于 F 等离子体会对 AlGaN 势垒层产生作用，因此制备耗尽型器件，首先要调整好 F 基刻蚀 Si_3N_4与 AlGaN 的选择比。常规情况下，F 等离子体对 AlGaN 势垒层的刻蚀作用很小，而注入作用也是在高的 ICP 射频功率下有效。控制低功率的 F 等离子体可以有效地去除栅下的 Si_3N_4钝化层，同时避免 F 等离子体对 AlGaN 势垒层的注入作用。对于制备凹槽结构的增强型器件，在去除栅下的 Si_3N_4 钝化层后，继续采用 ICP 设备在 Cl 基环境下进行 AlGaN 刻蚀。为了获得高性能的增强型器件，需要对刻蚀深度与刻蚀损伤进行控制与优化。为了精确地控制 AlGaN 势垒层的刻蚀，需要结合原子力学显微镜（AFM）对刻蚀深度进行精确的测量。F 注入结构增强型器件的制备则更为方便，只需要调节 ICP 或者 RIE 设备中 F 等离子体的流量与射频源的功率即可。值得注意的是，在一定的工艺参数下 F 等离子体对 AlGaN 可以同时起到刻蚀与注入的作用，在该条件下能够结合凹槽结构与 F 注入结构的优势。关于 F 注入增强型器件的制备与性能将在第 6 章详细叙述。

以上的实现方案中，均采用了自对准的工艺，即栅下 Si_3N_4 的刻蚀与 AlGaN 势垒层的处理均采用一步掩膜。由于栅下钝化层及势垒层处理是制备增强型器件的关键步骤，并且栅下刻蚀的处理相对比较复杂，很可能会使掩膜胶发生变性，影响后续的去除。因此在去胶完成后，可以将器件放到 SEM 下进行观测，确保栅下钝化层及势垒层处理完成后器件表面干净。图 3.15 示出了经过栅下 Si_3N_4 刻蚀与 AlGaN 势垒层处理后的镜检照片。

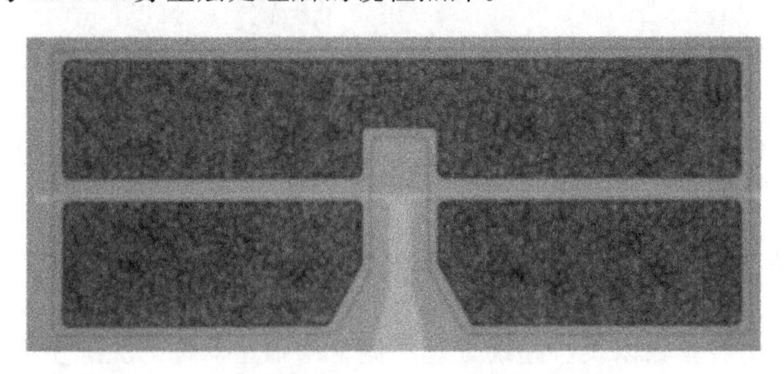

图 3.15　栅下钝化层及势垒层处理后的镜检照片

3.2.7 栅下绝缘介质生长

栅下绝缘介质生长是MISHEMT器件制备中的关键步骤，尤其对于获得高阈值电压增强型器件来说是常用的手段。对于肖特基增强型/耗尽型器件制备工艺来说，可以跳过该步骤。栅下绝缘介质一般选择绝缘性与介电常数(k值)较高的材料，常用的SiO_2、SiN_x、Al_2O_3、HfO_2、ZrO_2。这些介质各有优势，图3.16给出了它们各自的介电常数和禁带宽度及其与GaN之间的导带、价带差。由图可以看到SiO_2具有较大的禁带宽度(9.1 eV)，并且其与GaN之间的导带差(ΔE_C)也很大，因此能够很好地抑制栅下的泄漏电流。但由于其k值相对较小，因此制备出的器件跨导也相对较小。HfO_2与ZrO_2具有较高的k值，能够获得较高的跨导，适用于高频工作场合，但由于其与GaN之间的ΔE_C较低，因此阻挡漏电效果相对较差。在这些通用的介质当中，Al_2O_3同时具有相对较高的k值、较大的ΔE_C以及较高的击穿场强(约10 MV/cm)，采用其作介质时，能够同时获得较好的栅控与较低的漏电。因此本实验中的MISHEMT器件选择较为成熟与通用的Al_2O_3作为栅下绝缘介质。

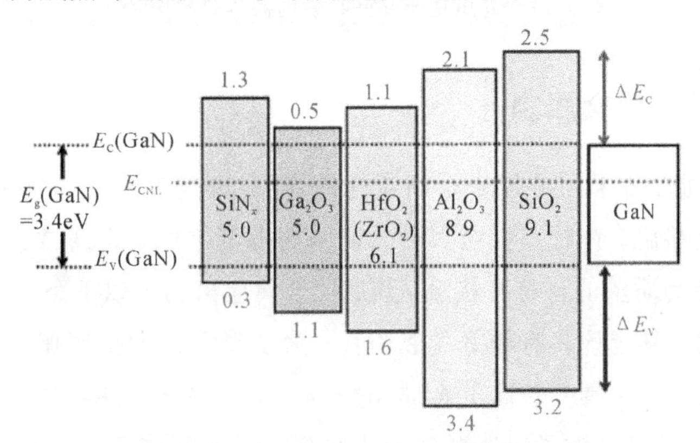

图3.16 常用介质的参数

栅下绝缘介质可以采用不同的设备进行生长，通常有之前钝化时用过的PECVD设备、低压化学气相沉积(Low-Pressure Chemical Vapor Deposition, LPCVD)设备、反应溅射(Reactive-Ion-Sputtered)设备以及原子层沉积(Atomic Layer Deposition, ALD)设备。对于生长Al_2O_3绝缘介质来说，由于ALD生长技术相对比较成熟，具有可控的生长速率，能够保证介质均匀地生

长，并且台阶覆盖性好，生长温度可在100℃至300℃范围内变化。因此本实验采用ALD设备在300℃进行Al_2O_3的生长，Al源和O源分别是三甲基铝(Tri-Methyl-Aluminium，TMA)与去离子水。由于Al_2O_3绝缘介质生长后透明无色，因此从工艺镜检中只要保证其没有杂质即可，具体厚度采用椭偏仪去测量。介质生长后，需要将源漏电极处的介质进行刻蚀，为下步栅金属的制备做准备。图3.17为介质生长并开孔后的器件镜检照片。

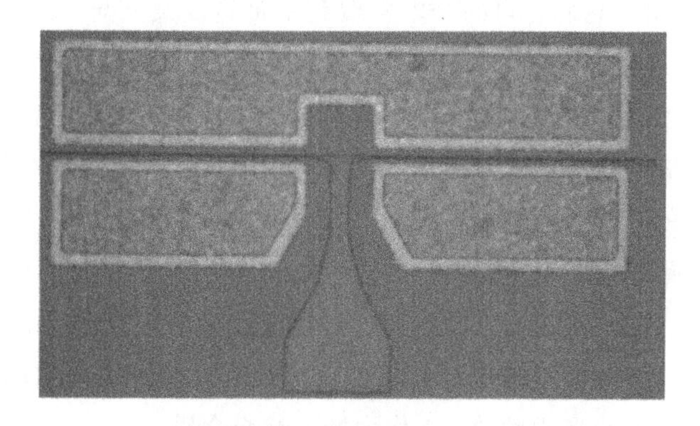

图3.17　介质生长并开孔后的器件镜检照片

3.2.8　肖特基栅金属制备

HEMT器件常采用栅极来控制器件的开关，即采用具有非线性的，整流特性的肖特基接触。肖特基栅金属通常制备在源漏之间，且通常为叠层金属。为了获得稳定高质量的肖特基接触，其底层金属应该满足以下条件：为了防止栅金属的脱落，其应该具有较好的黏附性；为了最大程度抑制栅极泄漏电流，提高势垒高度，其应具有较高的金属功函数；同时由于器件工作过程会发热，对于GaN器件来说，为了保证器件工作在高温高压环境下，其也应该具有热与机械稳定性。综合考虑以上条件，Ni金属通常作为肖特基栅的底层金属。同时为了降低栅电阻，会在Ni的上面沉积Au，Au的厚度在可以剥离的条件下，理论上越高越好。最后，考虑到后续工艺会进行互连开孔，在Au的顶层会再次沉积一层Ni作为刻蚀的阻挡层。因此我们采用的肖特基栅结构从底层到顶层为Ni/Au/Ni，且厚度为450Å/2000Å/200Å。图3.18为肖特基栅金属制备后器件的镜检照片。

图3.18 肖特基栅金属制备后器件的镜检照片

3.2.9 表面二次钝化与互连金属布线

二次钝化依然采用PECVD Si_3N_4，其主要的作用是保护器件的表面，尤其是保护栅金属，防止栅金属暴露在空气中发生退化。另外，为了增大器件的击穿电压，通常会制备场板结构，比如源场板和浮空场板。二次钝化介质起到了隔离场板金属与器件源端的作用。为了将器件的各个电极引出来，需要进行金属布线(金属互连工艺)。布线金属的选择主要考虑黏附性以及导电性，通常选Ti/Au叠层金属。金属Ti在之前介绍过，具有很强的黏附性；而Au具有很好的导电性，并且能够作为保护层。另外在进行金属互连前，同样需要将电极上的 Si_3N_4保护层去掉，按照之前的介绍，可采用F等离子体去除。图3.19为经过二次钝化与金属布线后的器件镜检照片。

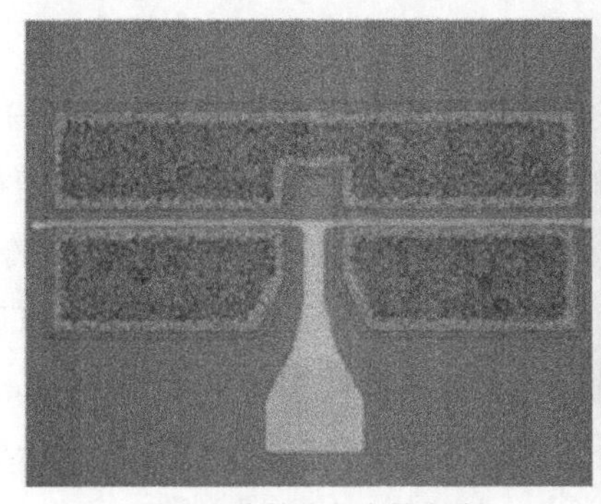

(a) 二次钝化与金属布线

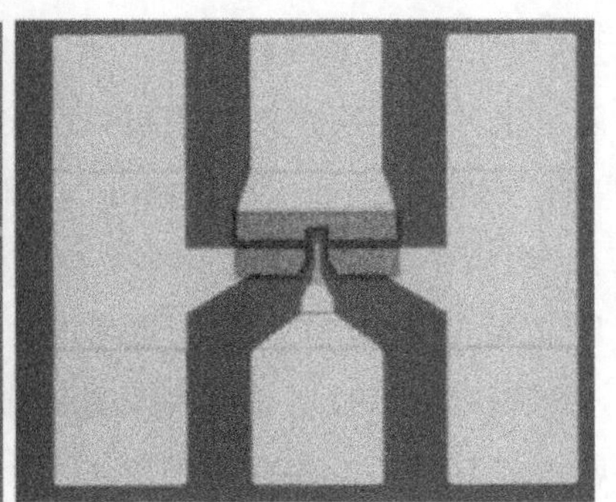

(b) 器件镜检照片

图3.19 二次钝化与金属布线后的器件镜检照片

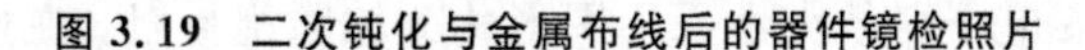

3.3 微波大功率器件

GaN 作为宽禁带半导体材料，由于其微波功率器件具有非常高的功率密度，因此基于 GaN 宽禁带半导体材料的功率器件成为国内外研究的热点。GaN 基 HEMT 器件一方面具有很高的电子饱和速度，满足了射频功率器件对速度的要求；另一方面它具有很高的击穿电压，适合在大电压下工作。因此，GaN 基 HEMT 器件非常适合于未来射频功率放大器的发展需求，其对功率放大器应用的设计和发展产生了重大的影响，在无线系统基站、卫星通信系统、电子对抗、军用电子相控阵雷达等方面都有着积极的应用。高功率微波 GaN 器件的研发可满足关键平台的海量需求，形成规模效益，突破国外厂商的技术垄断，从而增强我国国力。

3.3.1 微波大功率器件研究进展

1994 年，美国南卡罗来纳大学报道了世界上的第一只 AlGaN/GaN HEMT 器件[1]，其输出饱和电流达到 40 mA/mm，随后加利福尼亚大学圣塔芭芭拉分校(UCSB)对 AlGaN/GaN HEMT 器件进行了功率测试研究，栅长为 0.5 μm 的器件在 2 GHz 下的功率密度达到 1.1 W/mm[2]，而栅长为 0.25 μm 的器件在 8 GHz 下的功率密度达到 3.3 W/mm[3]。2001 年，美国康奈尔大学报道了栅长为 0.3 μm 的 AlGaN/GaN HEMT 器件在 10 GHz 下的功率密度为 10.7 W/mm，功率附加效率(PAE)达到 40%[4]。

随着工艺的不断进步与发展，UCSB 采用场板结合槽栅结构使 4 GHz 频率的功率密度达到了 18.0 W/mm[5]，随后场板结构的优化又将功率密度提高到 32.2 W/mm[6]，两年后采用多场板结构再次将输出功率密度推到 41.4 W/mm 的世界纪录，同时具有 60%的功率附加效率[7]。在高效率方面，2009 年，UCSB 利用 V 形栅结合 AlGaN 背势垒结构研制的 HEMT 器件获得了 13.1 W/mm 的功率密度和 72%的功率附加效率[8]。2011 年，西安电子科技大学制作的槽栅 MOS HEMT 器件的功率附加效率达到了 73%[9]，这代表着当时国际最高水平。2018 年，西安电子科技大学采用图形化刻蚀欧姆接触，在连续波下实现了

5 GHz时71.6%的功率附加效率，采用谐波抑制技术使之能达到85%的超高功率附加效率[10]。

针对氮化物微波大功率器件性能的提升，首先得益于材料生长技术的进步以及材料质量、器件制备工艺水平的不断提高；其次是器件结构的不断优化创新，如V形栅结构、槽栅结构等。其中最重要的两个突破是发展了Si_3N_4表面钝化技术和场板技术。在势垒层表面沉积Si_3N_4薄膜有效抑制了电流崩塌，显著提高了器件的输出功率和效率，增强了工作稳定性。场板结构不仅能极大地改善击穿特性，对电流崩塌也有明显的抑制作用，进而能够大幅度提高功率性能。围绕材料、器件结构及工艺技术的优化，不断突破器件工作电压、电流密度及效率将是进一步提升微波大功率器件性能的重要措施。

3.3.2 微波功率器件工作电压提升技术

第三代宽禁带半导体GaN材料，其本征击穿场强高达3.3 MV/cm，但是对于AlGaN/GaN组成的HEMT器件，其击穿场强往往低于材料理论值，这是由实际器件材料以及结构的特性决定的。因此，如果要提高器件耐压特性，需要对器件外延材料以及器件结构进行特殊的设计和优化。提高器件耐压特性的方法主要是增加器件源漏间距，使得在相同工作电压下，源漏之间的电场强度降低。这种方法对于低频段的功率器件而言是非常有效的。但是对于工作在射频状态下的器件，这种方法存在一个弊端，即增加源漏间距的同时电流的传输距离随之增加，器件对频率的响应会减缓，这使器件难以在较高频段下保持良好功率特性。另一种常见的方法是对器件电极添加场板。场板的引入可以有效降低器件电极电源的尖峰电场，使得器件有源区内电场分布更加均匀，从而提高器件的耐压特性。同样，对于射频器件而言，添加场板以均匀化电场分布并不是最优选择，因为场板的存在会增加器件的寄生电容，而寄生电容的增加会恶化器件的频率特性。

另外一种提高器件的耐压特性的有效方法是进行缓冲层掺杂，这可有效地避免源漏间距增加以及场板引入而带来的不利影响。一般而言，通过碳(C)掺杂或者铁(Fe)/镁(Mg)掺杂引入受主态陷阱能够有效实现上述目的。但是在缓冲层掺入铁(Fe)或者碳(C)后会带来以下两个问题，一个是在GaN缓冲层中掺杂引入受主态陷阱会使电流崩塌(CC)效应更为严重，从而导致饱和增益、

输出功率密度和功率附加效率降低。另一个是随着 GaN 缓冲层中铁(Fe)或者碳(C)掺杂浓度的增加，材料的载流子浓度降低，进而导致器件饱和电流密度下降。通常，可以通过增加富碳掺杂的 GaN 缓冲层与二维电子气之间的垂直距离来降低缓冲层碳掺杂对二维电子气浓度的影响。但是，增加缓冲层和垂直距离(i - GaN 厚度)会影响背势垒结构对二维电子气的限域性，进而导致关态漏极泄漏电流提高，并且会降低器件的击穿电压。为了解决上述问题，人们设计了一种改进型缓变背势垒结构，将 δ - Si 掺杂的 AlGaN 缓变背势垒和 C 掺杂的 GaN 缓冲层相结合，制备高性能 GaN 基 HEMT 功率器件，在保证器件击穿电压满足工作状态要求的前提下，提高了器件的开态性能。

图 3.20(a)和(b)展示了 C 掺杂缓冲层的常规 AlGaN/GaN 异质结和结合了 δ - Si 掺杂缓变背势垒的改进型缓变背势垒结构的外延层结构示意图。由图 3.20(b)看出，在 Si 衬底上，改进型缓变背势垒的层结构自下而上依次为 1.5 μm 的 C 掺杂的 GaN 缓冲层(GaN: C)，15 nm 的 δ - Si 掺杂的 AlGaN 缓变背势垒层，14 nm 的非故意掺杂的 GaN 沟道层(UID - GaN)，22 nm 的 AlGaN 势垒层(Al 组分为 25%)以及 1 nm 的 GaN 帽层。图 3.20(c)展示了常规结构器件和

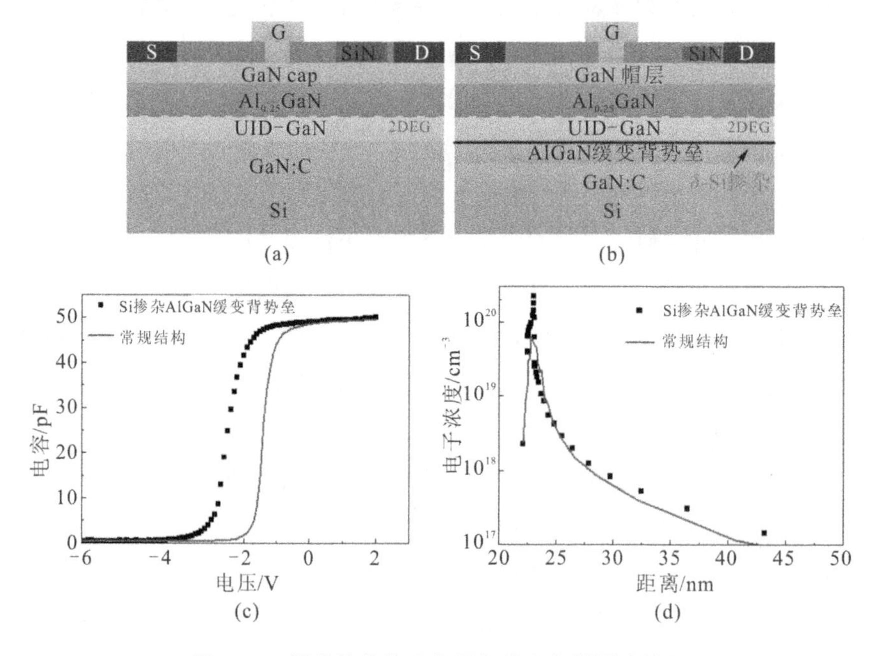

图 3.20 器件的结构示意图和基本电学测试结果

改进型缓变背势垒结构器件的 $C-V$ 特性曲线。观察图 3.20(c)的 $C-V$ 特性曲线可知，由于 $\delta-Si$ 掺杂的 AlGaN 缓变背势垒可以增强沟道的导电性，因此相比于常规结构器件而言，改进型缓变背势垒结构器件的阈值电压负向漂移更多。图 3.20(d)展示了常规结构器件和改进型缓变背势垒结构器件的载流子分布，观察图 3.20(d)可以看出改进型缓变背势垒结构器件的电子浓度峰值相比于常规结构器件的更高(达到 10^{20} cm^{-3})，并且由于背势垒在能带结构方面的优势从而具有更强的限域性。对图 3.20(c)的 $C-V$ 特性曲线进行积分，可以得出常规结构器件的二维电子气面密度为 5.1×10^{12} cm^{-2}，而改进型缓变背势垒结构器件的二维电子气面密度达到 7.9×10^{12} cm^{-2}，由此可以看出通过对 AlGaN 缓变背势垒进行 $\delta-Si$ 掺杂能够有效提高二维电子气面密度，进而从外延结构设计方面改善器件开态性能。

图 3.21(a)和(b)分别展示了常规结构器件和改进型缓变背势垒结构器件的转移特性，从图 3.21(a)、(b)中可以看出，常规结构器件的饱和漏极电流密度与跨导峰值分别为 412 mA/mm 和 103 mS/mm，改进型缓变背势垒结构器件的饱和漏极电流密度与跨导峰值分别为 720 mA/mm 和 210 mS/mm，相比于常规结构器件，改进型缓变背势垒结构器件的饱和漏极电流密度和跨导峰值均有所提高，其主要原因可以归结于 $\delta-Si$ 掺杂的 AlGaN 缓变背势垒降低了沟道电阻。

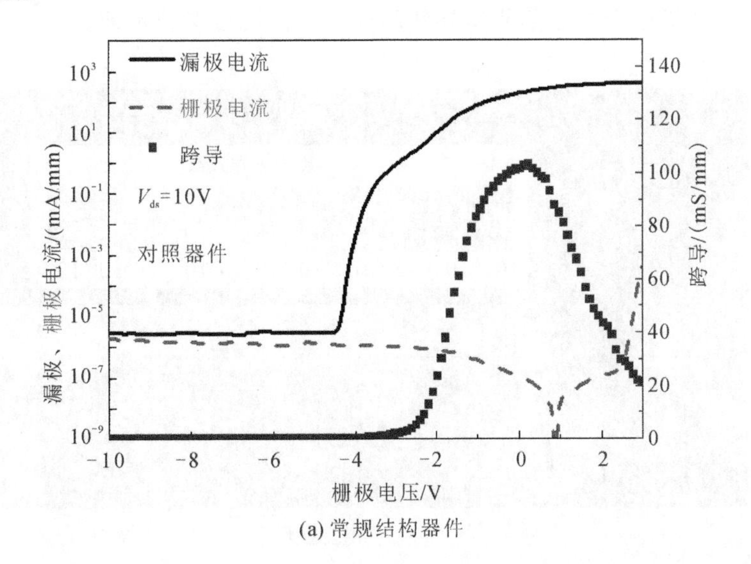

(a) 常规结构器件

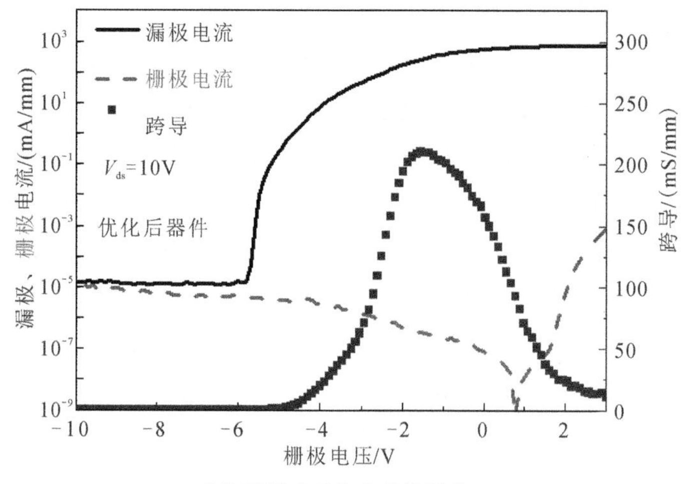

(b) 改进型缓变背势垒结构器件

图 3.21　器件的转移特性

图 3.22(a)和(b)为关态下的载流子分布仿真结果，不难看出，对于常规结构器件而言，当器件偏置在 $V_g=-10$ V 和 $V_d=10$ V 时。GaN 缓冲层中受主态陷阱所导致的耗尽区已经延伸到沟道层的位置；而对于改进型缓变背势垒结构器件而言，当器件偏置在 $V_g=-10$ V 和 $V_d=10$ V 时，插入的 δ-Si 掺杂的 AlGaN 缓变背势垒层阻挡了 GaN 缓冲层中受主态陷阱所导致的耗尽区向沟道层的延伸。

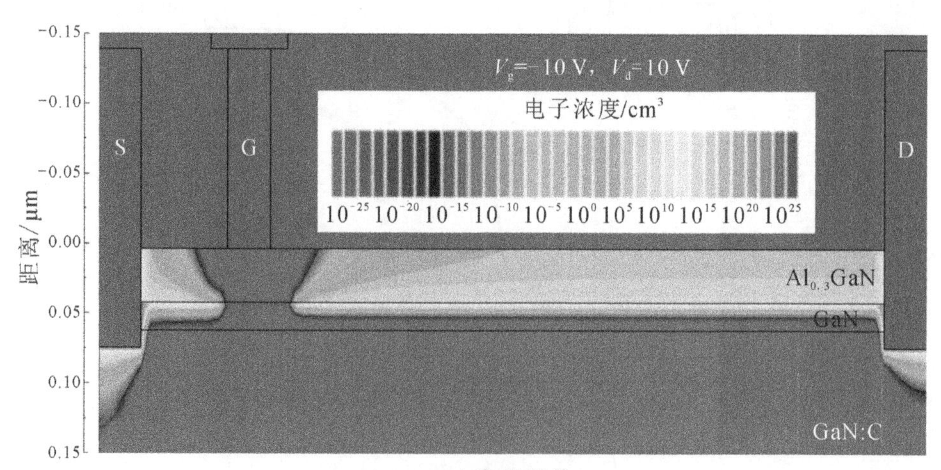

(a) 常规器件

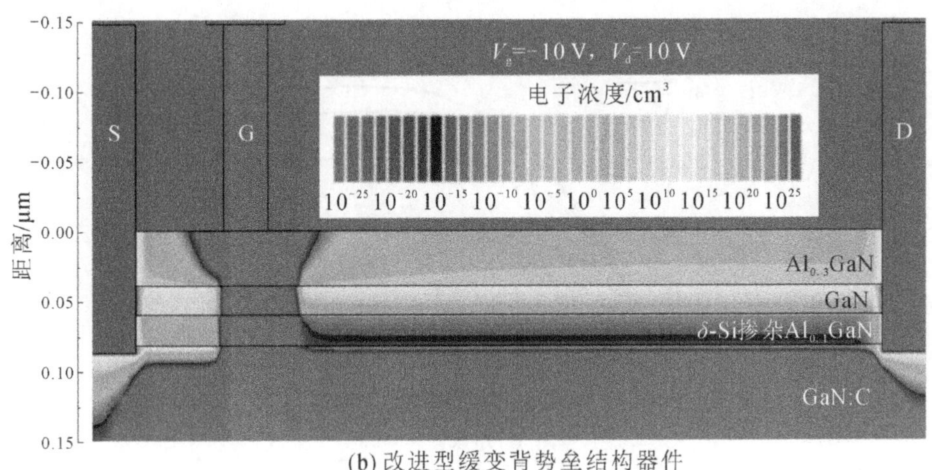

(b) 改进型缓变背势垒结构器件

图 3.22　关态下载流子分布仿真结果

因此，改进型缓变背势垒结构器件的关闭状态泄漏电流和栅极反向泄漏相比常规结构器件而言略微劣化。但总的来说，相较于传统的背势垒结构，采用 δ - Si 掺杂的缓变背势垒有效提升了 2DEG 的浓度，器件输出电流的能力显著提升了，栅极调控能力显著提升了；虽然对 AlGaN 缓变背势垒进行 δ - Si 掺杂导致器件的栅极反向泄漏电流有所增加，但是其增幅有限，器件的关态特性依旧满足设计要求。从不同外延结构的关态电场分布来看，由于缓变背势垒的加入，其高浓度的 δ - Si 掺杂层能够有效抑制沟道电子的耗尽，从而导致了关态下较高的载流子浓度，导致其栅极关态电流较大。

图 3.23(a)和(b)分别展示了两种外延结构器件的电流崩塌效应。测量电流崩塌效应的双脉冲 $I-V$ 测试的偏置状态设置如下：脉冲宽度为 500 ns，脉冲周期为 1 ms，静态工作点设置为 $V_{gq}=-6$ V 和 $V_{dq}=20$ V。通过比较 $V_g=3$ V 且 $V_d=4$ V 下直流测试状态和双脉冲测试状态下的饱和漏极电流的变化量来衡量电流崩塌效应。从图 3.23 (a)和(b)中可以看出，常规结构器件的崩塌量为 15.9%，而改进型缓变背势垒结构器件的崩塌量仅为 7.8%，结果表明，δ - Si 掺杂的 AlGaN 缓变背势垒，将沟道电子和 GaN 缓冲层中的陷阱进行了有效的分离，可以有效地抑制与缓冲层掺杂相关的电流崩塌。

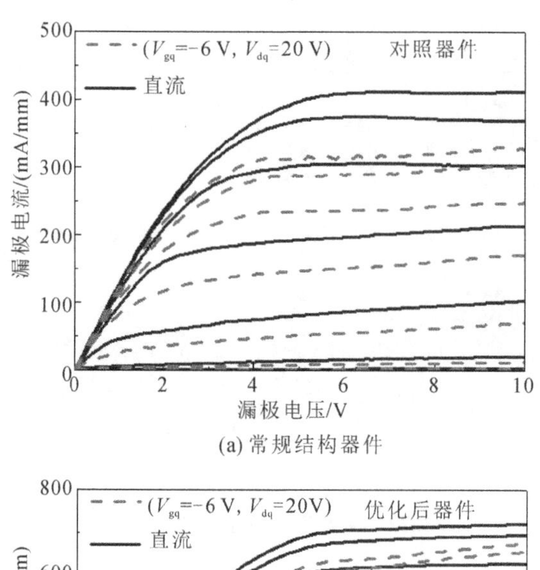

(a) 常规结构器件

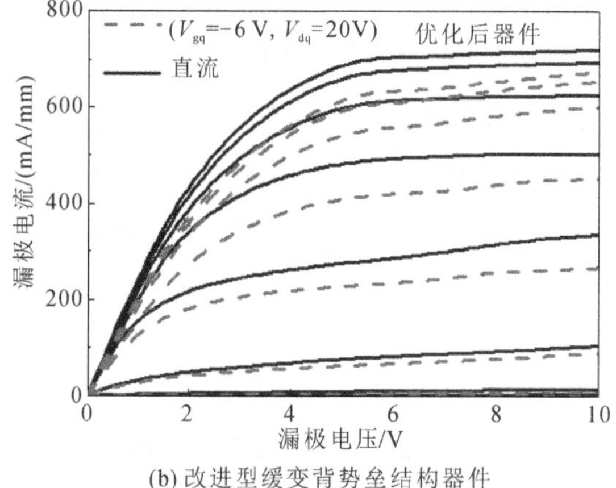

(b) 改进型缓变背势垒结构器件

图 3.23　器件的输出特性(电流崩塌效应)

图 3.24(a)和(b)展示了常规结构和改进型缓变背势垒结构中 GaN 缓冲层受主态陷阱在器件从静态工作点($V_{gq}=-6$ V，$V_{dq}=20$ V)向工作点($V_{gq}=0$ V，$V_{dq}=5$ V)转换的过程中释放和俘获电子的电离电荷分布状态图。由图可以看出，在 500 ns 后将脉冲电压由 $V_{gq}=-6$ V 和 $V_{dq}=20$ V 调到 $V_{gq}=0$ V 和 $V_{dq}=5$ V 后，相比于常规器件而言，改进型缓变背势垒结构器件，由于 δ - Si 掺杂 AlGaN 背面的电场屏蔽效应，δ - Si 掺杂 AlGaN 缓变背势垒层可以有效地抑制 GaN 缓冲层中的陷阱俘获过程。此外，当器件从关态到开态过程中，被 GaN 缓冲层俘获的陷阱也无法有效地进入沟道中，从而有效地抑制了电流崩塌效应。

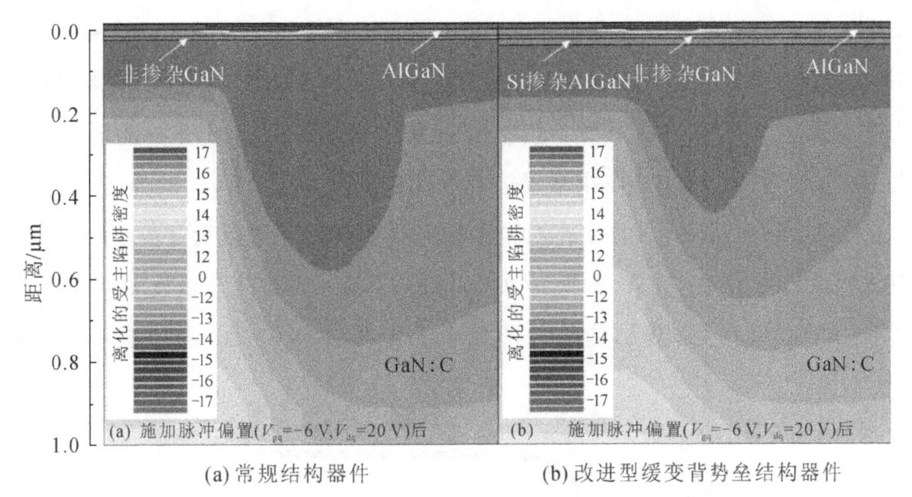

(a) 常规结构器件　　(b) 改进型缓变背势垒结构器件

图 3.24　器件的动态特性仿真

图 3.25 为常规结构器件和改进型缓变背势垒结构器件在 $V_g=-6$ V、$V_d=40$ V 下器件的电子浓度电场分布仿真结果。将电场(E)定义为平行电场和垂直电场的矢量和。平行电场的方向($E_{//}$)平行于沟道方向，垂直电场($E_{\perp}$)的方向垂直于沟道方向。电场的大小为 $E=(E_{//}^2+E_{\perp}^2)^{1/2}$，其方向与 $E_{//}$ 的方向夹角为 $\theta=\arctan(E_{//}/E_{\perp})$。对于常规结构器件，高电场分布在 GaN 沟道与栅极、漏极之间的 GaN 缓冲层及沟道层之中。对于改进型缓变背势垒结构器件，高电场仅存在于 GaN 缓冲层中，

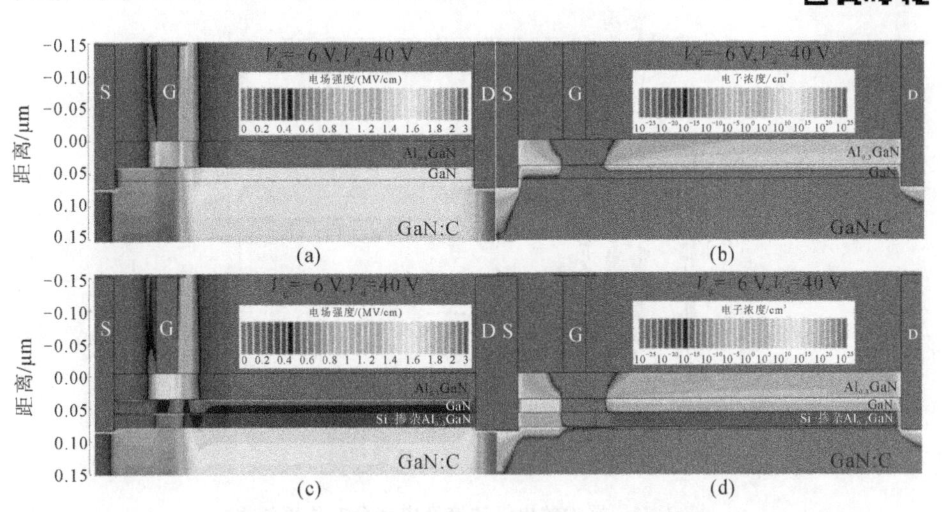

图 3.25　器件的电子浓度及电场分布仿真结果

而由于 δ-Si 掺杂 AlGaN 缓变背势垒的电场屏蔽效应，位于栅极和漏极之间 GaN 沟道处于低电场状态。从图 3.25(b)和(d)中可以看出，常规结构器件和改进型缓变背势垒结构器件，栅极和漏极之间的 2DEG 密度在偏置状态为 $V_g=-6$ V 和 $V_d=40$ V 下仍然保持高浓度水平。

图 3.26(a)和(b)分别展示了常规结构器件和改进型缓变背势垒结构器件在偏置状态为 $V_g=-6$ V 和 $V_d=40$ V 下的 GaN 沟道中电子浓度及电场分布。从图中可以看出，常规结构器件的栅极和漏极之间的GaN沟道中具有高电

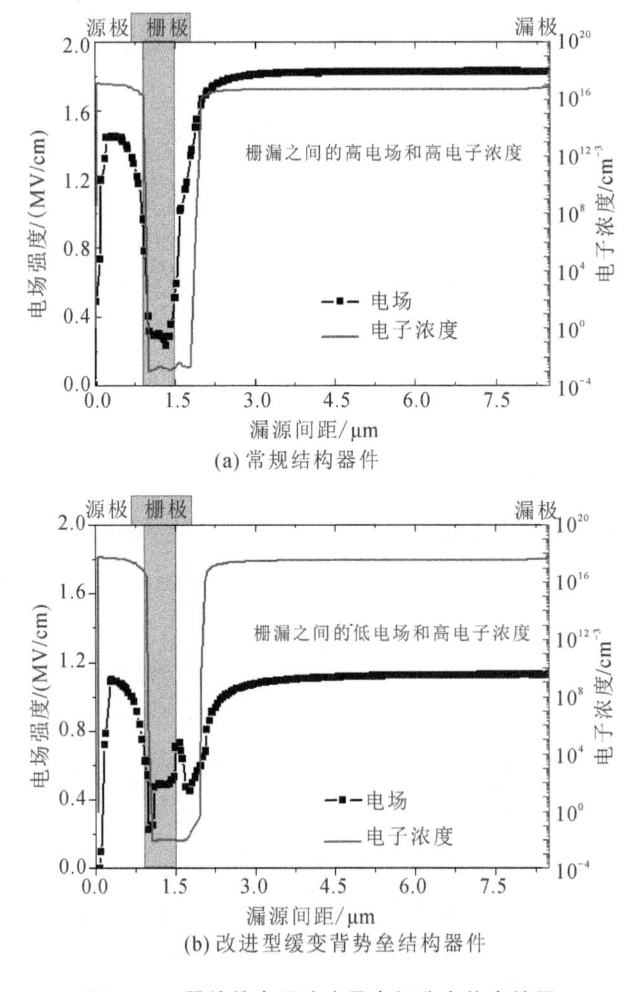

图 3.26　器件的电子浓度及电场分布仿真结果

场和高电子浓度，而改进型缓变背势垒结构器件的栅极和漏极之间的 GaN 沟道具有较低的电场和高电子密度，电场强度的差异导致缓冲层中受主态陷阱俘获电子数量的差异。栅极和漏极之间的 GaN 沟道中的高电场和高电子密度更有利于缓冲层中的受主态陷阱俘获电子从而导致更严重的电流崩塌效应。因此，δ－Si 掺杂 AlGaN 缓变背势垒结构所带来的电场屏蔽效应是降低电流崩塌效应的主要原因。

图 3.27 展示了常规结构器件和改进型缓变背势垒结构器件的三端击穿特性。从图中可以看出，在 10 μA/mm 的关态漏极泄漏电流密度下，常规结构器件的击穿电压为 345 V，而改进型缓变背势垒结构器件的击穿电压为 329 V。通过使用 δ－Si 掺杂的 AlGaN 缓变背势垒结构，虽然击穿电压稍微降低，但仍然满足具备较高的工作电压，通过使用 δ－Si 掺杂的 AlGaN 缓变背势垒结构，能够有效提高沟道电导，改善器件的电流崩塌效应，提高器件的开态性能。

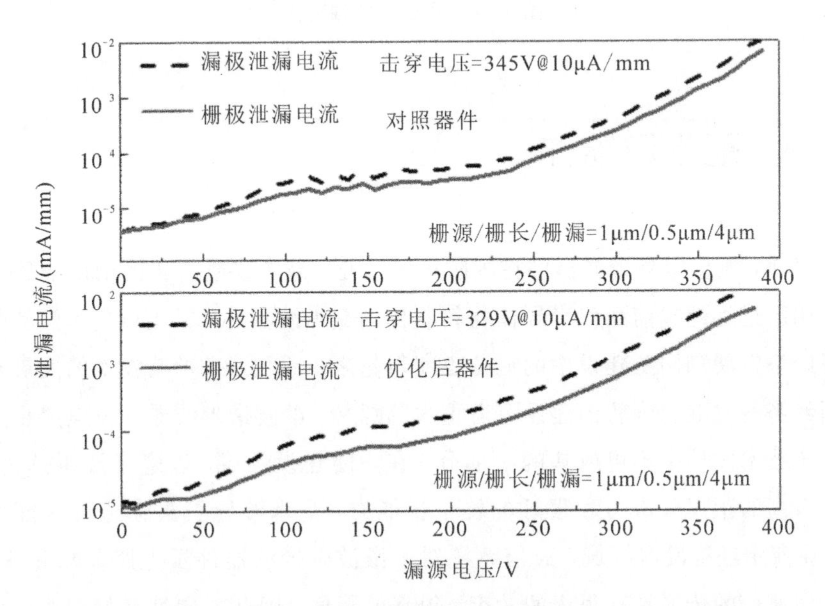

图 3.27　常规结构器件和改进型缓变背势垒结构器件的三端击穿特性

图 3.28 展示了常规结构器件和改进型缓变背势垒结构器件的小信号特性。从图中可以看出，通过改进材料层结构，器件的特征频率从 10.8 GHz 增加到 17 GHz，器件的最大振荡频率从 26.2 GHz 增加到 53 GHz，这说明改进

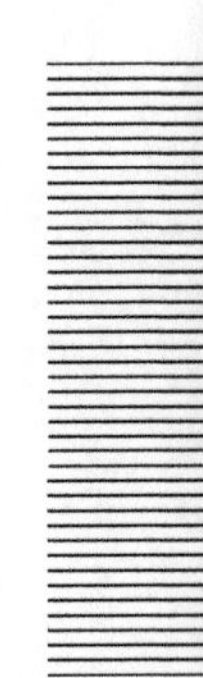

型缓变背势垒结构能够有效提升沟道的二维电子气浓度，并且保持背势垒结构对于载流子限域性改善的能力，从而能够提升器件的输出电流的能力，进而提升器件的小信号下的增益以及大功率微波器件性能。

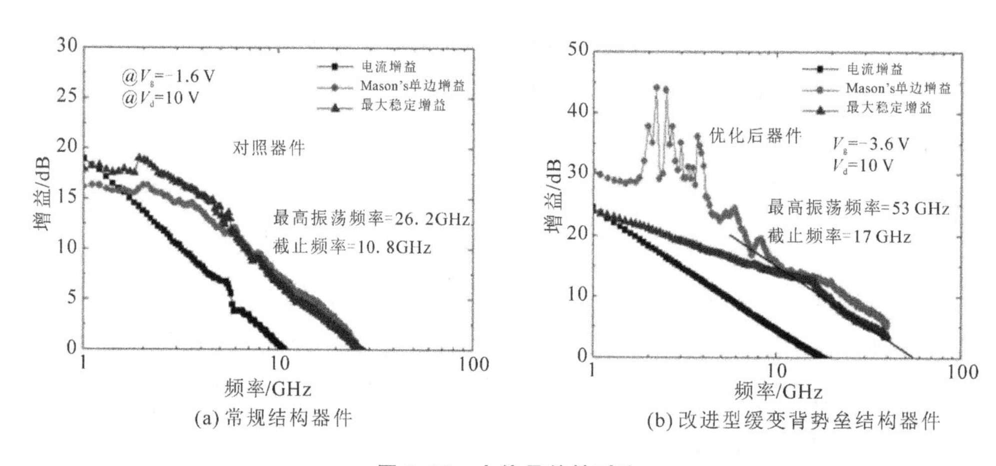

(a) 常规结构器件

(b) 改进型缓变背势垒结构器件

图 3.28　小信号特性对比

3.4　毫米波器件

目前，氮化镓毫米波器件在国防电子工业、毫米波通信和民用商业等领域的应用已远远超越前两代半导体材料制作的毫米波器件，氮化镓毫米波器件在国民经济发展和国防建设中的地位也变得越来越重要。毫米波技术的发展对于我国经济的发展和国防的建设有着重大的意义，微波毫米波器件及电路也成为微电子技术发展中不可或缺的一部分。在国防建设领域，以毫米波雷达为例，其具有高的距离分辨力和很好的抗干扰能力，毫米波导引头穿透烟雾能力极强。在商用经济发展领域，通信系统对于微波毫米波器件及电路需求量很大，毫米波通信的传播具有很窄的波束、很高的频段，因此方向性良好，并且传播稳定，所以在无线局域网和数字无线连接等领域得到了广泛的应用。而发展微波毫米波技术的关键是发展微波毫米波器件，又因为 GaN 基 HEMT 器件的高电子迁移率和高电子密度，其在高频大功率等方面有着巨大优势，因此毫米波 GaN 基 HEMT 器件的研究是十分有意义的。

3.4.1 毫米波器件研究背景及发展历程

自1993年AlGaN/GaN HEMT器件问世以来，各国研究机构继续深入研究，得到AlGaN/GaN HEMT器件的截止频率f_T和最高振荡频率f_{max}分别为11 GHz和35 GHz(栅长L_g=0.25 μm)。1997年，美国科锐报道了截止频率f_T达50 GHz的AlGaN/GaN HEMT器件，具有很好的性能。2000年，美国休斯实验室报道了栅长为50 nm的AlGaN/GaN HEMT器件，得到器件的f_T和f_{max}分别为110 GHz和140 GHz[11]，其频率特性超出之前报道的f_T和f_{max}的值近50%。2005年，麻省理工学院制造了使用InGaN的背势垒结构的栅长为0.25 μm的AlGaN/GaN HEMT，测试得到器件的f_T为128 GHz，最高振荡频率f_{max}为168 GHz。2008年，日本富士通采用6 nm势垒层厚度和SiN钝化制造了高Al组分$Al_{0.4}Ga_{0.6}N$/GaN HEMT，其衬底为4H-SiC，得到器件的f_T为190 GHz，f_{max}为251 GHz[12]。2011年，美国加利福尼亚大学圣塔芭芭拉分校报道了f_{max}高达310 GHz的T形栅GaN HEMT，该器件采用MOCVD沉积N面GaN的技术。2013年，Bouzid-Driad设计了一个栅长为90 nm，栅源间距为0.25 μm的双T形栅的AlGaN/GaN HEMT，该器件在Si衬底生长并得到高达440 mS/mm的跨导最大值，其f_T的值为106 GHz，f_{max}值为206 GHz。

GaN材料及GaN基器件渐渐成为高频率、大功率等器件的研究重点。国内研究GaN材料以及GaN基HEMT器件的研究机构主要有西安电子科技大学、中国科学院半导体研究所(半导体所)、电子科技大学(电子科大)、苏州能讯高能半导体有限公司(苏州能讯)等单位。1999年以来，在国家及国防科研项目支持下，西安电子科技大学自始至终坚持自主创新的科研方针，在GaN材料生长技术、材料生长设备和器件工艺方面取得巨大进步，在2008年就已经具有自主研制的MOCVD设备，选用蓝宝石衬底制造的MOS AlGaN/GaN HEMT器件，其L_g=1 μm，L_{ds}=4 μm，器件的f_T和f_{max}值分别为8.1 GHz和15.3 GHz。2001年，中国科学院半导体研究所材料研究中心孙殿照等人采用射频MBE技术制造的L_g=0.5 μm的AlGaN/GaN HEMT器件，f_T达13 GHz[13]。2003年，张小玲等人研制的AlGaN/GaN HEMT器件，相应的f_T和f_{max}分别为12 GHz和24 GHz[14]。2005年，中国科学院半导体研究所和微电子研究所采用MOCVD技术在蓝宝石衬底上生长了L_g=0.2 μm的AlGaN/GaN HEMT器件，栅宽为 40 μm 时器件 f_T的值为 77 GHz，该频率已经进入毫米波领域。2005 年，中国电子科技集团第十三研究所李献杰等人研究的 AlGaN/GaN HEMT 器件，其 L_g=0.3 μm，f_T为 45 GHz，f_{max}为 100 GHz。2010 年，中国科学院微电子研究所设计了凹槽栅与 T 形栅相结合的毫米波 GaN 基功率器件，获得较小的寄生电容，f_T为 103.3 GHz，f_{max}为 160 GHz[15]。2011 年，中国科学院微电子研究所报道了采用 InGaN 背势垒的槽栅 AlGaN/GaN HEMT 器件，将 SiN 钝化层去除而得到较小的栅源电容 C_{gs}和栅漏电容 C_{gd}，f_T达 50 GHz，f_{max}达 200 GHz。

目前针对 GaN 基 HEMT 器件在毫米波应用中提高频率特性的主要工艺措施如下：

(1) 减小栅长，不仅使得载流子在栅下的渡越时间变短，还使得器件在一定的漏压下横向电场增加，载流子达到电子饱和速度更容易，使得器件速度加快，截止频率增加。但减小栅长会引起短沟道效应，主要表现为阈值电压负漂移、输出电流不饱和和产生漏致势垒降低效应(DIBL)。

(2) 增大 2DEG 的浓度和迁移率。我们可以通过增加势垒层掺杂浓度和提升 AlGaN 势垒层、AlN 势垒层中 Al 组分含量等方法影响 2DEG 浓度及迁移率，以改善器件的频率特性。

(3) 减小势垒层厚度，增大栅控能力。

(4) 优化外延结构，如采用背势垒结构。这样可以增加对 2DEG 沟道的约束，以改善频率特性。

(5) 优化栅结构，如采用 T 形栅，能够优化 f_{max}的值，但会引入寄生电容，使 f_T减小。

(6) 降低寄生参数。由 f_T和 f_{max}的定义可知减小栅电容和减小源漏串联电阻 R_s和 R_d的值可以显著增大 f_T和 f_{max}的值。

3.4.2 毫米波器件栅结构研究

提高器件电流增益最有效的方法是减小器件栅长。但是随着栅长的减小，器件功率增益不像电流增益那样单调增加，当栅长减小到一定尺寸时，功率增益会下降。这是因为栅长的减小会使得栅极横截面积减小，从而导致栅极电阻增大。根据 f_{max}的表达式，功率增益随着栅极电阻的增大而减小。

为了在提高电流增益的同时提高功率增益，我们在保持栅长不变的情况下，在栅极上方添加栅帽，从而解决了由于栅长减小引起的栅极电阻增大的问题。但添加栅帽会引入额外的栅极寄生电容，这反过来会降低器件的电流增益。因此应综合考虑栅极电阻、栅极寄生电容的影响，以提高器件频率特性。本节通过分析栅长、栅跟高度、栅帽宽度对栅极电阻以及栅极寄生电容的影响，提出最优化的栅结构参数。

GaN基毫米波栅结构如图3.29所示，其中L_g为栅长，W_g为栅帽宽度，H_g为栅跟高度，T_{pas}为钝化层厚度。

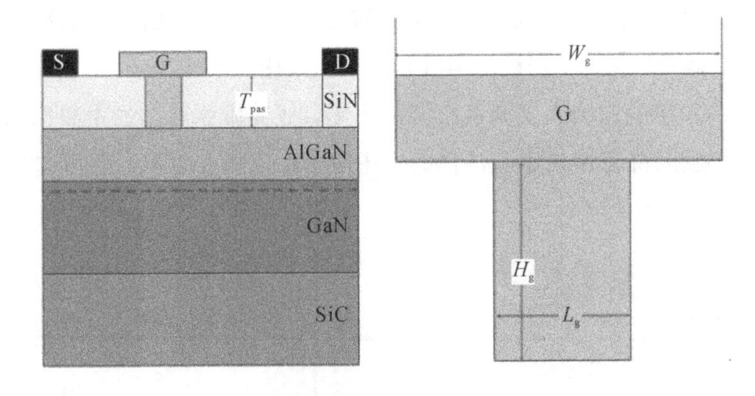

图3.29　GaN基毫米波栅结构示意图

在栅长设计仿真中，我们先没有引入栅帽。钝化层厚度为60 nm。GaN基HEMT器件的C_{gs}、C_{gd}与栅长的关系如图3.30(a)所示。由图可知，栅源电容C_{gs}随着栅长的减小不断减小，两者基本呈线性关系；栅漏电容C_{gd}随着栅长的减小变化量不大。栅漏电容小于栅源电容是因为栅极位置偏向于源极从而栅源间距小于栅漏间距。同时栅源偏置为正偏，栅漏偏置为反偏，这也造成了栅漏电容小于栅源电容。从图3.30(b)中可以看出，特征频率随着栅长减小而增大。当栅长大于150 nm时，栅源电容C_{gs}、栅漏电容C_{gd}随着栅长减小而减小，根据特征频率公式$f_T=\dfrac{G_m}{2\pi(C_{gs}+C_{gd})}$可知，栅源电容$C_{gs}$、栅漏电容$C_{gd}$的减小会提高$f_T$，且呈线性关系。然而当栅长小于150 nm时，特征频率的增加量明显减小。这是由于势垒层厚度设定为23 nm，当栅长大于150 nm时，栅长与势垒厚度的比例大于6.5，此时还没有出现短沟道效应，影响器件频率特性的主要因素还是栅长。当栅长继续减小时，尽管栅源电容 C_{gs}、栅漏电容 C_{gd} 继续减小。但是根据特征频率公式，由于短沟道效应的出现，栅控能力的减弱造成的跨导降低成为限制特征频率特性增加的主导因素，因此特征频率随栅长的减小而缓慢增加。最高振荡频率与栅长关系在栅长大于 150 nm 时与特征频率趋势相似，当栅长小于 150 nm 时缓慢增加趋于饱和，这是由于栅长的减小会导致器件输出电阻下降，从最高振荡频率公式（$f_{max}=\dfrac{f_T}{2\sqrt{G_d(R_d+R_s)}+2\pi f_T R_g C_{gd}}$，$G_d$ 为漏极电导）可以看出最高振荡频率随电阻减小而减小。但是当栅长小于 100 nm 时，最高振荡频率反而会下降。随着栅长的减小，由于我们没有引入栅帽，栅极横截面积减小，栅极电阻线性增大，当栅长小于 100 nm 时，栅极电阻对最高振荡频率的影响大于栅极电容的影响，成为限制 f_{max} 的主要因素。因此在不断减小栅长降低栅极电容的同时，还需要注意栅极电阻、短沟道效应对频率特性的影响。

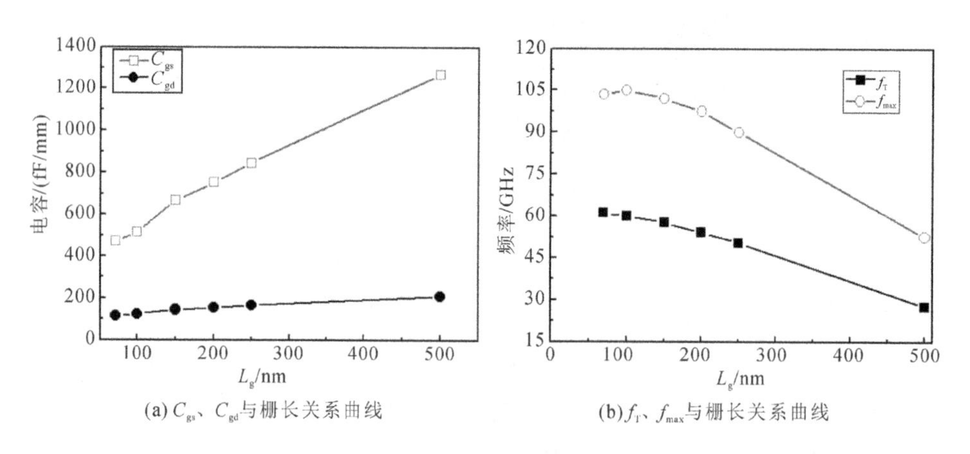

(a) C_{gs}、C_{gd} 与栅长关系曲线　　(b) f_T、f_{max} 与栅长关系曲线

图 3.30　器件电容和频率特性随栅长的变化规律

根据上述仿真结果，当栅长小于 100 nm 时，栅极寄生电阻成为限制最高振荡频率的主要因素，因此我们在栅极上方添加栅帽，从而减小栅极电阻，但是引入栅帽会增大栅极电容。栅帽的引入对寄生电容的影响主要由栅帽宽度以及栅跟高度决定。如图 3.31(a)所示，栅极电容主要由栅下本征电容 C_{gi}、栅跟与有源区形成的寄生电容 C_{gp1} 以及栅帽与有源区形成的寄生电容 C_{gp2} 组成。因此下面首先分析栅跟高度对栅极电容的影响，确定最优栅跟高度后，优化栅帽

宽度，在栅极电容与栅极电阻之间找到最优解，从而提高器件最高振荡频率。

在栅跟高度 H_g 仿真中，设定器件栅长为100 nm，栅帽宽度为500 nm，改变栅跟高度，研究栅跟高度与栅极电容的关系。从图3.31(b)中看出，在没有添加栅帽时，随着栅跟高度的增加，栅极电容增长缓慢，说明栅跟与有源区形成的寄生电容较小可以忽略不计。因此在只考虑电流增益的应用中，设计栅结构时只需考虑栅长对频率特性的影响。当添加栅帽后，栅极电容随着栅跟高度的增加而减小，当栅跟高度小于120 nm时，栅极电容随栅跟高度的增加快速下降，当栅跟高度超过120 nm时，栅极电容减小量趋于平缓。在仿真中，当栅跟高度小于100 nm时，去掉栅跟，只保留栅帽的情况下，栅极电容与存在栅跟时相近，这说明在栅跟高度小于100 nm时栅极电容主要由栅帽引入的寄生电容决定。当栅跟高度超过100 nm后，两种结构的栅极电容出现差异，说明栅跟高度大于100 nm后，栅极电容主要由栅帽引入的寄生电容与栅下本征电容共同决定。因此综合考虑工艺过程中栅跟高度过高会导致栅极倒塌，一般栅跟高度多确定为120 nm。

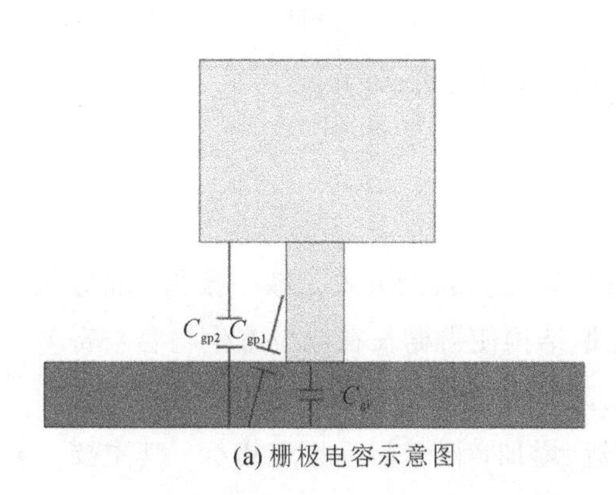

(a) 栅极电容示意图

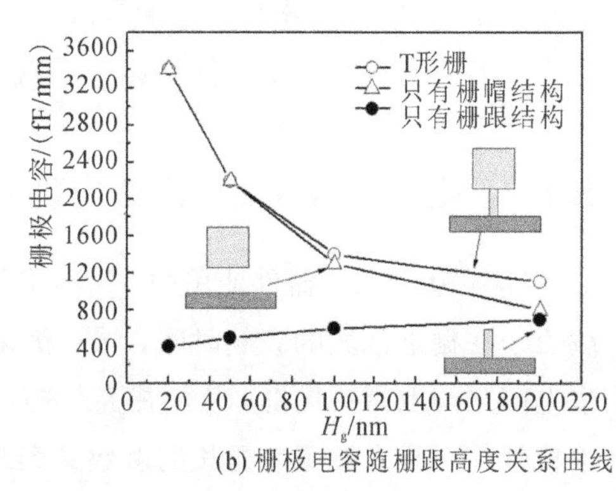

(b) 栅极电容随栅跟高度关系曲线

图3.31　栅型电容结构分析

栅跟高度确定之后，固定栅跟高度为120 nm，选取栅长为100 nm，改变栅帽宽度，研究栅极电容与栅帽宽度的关系。从栅极电容与栅帽宽度关系曲线(如图3.32(a)所示)可知，随着栅帽宽度的增加，栅源电容、栅漏电容都会增大。当栅帽宽度大于500 nm时，栅源、栅漏电容随栅帽宽度变化速度加快。AlGaN/GaN HEMT器件的频率与栅帽宽度 W_g 曲线如图3.32(b)所示。由于栅源、栅漏电容随栅帽宽度增加而增加，因此 f_T 不断减小。然而 f_{max} 先随栅帽宽度的增加而增加，之后又减小，在栅帽宽度为500 nm时达到最大值。这是由于f_{max}受栅电阻和栅电容的共同影响。由栅极电阻公式可以看出，在栅长、栅极金属、栅指数不变的情况下，栅极电阻随栅帽宽度单调递减。随着栅帽的增加，栅极电阻减小、栅极电容增大。由f_{max}定义式可知，栅极电阻的减小可以提高f_{max}，但是栅极电容增大会降低f_{max}，栅电阻与栅电容存在竞争关系，当栅帽宽度为500 nm时，f_{max}得到最优值。

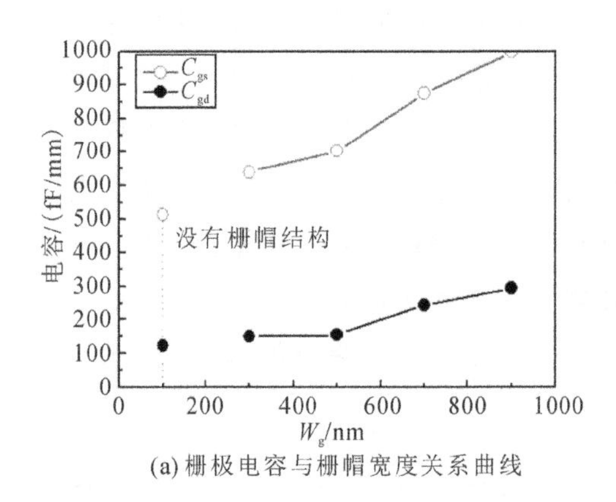

(a) 栅极电容与栅帽宽度关系曲线

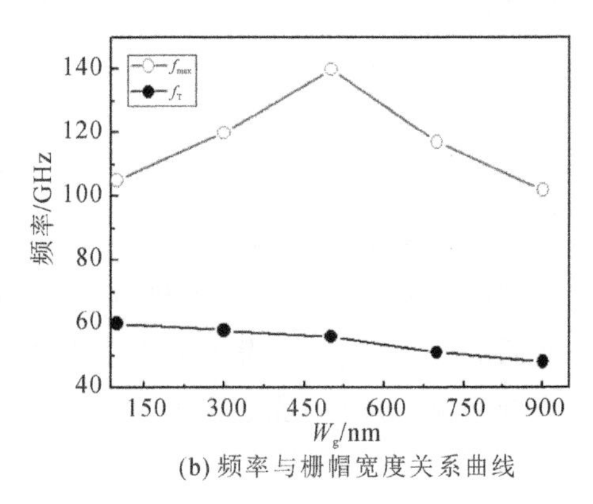

(b) 频率与栅帽宽度关系曲线

图 3.32　器件电容和频率特性随栅帽宽度的变化规律

3.4.3　毫米波器件短沟道效应研究

GaN基毫米波器件使用中，提高工作频率最直接的方式是减小栅长，缩短载流子在栅下区域的渡越时间，同时优化栅结构使得栅长在栅极寄生电容与寄生电阻之间取得最优解，从而提高最高振荡频率。然而优化栅结构后，器件频率特性仍然没有按照与栅长的倒数关系线性增加，低于国际报道指标。其主要原因是势垒层厚度没有随着栅长的减小而相应地减小，从而引起短沟道效应。衡量器件短沟道效应的标准参数为纵横比，即栅长与势垒层厚度的比例(L_g/T_{bar})，根据国际上通常报道，对于GaN基器件来说，纵横比需要大于5才会避免短沟道效应出现。短沟道效应对直流特性的影响主要有以下几点：

(1) 会造成器件栅极关断能力减弱引起器件关态漏电增大；

(2) 栅极对沟道的控制能力减弱引起跨导下降；

(3) 对频率特性的影响表现为器件输出电阻降低导致最高振荡频率下降；

(4) 载流子饱和速率下降引起频率特性低于预测值。

抑制短沟道效应的关键在于势垒层厚度也要随栅长的减小而相应减小，从而提高栅极对沟道的控制能力。然而对于 AlGaN/GaN 异质结，二维电子气面密度随着势垒层厚度的减小而减小，这就导致了随着势垒层厚度的减小，方块电阻增大，器件输出电流减小的问题。为了解决这个问题，下面的仿真以及之后的器件制作都是在栅下区域减小势垒层厚度，栅极区域以外势垒层厚度不变，从而保证提高栅极对沟道控制能力的同时不会对有源区方块电阻产生影响。但是，势垒层厚度的过度减薄会导致栅极漏电增大，栅下区域载流子密度过低，栅压摆幅降低。因此，下面首先分析短沟道效应对器件直流特性以及频率特性的影响，分析短沟道效应形成的原因，最终优化势垒层结构，实现器件性能的进一步提升。

首先我们研究不同栅长器件对器件直流、输出特性的影响。固定势垒层厚度为 23 nm，将栅长从 500 nm 缩小到 70 nm，固定栅漏间距为 2.5 μm，栅源间距为 1.5 μm。

图 3.33(a)为不同栅长器件转移特性曲线，漏极电压 V_d＝10 V，从图中可以看出，随着栅长的减小，阈值电压往负方向漂移。阈值电压从栅长为 500 nm 时的－2.5 V 变化为栅长为 70 nm 时的－3.8 V。偏移量达到 1.3 V。这样就会造成阈值电压附近处，亚阈值特性会随着栅长的减小而恶化。图 3.33(b)为栅压固定为 1 V 时，不同栅长器件输出特性曲线。从图中可以看出，不同栅长器件在线性区时电流值基本相同，说明栅长的不同对输出导通电阻没有影响。栅长为 500 nm 的器件在饱和区时，漏极电极 I_d 基本不变；随着栅长的减小，饱和区曲线上翘现象明显，饱和特性恶化。

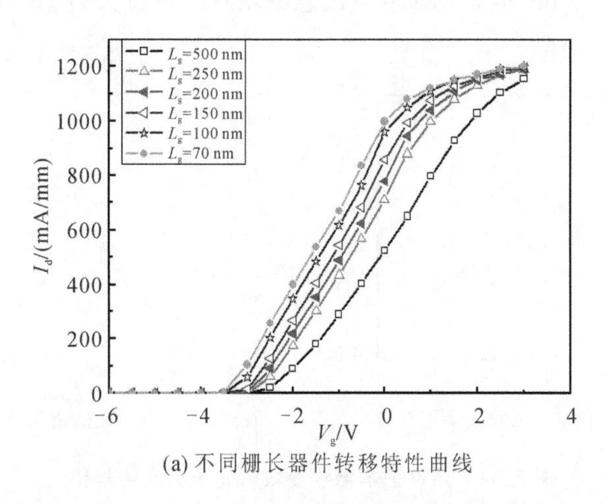

(a) 不同栅长器件转移特性曲线

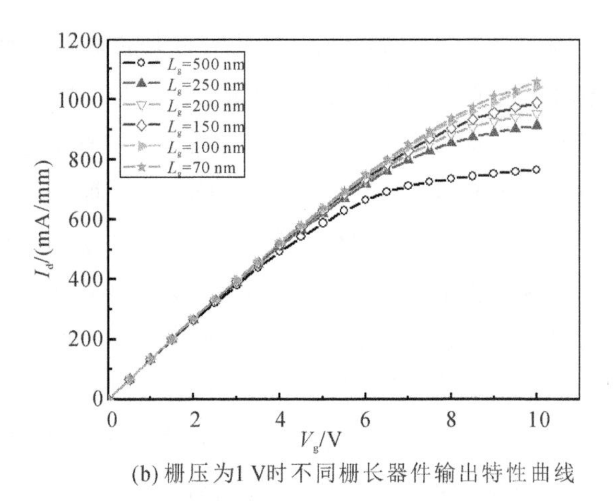

(b) 栅压为1 V时不同栅长器件输出特性曲线

图 3.33　不同栅长器件的转移和输出特性曲线

图 3.34(a)为跨导和阈值电压与栅长关系曲线。仿真中，势垒层厚度固定为 23 nm，因此随着栅长的减小，器件纵横比也随之线性降低。从图中看出阈值电压随着纵横比的减小向负方向移动。阈值电压随栅长减小往负方向移动是因为产生了短沟道效应。当栅长在 500 nm 到 150 nm 之间时，跨导随着栅长的减小而增加。当栅长为 150 nm 时，跨导达到最大值，为 354 mS/mm。当栅长继续减小，跨导开始降低，此时栅极对沟道的控制能力减弱。由以上结果可以看出，当纵横比(L_g/T_{bar})小于 6 时，会出现栅极对沟道的控制能力减弱的问题。图 3.34(b)为输出电阻和亚阈值电流与栅长关系曲线。从图中可以看出，当栅长减小到 250 nm 时，亚阈值电流急剧增加；当栅长为 70 nm 时，亚阈值

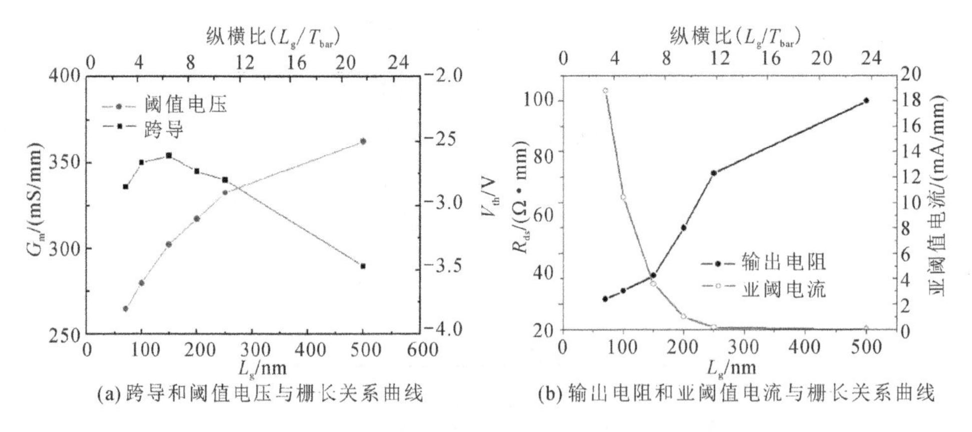

(a) 跨导和阈值电压与栅长关系曲线　　(b) 输出电阻和亚阈值电流与栅长关系曲线

图 3.34　器件基本电学参数随栅长的变化规律

电流超过 10 mA/mm，与栅长为 250 nm 的器件相比增加了两个数量级。输出电阻随着栅长的减小而降低，根据 f_{max} 公式，输出电阻的减小会引起最高振荡频率的减小。

图 3.35(a)示出了栅长为 500 nm 的器件在不同漏极电压下的转移曲线，漏极电压从 5 V 增加到 15 V 时，阈值电压变化量为 0.1 V，DIBL＝10 mV/V。图 3.35(b)示出了栅长为 70 nm 的器件改变漏极电压情况下的转移曲线，当栅极电压从 5 V 增加到 15 V 时，阈值电压从－3.4 V 变化为－4 V，DIBL＝60 mV/V，漏致势垒降低效应严重。漏致势垒降低效应会导致器件在高工作电压时阈值电压漂移，引起静态工作点变化，对器件功率特性产生负面影响。

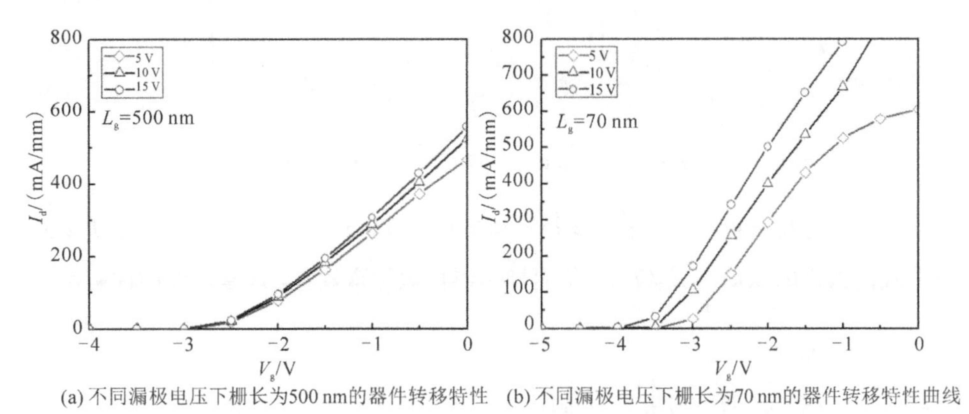

(a) 不同漏极电压下栅长为500 nm的器件转移特性　(b) 不同漏极电压下栅长为70 nm的器件转移特性曲线

图 3.35　器件在不同漏极电压下的转移特性

图 3.36 为器件处于关态时(V_d＝－6 V)，栅长为 70 nm、500 nm 的器件在不同漏极电压时的电势分布图。通过对比漏极电压为 5 V 时可以看出，栅长为 70 nm 的器件相对于栅长为 500 nm 的器件等势线曲率增大，且在相同深度时电势的绝对值较小。说明在相同电压下栅长为 70 nm 的器件的栅极对沟道的控制能力比栅长为 500 nm 的器件弱。同时随着栅长的减小，栅极对漏极电压的屏蔽能力减弱，导致源漏穿通。这就解释了亚阈值电流随栅长减小而增加的现象。当漏极电压增大，栅长为 70 nm 的器件栅下电势值明显减小，栅长为 500 nm 的器件电势值只有微小变化，说明栅长为 70 nm 的器件栅极受漏极的影响较大，解释了栅长为 70 nm 的器件 DIBL 值增大的原因。

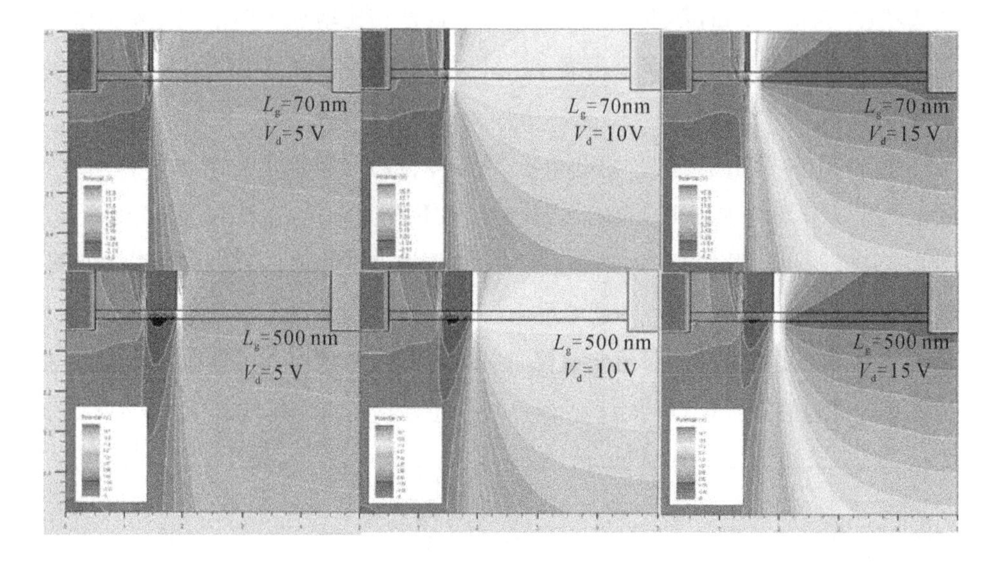

图 3.36　不同漏极电压下栅长为 500 nm、70 nm 的器件电势分布图

通过上述仿真可知，为了减弱短沟道效应，可以通过减小势垒层厚度 T_{bar} 的方法提高器件的纵横比 L_g/T_{bar}，从而抑制器件短沟道效应，改善器件的性能。

3.5　热分析与热设计

与传统的 Si、Ge 和 GaAs 相比，GaN 材料由于具有较大的禁带宽度，因此其本征载流子的浓度较低，可以在较大的温度范围内对载流子浓度进行控制，从而使器件得以正常工作。这一优势使得 GaN 基 HEMT 器件成为高温应用下的最佳选择。但是，当面向微波大功率应用时，GaN 基 HEMT 器件在输出大功率的同时伴随大量的热产生，这就是熟知的自热效应。若自热效应产生的热量积聚而无法快速有效地传输出去，就会进一步导致器件峰值温度升高，从而引起 GaN 基 HEMT 器件直流特性、输出功率以及效率等性能的恶化。并且，随着器件尺寸的不断缩小，功率需求的不断攀升，器件的散热问题更为显著，可以说散热是制约 GaN 基 HEMT 器件性能进一步提升的瓶颈因素之一，因此针对 GaN 基 HEMT 器件的热分析与热设计尤为重要。本节首先将载流子输运

模型与热传输理论相结合，通过 Silvaco TCAD 仿真软件建立 AlGaN/GaN HEMT 器件电热耦合模型，对器件内部热传输机制、热源分布进行深入讨论。随后，采用 ANSYS 有限元分析软件建立有限元模型，在获取多栅指器件热分布形貌的基础上，讨论器件中栅指间距、单指栅宽、栅指数目、边界热阻以及缓冲层厚度等结构参数对器件热分布的影响，为器件的热设计优化奠定理论基础。

3.5.1 AlGaN/GaN HEMT 器件热生成机制

当对器件施加电压时，半导体内的电子通过外加电场获取能量，进而在漂移或扩散运动的过程中与晶格发生碰撞，并将能量以声子的形式传递给晶格，进而引起晶格温度的提升。为了深入分析器件内部热量产生的物理机制，本小节采用 Silvaco TCAD 仿真软件对器件进行电热耦合仿真。电热耦合仿真可以在载流子传输方程的基础上求解出器件内的热源分布，并进一步得到温度影响载流子输运的一般规律。电热耦合模型的准确性会直接影响仿真结果，下面对仿真中所采用的物理模型进行分析。

1. 载流子输运模型

Silvaco TCAD 仿真软件在进行器件电学特性的仿真时，以设定的器件几何结构、材料参数和相关的物理模型为基础，根据基本的半导体物理方程，通过数值算法，对器件的电势、电场、载流子浓度、电流密度等电学信息进行仿真计算。在电热耦合仿真中，载流子输运模型主要涉及的物理方程包括泊松方程、载流子连续性方程以及载流子输运方程，下面将对它们进行逐一介绍。

1) 泊松方程

静电势和空间电荷密度的关系可以用泊松方程来表述，其表达式为

$$\mathrm{div}(\varepsilon\,\nabla\psi)=-\rho \tag{3-6}$$

其中，ψ 是静电势；ε 是介电常数；ρ 是空间电荷密度，包括电子、空穴和电离杂质在内的所有可动电荷和固定电荷。

2) 载流子连续性方程

载流子连续性方程和输运方程共同描述了在载流子的输运过程、产生过程

和复合过程中电子密度和空穴密度的演变过程。其中，电子和空穴的连续性方程分别表达为

$$\frac{\partial n}{\partial t}=\frac{1}{e}\mathrm{div}\boldsymbol{J}_{\mathrm{n}}+G_{\mathrm{n}}-R_{\mathrm{n}} \tag{3-7}$$

$$\frac{\partial p}{\partial t}=\frac{1}{e}\mathrm{div}\boldsymbol{J}_{\mathrm{p}}+G_{\mathrm{p}}-R_{\mathrm{p}} \tag{3-8}$$

其中，e 是电子电荷量，n 是电子浓度，p 是空穴浓度，$\boldsymbol{J}_{\mathrm{n}}$ 是电子电流密度，$\boldsymbol{J}_{\mathrm{p}}$ 是空穴电流密度，G_{n}是电子的产生速率，G_{p}是空穴的产生速率，R_{n}是电子的复合速率，R_{p}是空穴的复合速率。

3）载流子输运方程

根据扩散漂移理论，载流子输运方程可以表示为

$$\boldsymbol{J}_{\mathrm{n}}=-e\mu_{\mathrm{n}}n\,\nabla\phi_{\mathrm{n}} \tag{3-9}$$

$$\boldsymbol{J}_{\mathrm{p}}=-e\mu_{\mathrm{p}}p\,\nabla\phi_{\mathrm{p}} \tag{3-10}$$

其中，μ_{n}和 μ_{p}分别是电子和空穴迁移率；ϕ_{n}和 ϕ_{p}分别是电子和空穴的准费米势。基于准费米势与电势、有效本征载流子浓度的相关关系以及玻耳兹曼近似，式(3-9)和式(3-10)可以重新表达为以下关系式：

$$\boldsymbol{J}_{\mathrm{n}}=e\mu_{\mathrm{n}}n\boldsymbol{E}_{\mathrm{n}}+eD_{\mathrm{n}}\,\nabla n \tag{3-11}$$

$$\boldsymbol{J}_{\mathrm{n}}=e\mu_{\mathrm{p}}p\boldsymbol{E}_{\mathrm{p}}+eD_{\mathrm{p}}\,\nabla p \tag{3-12}$$

其中，$\boldsymbol{E}_{\mathrm{n}}$ 和 $\boldsymbol{E}_{\mathrm{p}}$ 分别是电子和空穴有效电场；D_{n}和 D_{p}分别是电子和空穴的扩散常数，可以表示为

$$D_{\mathrm{n}}=\frac{kT_{\mathrm{L}}}{e}\mu_{\mathrm{n}} \tag{3-13}$$

$$D_{\mathrm{p}}=\frac{kT_{\mathrm{L}}}{e}\mu_{\mathrm{p}} \tag{3-14}$$

其中，T_{L}是晶格温度，k 是玻耳兹曼常数。

2. 热输运模型

1）热传导模型

热传导模型是求解热传输问题的基础，其表达式为

$$C\frac{\partial T_{\mathrm{L}}}{\partial t}=\nabla(\kappa\,\nabla T_{\mathrm{L}})+H \tag{3-15}$$

其中，κ 为材料热导率，C 是单位体积内材料的比热容，T_L 是局部晶格温度，H 是热产生率。对于稳态的热分析，温度分布不随时间变化，式(3-15)左边一项为零，因此，器件的温度分布主要与其材料的热导率以及器件内部的热产生功率密度相关。仿真中涉及的物理模型除了包括上述的热传导模型，还包括迁移率模型、热产生模型以及非等温的热导率模型。

2) 迁移率模型

迁移率作为衡量载流子输运能力的物理量，其模型的准确选取对于仿真准确性十分关键。从 GaN HEMT 器件的工作原理出发，下文仿真中所采用的迁移率模型如下：

$$\mu_n(E)=\mu_{n0}\left[\frac{1}{1+\left(\frac{\mu_{n0}}{\mathrm{VSATN}}\right)^{\mathrm{BETAN}}}\right]^{\frac{1}{\mathrm{BETAN}}} \tag{3-16}$$

其中，BETAN 为经验参数，VSATN 为电子饱和漂移速度，E 为水平电场强度，μ_{n0} 是低场迁移率。温度对迁移率的影响在低场迁移率中得以体现，即

$$\mu_{n0}=\mathrm{MUN}\left(\frac{T_L}{300}\right)^{-\mathrm{TMUN}} \tag{3-17}$$

其中：T_L 为局部晶格温度；TMUN 是模型参数，主要影响低场迁移率随温度的退化强度；MUN 代表了室温(300K)下的载流子迁移率。

3) 热产生模型(Heat Generation)

器件内部热产生主要分为三部分，其一般表达形式如下：

$$H=\frac{|\boldsymbol{J}_n|^2}{q\mu_n n}+\frac{|\boldsymbol{J}_p|^2}{q\mu_p p}+q(R-G)[\phi_p-\phi_n+T_L(P_p-P_n)]-T_L(\boldsymbol{J}_n\nabla P_n+\boldsymbol{J}_p\nabla P_p) \tag{3-18}$$

其中，$\frac{|\boldsymbol{J}_n|^2}{q\mu_n n}+\frac{|\boldsymbol{J}_p|^2}{q\mu_p p}$ 表示器件内部产生的焦耳热；$q(R-G)[\phi_p-\phi_n+T_L(P_p-P_n)]$ 代表载流子产生复合效应对器件产热的贡献；$-T_L(\boldsymbol{J}_n\nabla P_n+\boldsymbol{J}_p\nabla P_p)$ 代表热电耦合效应对器件产热的贡献，即 Peltier-Thomson 效应。

4) 热导率模型

材料热导率是影响器件热传输的关键因素，因此仿真中需要对各材料层的热导率进行定义。材料的热导率通常与温度相关，以下给出了几种常用的热导

率模型公式：

$$k(T)=\text{TC. CONST} \quad \text{W/(cm·K)} \tag{3-19}$$

$$k(T)=\frac{\text{TC. CONST}}{(T/300)^{\text{TC. NPOW}}} \quad \text{W/(cm·K)} \tag{3-20}$$

$$k(T)=\frac{1}{[\text{TC. A}+(\text{TC. B})\times T+(\text{TC. C})\times T^2]} \quad \text{W/(cm·K)} \tag{3-21}$$

其中，TC. CONST 表示某种材料的恒定热导率，TC. NPOW 表示某种材料的温度系数，TC. A、TC. B 和 TC. C 均表示某种材料的热导率系数。

3. AlGaN/GaN HEMT 器件热生成机制分析

基于器件物理模型，我们采用 Slivaco TCAD 软件建立 AlGaN/GaN HEMT 器件的电热耦合模型。图 3.37 给出了所研究的器件结构。其中，器件栅长为 1 μm，源漏间距为 5 μm，栅源间距为 1 μm。材料层自下而上包括：400 μm 厚的蓝宝石衬底、100 nm 厚的 AlN 成核层、1.5 μm 厚的 GaN 缓冲层、20 nm 厚的 $Al_{0.25}Ga_{0.75}N$ 势垒层以及 60 nm 厚的 SiN 钝化层。

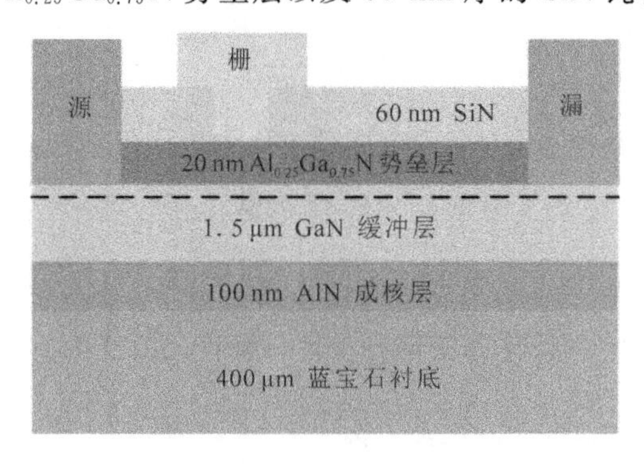

图 3.37 电热耦合仿真所用器件结构示意图

所研究的材料背景掺杂浓度为 10^{15} cm^{-3}，AlGaN/GaN 异质结界面沟道处的二维电子气电荷面密度为 9×10^{12} cm^{-2}。考虑晶格是理想状态，没有受任何陷阱的影响，衬底底面温度设置为 300 K，器件两侧设置为绝热的边界条件。根据材料的霍耳迁移率测试结果，在 300 K 下电子的低场迁移率(MUN)为 1840 cm^2/(V·s)，空穴的低场迁移率(MUP)为 200 cm^2/(V·s)，通过与实测的输出特性对比，最终设置电子迁移率的温度系数(TMUN)为 2.5，空穴迁移率的温度系数(TMUP)为 1。仿真中所用到的模型参数在表 3.2 中列出了[16-18]。

表 3.2　电热耦合仿真所用参数

符号名称	参数值
MUN	1840 cm^2/(V·s)
MUP	200 cm^2/(V·s)
TMUN(沟道)	2.5
TMUP	1
VSATN	2.0×10^7 cm/s
TC.CONST(AlGaN)	0.13 W/(cm·K)
TC.CONST(GaN)	2.1 W/(cm·K)
TC.NPOW(GaN)	1.4 W/(cm·K)
TC.CONST(AlN)	0.1 W/(cm·K)
TC.CONST(SiN)	1.0 W/(cm·K)
TC.A(蓝宝石)	−12.56 (cm·K)/W
TC.B(蓝宝石)	6.81×10^{-2} cm/(W·K)
TC.C(蓝宝石)	-7.76×10^{-5} cm/(W·K)

图 3.38 给出了器件仿真与实测的输出特性对比，其中黑实线代表实测数据；圆圈代表加入自热效应后对应的仿真结果。测试中栅极电压从−4 V 扫描到 0 V，以 2 V 为步阶，漏极电压从 0 V 扫描到 10 V，以 0.1 V 为步阶。实测

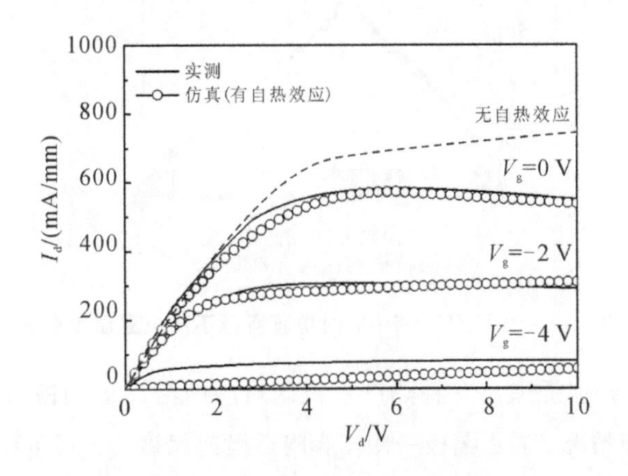

图 3.38　仿真与实测器件输出特性对比图

数据和仿真结果在不同栅极电压下均较为吻合，说明电热偶合模型具有较好的准确性。此外，图中虚线代表了栅极电压为 0 V 时不加自热效应的仿真结果，由此可以直观看出器件自热对其电学性能的影响显著。

在验证了电热耦合模型准确性的基础上，图 3.39(a)和(b)分别展示了 V_g=0 V，V_d=10 V 时器件整体以及沟道附近的温度分布情况，基于该仿真结果提取的沟道区域横向的温度分布在图 3.39(c)中给出。由图(c)可以观察到，沟道内部温度分布极不均匀，峰值温度出现在靠近漏极一侧的栅脚处。为了分析形成这种温度分布的原因，我们进一步提取了器件内的热产生功率分布，结果如图 3.40(a)所示。由图(a)可以观察到，器件内热量主要产生在靠近漏极一侧的栅脚处的亚微米区域，与峰值温度出现的位置相对应。

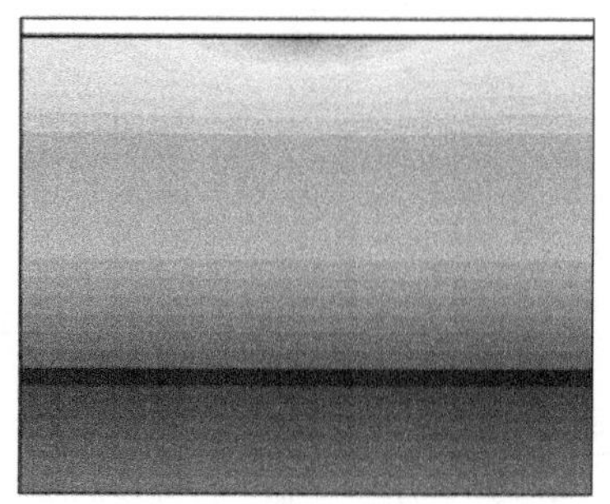
(a) 器件内整体温度分布情况

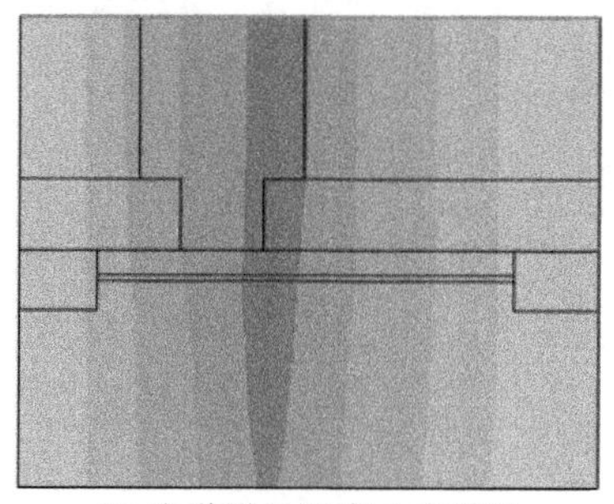
(b) 沟道附近温度分布情况

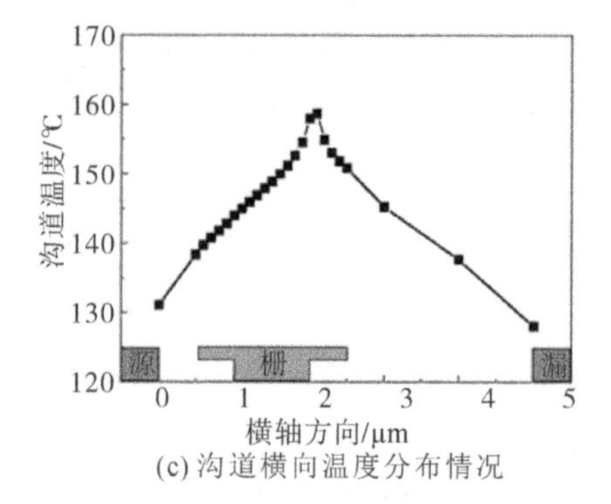

(c) 沟道横向温度分布情况

图 3.39　V_g=0 V，V_d=10 V 时仿真所得不同位置温度分布情况

图 3.40(b)分别提取出三种热产生机制对应的沿沟道的横向热产生功率分布情况。靠近漏极一侧栅脚附近横向尺度为 0.5 μm 的区域内所产生的热量占整体热产生功率的 75%。且从图中可以

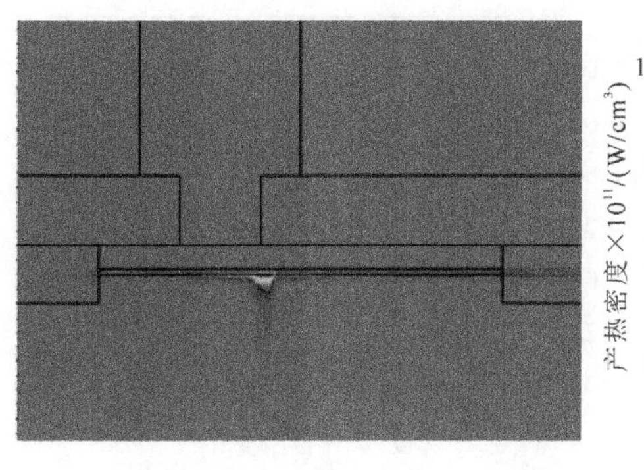

(a) V_g=0 V，V_d=10 V时器件内的热产生功率分布

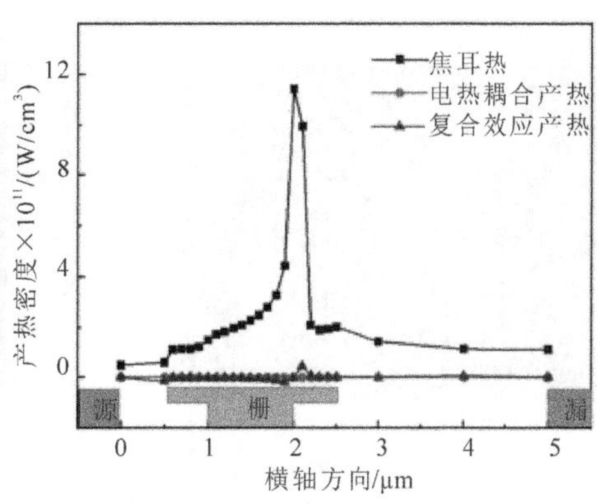

(b) 三种热产生机制沿沟道横向热产生功率分布

图 3.40　器件热场二维和一维分布仿真结果

观察到与焦耳热相比，复合效应产热以及电热耦合效应产热可以忽略，因此，焦耳热是器件内部热量产生的主要来源。而焦耳热公式可以进一步变换成以下形式：

$$H_{Joul}=\frac{|\boldsymbol{J}_n|^2}{q\mu_n n}+\frac{|\boldsymbol{J}_p|^2}{q\mu_p p}=\boldsymbol{J}\cdot\boldsymbol{E} \tag{3-22}$$

其中，$\boldsymbol{J}$ 代表电流密度，$\boldsymbol{E}$ 代表电场强度。对该偏置条件下器件内横向电流密度以及横向电场分布进行提取，结果分别在图 3.41(a)和(c)中给出，而沿沟道横向的电场以及电流密度分布则如图 3.41(b)和(d)所示。由图 3.41 可以观察到电流密度在沟道处最高，而横向电场强度在漏极一侧的栅脚处积聚达到峰值，说明电场分布对于热产生功率起主要作用。

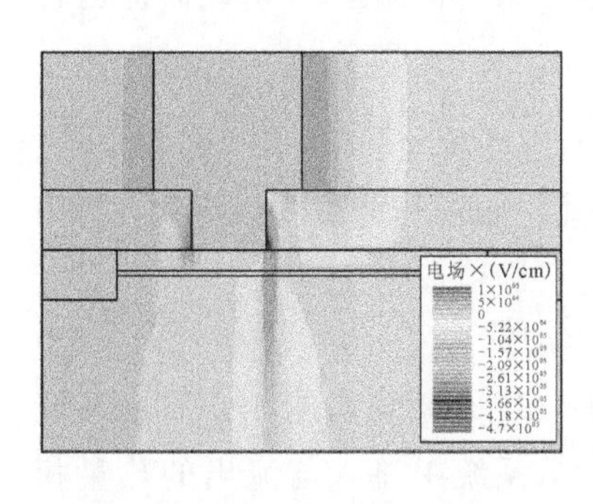

(a) 器件内横向电场强度分布

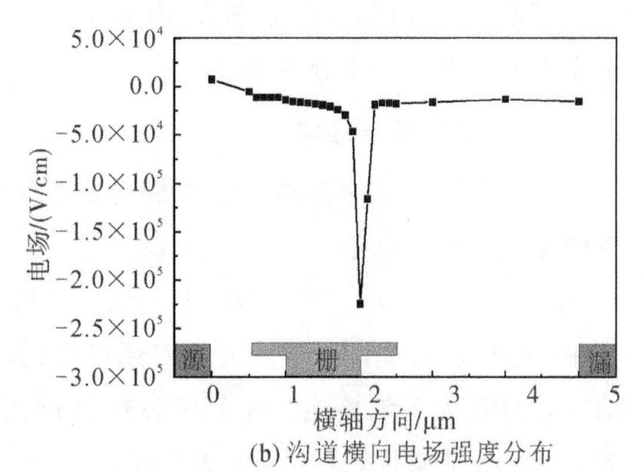

(b) 沟道横向电场强度分布

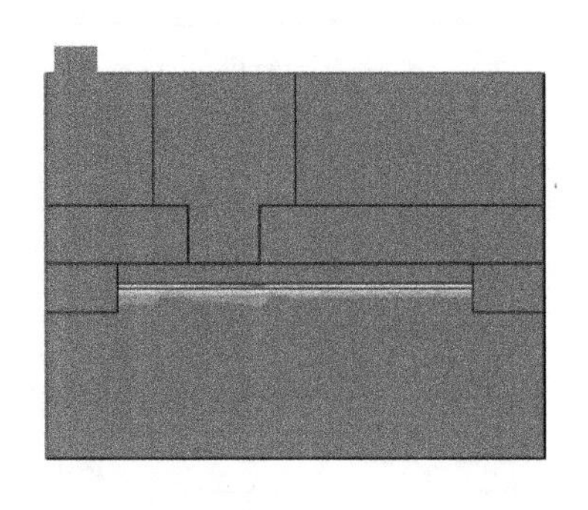

(c) 器件内横向电流密度分布

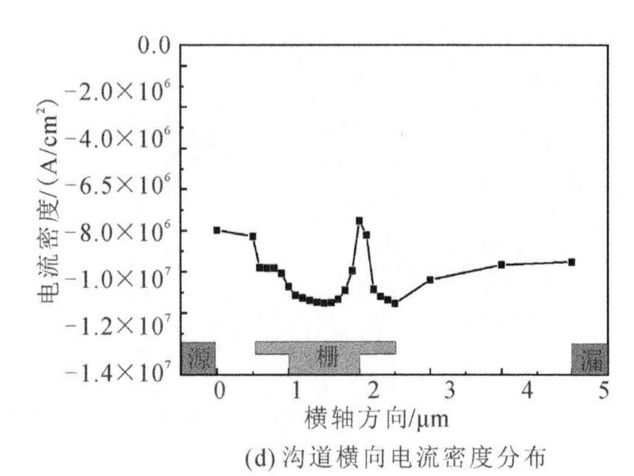

(d) 沟道横向电流密度分布

图 3.41 $V_g=0$ V，$V_d=10$ V 时器件内不同位置的电场强度和电流密度分布

3.5.2 AlGaN/GaN HEMT 三维有限元热仿真

电热耦合仿真在理解器件内部产热以及温度与电学性能之间的相互影响等方面具有较大的应用优势，但是在进行器件电热耦合仿真时，除了要对热传导方程进行求解，还需要对泊松方程、载流子连续性方程等偏微分方程进行求解，计算量极大并且容易出现数值收敛问题，不适用于大尺寸或复杂结构的建模仿真。有限元方法则为这类复杂结构乃至多物理场耦合仿真提供了更多可能。对于大栅宽器件，较大的功率输出使得器件温度急剧升高，而栅指之间的热量耦合会进一步影响器件的温度分布，因此我们更加关注器件结构对其热分布的影响。本小节利用 ANSYS 有限元分析软件对多栅器件建立热分布模型，得到器件热分布规律，并且研究器件结构参数对热分布的影响，为后续热设计提供理论基础。

1. ANSYS 有限元热分析基本理论

下面主要介绍利用 ANSYS 有限元分析软件对 GaN 基 HEMT 器件进行仿真时所涉及的基本物理概念。

1）热力学第一定律

热力学第一定律是热分析中最为基本的概念，也叫作能量守恒定律，封闭系统中其表达式如下：

$$Q-W=\Delta U+\Delta \mathrm{KE}+\Delta \mathrm{PE} \tag{3-23}$$

其中，Q 代表热量，W 代表外界对系统做的功，ΔU 是系统内能，ΔKE 为系统动能，ΔPE 为系统势能。对于稳态热分析而言，系统中流入与流出的热量相等，处于热平衡状态，即 $Q=\Delta U=0$。

2）热传递的方式

温度梯度是推动物体内部或物体之间热传递的根源。热传递主要有热传导、热辐射和热对流三种方式。这三种方式在实际问题中通常是同时存在的。

（1）热传导。

热量在固体内部、不同固体接触面之间的传递都属于热传导，器件内部的热量主要也是通过热传导的方式进行传输与耗散的。热传导过程中热量的传递满足 Fourier 导热定律，其表达式如下：

$$Q=\frac{\kappa A(T_h-T_l)}{\delta} \tag{3-24}$$

其中，T_h和 T_l分别代表了热传导中高温面和低温面的温度，A 是垂直于热量传递方向的等温面面积，δ 是两个导热面之间的距离，κ 代表材料的热导率。

（2）热辐射。

热辐射是指物体由于自身存在温度而向环境辐射电磁波的现象。只要物体自身温度高于绝对零度，其就会通过热辐射向外界传递热量。一个物体的辐射能力可以表达为

$$E=5.67\times10^{-8}\varepsilon T^4 \tag{3-25}$$

其中，ε 代表物体表面的发射率，T 是物体自身温度。ε 主要受到物质自身的性质所影响，比如物质的种类、物体的表面温度等因素。由于物体在向外辐射热量的同时还会吸收外界辐射给它的热量，因此物体之间的热辐射问题往往较为复杂。

（3）热对流。

热对流主要针对流体介质，流体与固体表面接触时由于温度差的存在而发生的热量交换即为热对流。其可以分为自然对流和强制对流两种形式。自然对流是由于流体内部本身分布不均匀的温度场所引起的热传递方式，而强制对流是目前改善物体散热能力而广泛应用的一种方式。

热对流过程符合牛顿冷却定律，其表达式为

$$Q=hA(T_w-T_{air}) \tag{3-26}$$

其中，A 是垂直于热量传递方向的物体面积，T_w代表固体表面温度，T_{air}代表与固体接触的流体的温度，h 是对流换热系数。

3）稳态传热和瞬态传热

（1）稳态传热。

稳态传热一般针对热平衡状态，在稳态分析中任何一节点的温度不随时间

变化，因此此时热导率是影响传热的重要参数，而材料的比热容以及密度此时对传热没有影响。稳态热分析的能量平衡方程为

$$\boldsymbol{KT}=\boldsymbol{Q} \tag{3-27}$$

其中，$\boldsymbol{K}$是与材料热学性质相关的传导矩阵，$\boldsymbol{T}$为节点温度向量，$\boldsymbol{Q}$为节点热流率向量。根据模型的结构参数、材料热传导等相关参数以及对热流密度的定义，ANSYS有限元分析软件即可根据能量平衡方程求解出某一节点的温度信息。

(2) 瞬态传热。

与稳态传热不同，瞬态传热过程是一个动态过程，通常代表了一个系统的加热或冷却过程。瞬态热分析中系统内的载荷均是与时间相关的参数，求解得到的结果也是某一时间节点下的计算结果。此时材料的热导率、比热容以及密度对瞬态传热都会产生重要影响。瞬态热分析的表达式如下：

$$\boldsymbol{CT}'+\boldsymbol{KT}=\boldsymbol{Q} \tag{3-28}$$

其中，C代表了材料的比热容，$\boldsymbol{T}'$为温度对时间的导数。

(3) 热载荷。

ANSYS有限元分析软件中的载荷主要包括温度、热流率、对流、热流密度、热生成率和热辐射率等六种类型。其中，温度主要用于边界条件的设定。对流(Convection)是用来描述对流换热的物理参数，热辐射率是用来描述物体辐射能力的物理参数，两者通常以面载荷的形式存在，但也可以施加在物体的节点和线段等体元素上。在模型中用于定义物体产生热量的载荷有两种，分别是热流密度(Heat Flux)和热生成率(Heat Generation)。其中，热流密度是一种面载荷，单位是W/m^2，它只能施加在物体的某一表面上，代表了通过单位面积的热流率，当热流密度为正时，代表有热流流入该表面，当热流密度为负时，则代表有热流流出该表面。热生成率则通常为一体载荷，其单位是W/m^3，通常施加在某一体元素上，代表该体积内的热量产生密度。

2. AlGaN/GaN HEMT有限元模型建立

有限元方法在进行多栅器件特别是封装器件的热分布以及热路分析中具有非常重要的作用。采用该方法进行热分析时，首先需要针对目标结构选定单元类型，建立器件结构模型；其次，定义仿真中所用的材料属性；接着，针对器件结构模型进行网格划分，目的是把器件结构模型划分成有限个不重复的单元，以便后续在每个单元的各节点处进行物理函数的求解；之后，对模型施加

边界条件及功率载荷；最后，在各节点处进行热平衡方程的仿真求解，得到各节点温度。为了得到准确的三维有限元模型，需要对器件温度进行测试(这里采用微区拉曼测试)，并改善模型参数以实现仿真结果与测试结果的匹配。三维有限元模型建立流程如图 3.42 所示。

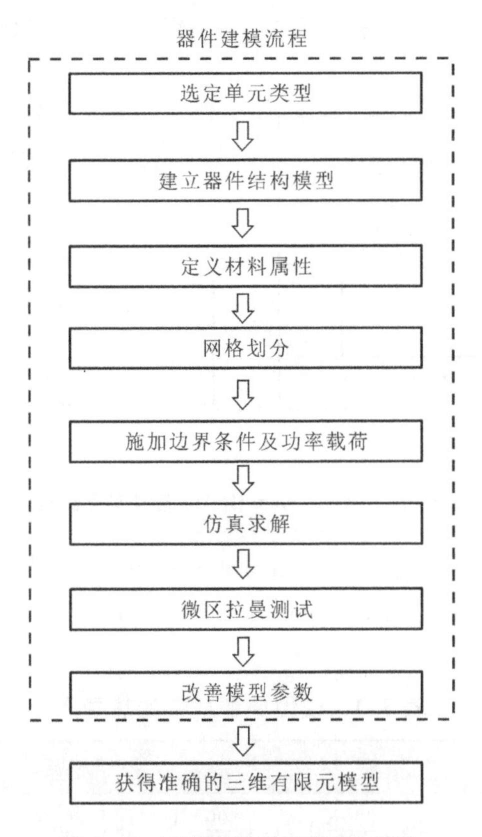

图 3.42　三维有限元模型建立流程

这里采用 ANSYS 有限元分析软件对 1 mm 多栅指 AlGaN/GaN 器件的温度分布进行了仿真。热量主要在沟道中产生并经过缓冲层、成核层以及衬底向外传导，处于沟道上层传热通路上较薄的 AlGaN 势垒层和钝化层对于器件热传导的影响较小，因此仿真时将其忽略了。而对于厚度同样仅有百纳米量级的成核层而言，由于其位于衬底和 GaN 缓冲层之间，处于热量由沟道向下传导的通路上，该层材料及其与衬底和缓冲层的界面处所产生的较大热阻对器件散热至关重要，因此需要重点考虑。由上一节中对器件内部热产生机制的分析可

知，在实际的 HEMT 器件中，热量主要产生于器件沟道内靠近漏极一侧的栅边缘处亚微米区域，因此，在模型中将热源定义在 GaN 缓冲层上靠近漏极一侧栅脚所对应的位置处，热源长度为 0.5 μm，宽度与栅宽相同，高度定义为 100 nm。图 3.43 给出了简化后的器件结构示意图。为了后续采用微区拉曼测试验证模型准确性，这里采用焊料将器件与铜管壳进行键合。

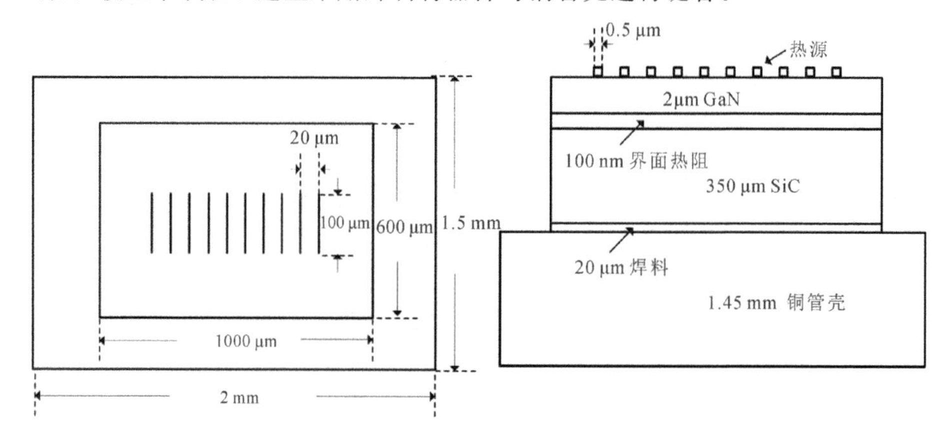

图 3.43 AlGaN/GaN HEMT 器件简化结构图

稳态热分析中，材料属性主要指材料的热导率，为了保证模型的准确性，材料热导率的选取至关重要，本次仿真模型中所采用的材料热导率在表 3.3 中给出了[19-20]。

表 3.3 模型中各材料的热导率

材料	SiC	GaN	热源	铜管壳	焊料
热导率/(W·m^{-1}·K^{-1})	$400\left(\frac{300K}{T}\right)$	$160\left(\frac{300K}{T}\right)^{1.4}$	$160\left(\frac{300K}{T}\right)^{1.4}$	204	57

材料属性定义后，需要对器件结构模型进行网格划分。软件中常用的网格划分方式分为延伸划分、映射划分、自由划分和自适应划分等四种。其中，映射划分可以得到形状规整的网格，并且计算量小，运算速度快。但是映射划分的对象必须是规则的六面体形状，对于不规则形状需要提前对对象进行切割处理。本次仿真我们选取的是映射划分方式。

建立稳态热分析后，我们需要对模型进行边界条件的设置，再对热源施加热产生密度或热流密度等产热载荷。本次仿真中设置初始温度为环境温度 27℃，

器件的两个侧面设置为绝热的边界条件，器件直流耗散功率为3 W/mm，且施加在热源体元素上。仿真中没有考虑热对流以及热辐射的影响。器件温度三维分布云图如图3.44(a)所示，提取出的沿栅指温度分布在图3.44(b)中给出。最终由仿真得到的器件峰值温度为76.07℃，栅指之间的耦合现象使得AlGaN/GaN HEMT器件的峰值温度处在其几何中心上，并且随着栅指向边缘分布，温度逐渐降低，中心栅指处的温度比边缘栅指高出10℃左右。模型的准确性通过微区拉曼测试结果进行验证，图3.45给出了不同功耗下微区拉曼测试结果与仿真结果，两者较为吻合，这进一步验证了模型的准确性。

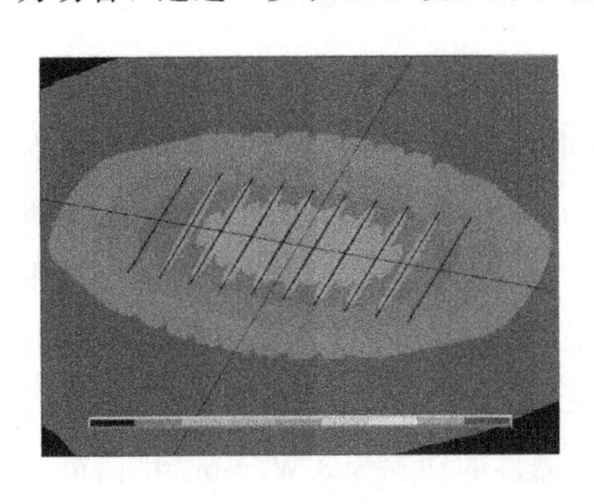

(a) 器件温度三维分布云图

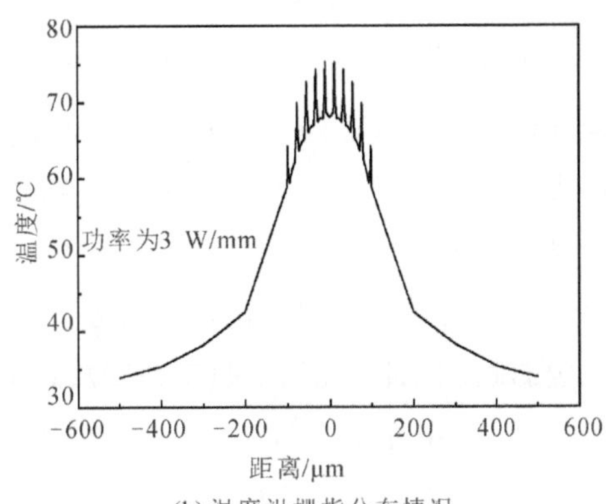

(b) 温度沿栅指分布情况

图3.44 功耗为3 W/mm时器件的温度示意图

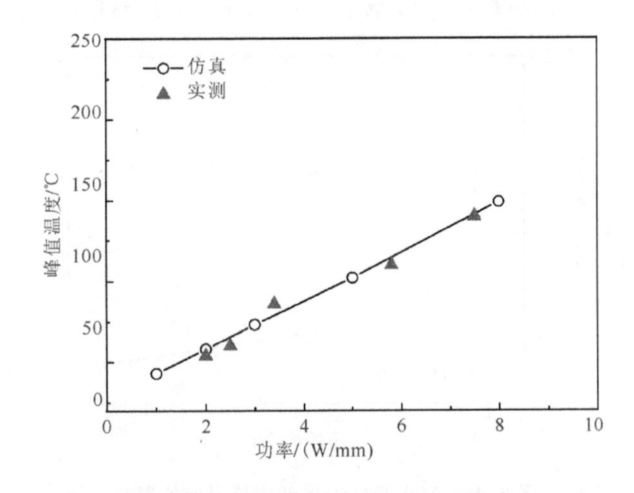

图3.45 器件峰值温度随直流耗散功率的变化关系

3. AlGaN/GaN HEMT 稳态热分析

器件的温度不仅与器件的工作状态相关，还直接受到器件几何尺寸参数的影响。几何参数对 GaN 基 HEMT 器件的电学特性的影响是显而易见的，同样，对于器件的热设计和热特性而言，其影响也十分显著。对于多栅指 AlGaN/GaN HEMT 器件而言，为了提升器件的散热能力，需要对横向二维分布的版图布局和纵向的材料层结构内热分布的情况有充分的认识，从而展开优化设计。本小节从热设计的角度入手，基于上一小节建立的有限元模型，对影响多栅指 AlGaN/GaN HEMT 器件峰值温度的关键因素进行讨论。

1）热源尺寸对器件稳态热分布的影响

由之前小节对 GaN 基 HEMT 器件的电热耦合仿真可知，热量主要集中产生在沟道内靠近漏极一侧的栅脚处，而在有限元仿真中，热源需要通过在 GaN 层表面一定面积内设置一个均匀的热流(Heat Flux)或者在 GaN 表面一定体积内设置一均匀的热产生功率密度来进行等效。热源长度通常会设置成与栅长相等[21]，本书中也采用了这样的设置，但是热源长度对器件峰值温度的仿真有一定影响，因此，我们对热源长度从 0.1 μm 变化到 5 μm 的器件峰值温度进行了仿真，结果在图 3.46 中给出，仿真中保持器件的功率为 3 W/mm。由图可以观察到，随着热源长度的减小，仿真所得器件峰值温度显著增大。这是由于随着热源长度的减小，热源上的热产生功率密度增大，产热增多直接导致器件峰值温度升高。当热源长度从 5 μm 减小到 1 μm 时，器件峰值温度升高 12℃，而

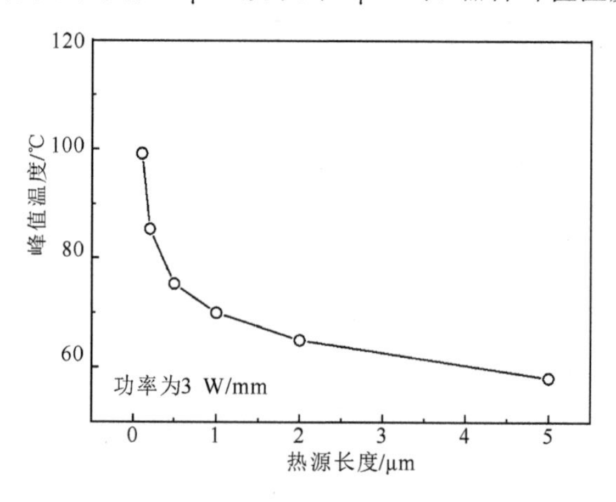

图 3.46 热源尺寸对器件峰值温度的影响

当其从 1 μm 减小到 0.1 μm 时对应的器件峰值温度升高了 29.2℃，这也进一步说明对于小尺寸热源来讲，热源长度的选取对其仿真模型准确性具有很大的影响。结合器件电热耦合仿真所得到的热产生功率分布情况进行热源尺寸的设置会进一步提升有限元仿真的准确性[18]。

2) 栅指尺寸及其分布对器件稳态热分布的影响

在多栅指器件中，栅指之间存在明显的热串扰现象，这种热耦合问题在多栅指 GaN 基 HEMT 器件的热设计中尤为重要。影响多栅指器件热分布的结构参数主要包括栅间距、栅指数目以及单指栅宽。

图 3.47(a)和(b)分别给出了器件峰值温度随单指栅宽和栅指数目的变化关系。在保证器件单位输出能力不变的情况下，栅指数目和单指栅宽的增加均会提高器件的输出功率，导致器件内部的热串扰增强，从而使器件峰值温度升高。在设计多栅指器件尺寸时，通常需要在总栅宽不变的情况下，从栅指数目和单指栅宽的众多组合中选择最优的方案。图 3.48 中给出了总栅宽为 1 mm 时，具有不同栅指结构的器件峰值温度在各栅指处的分布情况，其中，器件栅指结构分别如下：栅指数目为 10、单指栅宽为 100 μm，栅指数目为 20、单指栅宽为 50 μm；栅指数目为 40、单指栅宽为 25 μm。横坐标代表了以器件中心为零点，沿栅指分布方向上各栅指的位置。由图可以发现，对于总栅宽相同的器件，减小单指栅宽可以有效降低器件峰值温度。然而，增加栅指数目会使器件中各栅指间的电相位差增加，从而使得栅指上信号结合效率降低。若保证栅指数目不变，则单

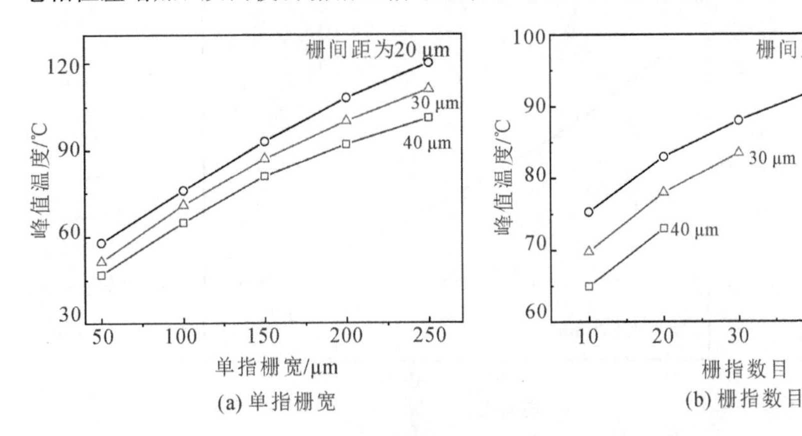

图 3.47　器件峰值温度随不同条件的变化关系

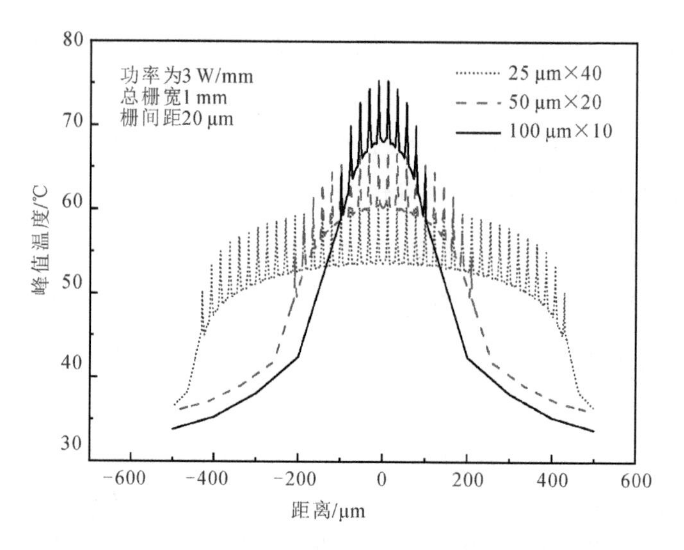

图 3.48　总栅宽为 1 mm 时，栅指数目和单指栅宽设计对器件峰值温度的影响

个栅指的宽度需要增加，这样会引入额外的相移，同时导致沿着栅条方向的寄生电阻增大。因此，在实际热设计中也应充分考虑结构参数对电学特性的影响。

保持其他结构参数不变，将模型中的栅间距从 10 μm 变化到 60 μm，器件峰值温度随栅间距的变化关系在图 3.49 中给出。从仿真结果可以看出，随着栅间距的增加，器件峰值温度降低，但二者并不呈线性关系，器件峰值温度随栅间距增加而下降得更为缓慢。也就是说，对于多栅指 AlGaN/GaN HEMT

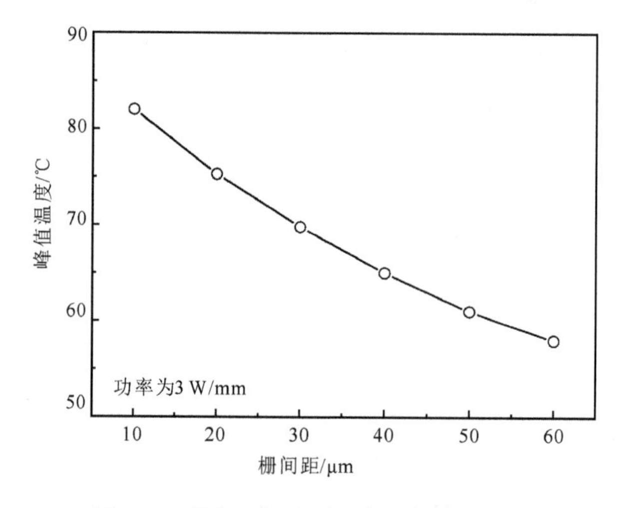

图 3.49　器件峰值温度随栅间距的变化关系

器件，栅间距的增加可以在一定程度上减弱相邻栅指之间的热耦合，然而其降低峰值温度的作用会随着栅间距的增大而逐渐减弱。此外，栅间距的增加会导致器件增益降低，不利于器件功率特性的提升[22]，同时栅间距增加还会致使器件面积增加。因此，对于大栅宽器件，栅间距的设计存在一个折中考虑。

图 3.50 给出了总栅宽为 1 mm 时，综合考虑栅指数目、单指栅宽以及栅间距对器件峰值温度的影响。由图可以观察到，在器件面积固定的情况下，从器件热设计的角度出发，采用单指栅宽为 50 μm、栅间距为 50 μm 的 20 根栅指结构的 AlGaN/GaN HEMT 器件在众多栅指结构中峰值温度最低。

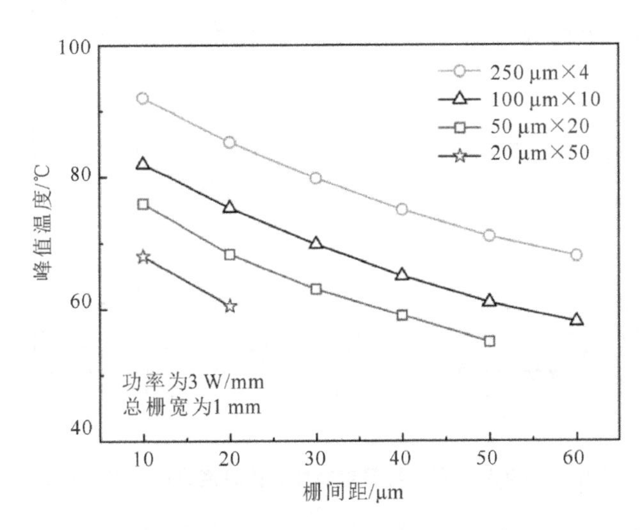

图 3.50　总栅宽为 1 mm 时，栅指尺寸设计对器件峰值温度的综合影响

3) 边界热阻对器件稳态热分布的影响

为了解决 GaN 外延层与衬底之间存在的晶格失配、热失配等问题，外延生长过程中会引入成核层。成核层是阻碍 GaN 基 HEMT 器件内部热量传输的重要因素，其界面热阻(TBR)也因外延生长工艺和材料的不同而存在一定差异。在仿真建模过程中，可以用一热导率待定的材料层对界面热阻进行等效，并称该材料层为 TBR 层。本次仿真中，设置该材料层厚度与 AlN 成核层厚度一致，并通过三个不同功率条件下的仿真结果与测试结果比对，从而对该材料层的热导率进行拟合，最终得到界面热阻 TBR 为 $5.3\times10^{-8}\ m^2\cdot K/W$，该值与参考文献[23]和[24]中的报道相吻合。

4) GaN缓冲层对器件稳态热分布的影响

图3.51对比了有无界面热阻时仿真所得器件峰值温度的纵向分布。由图可以看出界面热阻的存在使得器件峰值温度较无界面热阻的情况升高8℃左右。两种情况下SiC衬底以及GaN缓冲层的温升基本一致，而温度在SiC衬底与GaN缓冲层界面呈现出急剧升高，这也是由于界面热阻的热阻较大，导致热源上产生的热量不能很好地耗散，从而在热源处积累。

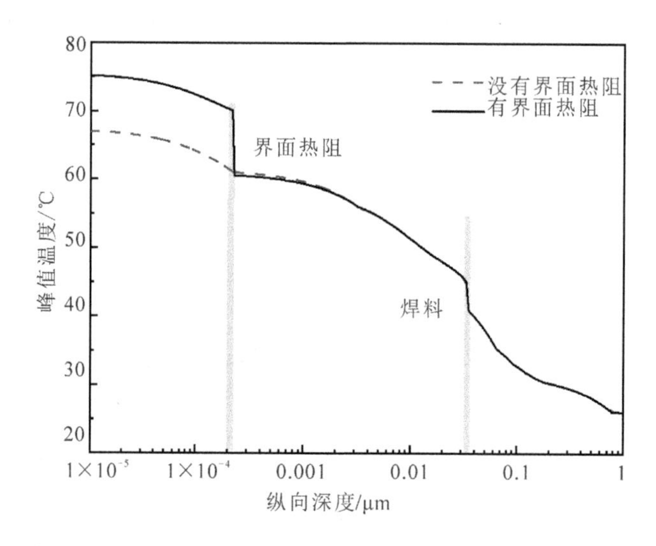

图3.51　有无界面热阻层对器件峰值温度纵向分布的影响

对于具有较高热导率的SiC衬底材料的器件而言，GaN缓冲层因其热导率较低，在器件热量从沟道向衬底传导的过程中也起到阻碍作用。而考虑到器件中缓冲层与衬底之间的界面热阻之后，GaN材料厚度对于热传导的影响则更为复杂。图3.52(a)中给出了界面热阻数值从10 m^2·K/GW变化到50 m^2·K/GW时器件缓冲层厚度与峰值温度之间的关系。由图可以发现，当界面热阻的数值一定时，器件峰值温度随着缓冲层厚度的增加先迅速降低而后缓慢增加。这主要是由于GaN缓冲层的厚度会影响热源处的热量在该层内沿横向与纵向的热传导[25]。当GaN缓冲层较薄时，沟道热源处所产生的热量在GaN缓冲层中无法很好地横向扩散开，从而使其到达成核层界面处时仍然具有较高的热流密度，因此器件峰值温度较高。而随着GaN缓冲层厚度的增加，热量的横向扩散作用增强，到达成核层界面处的热流密度降低，从而使器件峰值温度下降，而

这之后随着 GaN 缓冲层厚度的进一步增加，热量的横向扩散已趋于饱和，此时 GaN 材料较低的热导率使得该材料层对器件热传导的阻碍作用成为主导因素，因此器件峰值温度又出现缓慢增加的趋势。基于该分析提取的不同界面热阻下 GaN 缓冲层厚度的优值在图 3.52(b)中给出，随着界面热阻值的增大，缓冲层材料厚度的优值略有增加。也就是说，对于具有更高界面热阻的器件而言，应适当增大 GaN 缓冲层的厚度从而加强热量在缓冲层内的横向扩散。

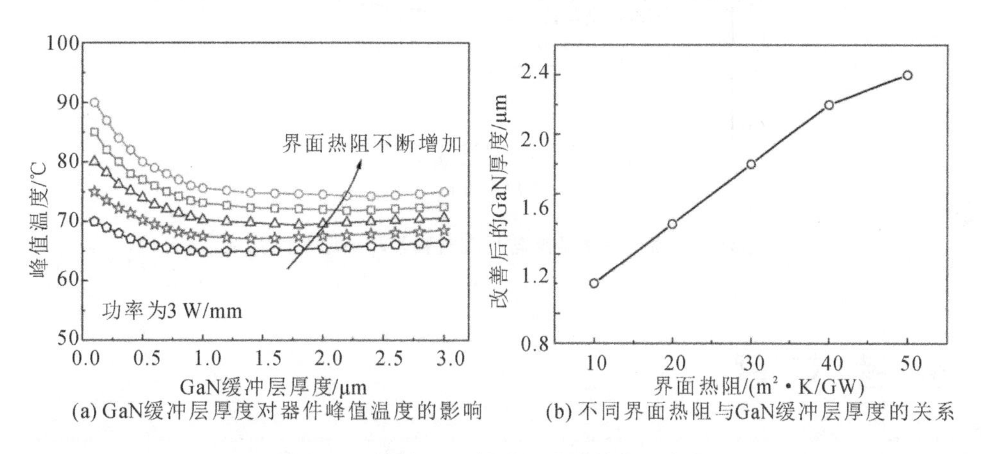

(a) GaN缓冲层厚度对器件峰值温度的影响　　(b) 不同界面热阻与GaN缓冲层厚度的关系

图 3.52　器件 GaN 缓冲层厚度的热场分布

5）衬底对器件稳态热分布的影响

图 3.53 给出了不同衬底材料厚度对器件峰值温度的影响。在仿真中，Si 材料的热导率选取为 $1.5(T_0/T)^{1.3}$，金刚石的热导率选取为 $20(T_0/T)$，单位为 W/(cm·K)。通过仿真结果可以发现，不同衬底材料，其厚度对器件峰值温度的影响不尽相同。在仿真所取的衬底厚度范围内，对于 Si 衬底，器件峰值温度随着衬底厚度减小而减小；而对于 SiC 和金刚石衬底，衬底厚度存在优值。对于 SiC 衬底，使得器件峰值温度达到最低的衬底厚度为 200 μm，而对于金刚石衬底，最低器件峰值温度所对应的衬底厚度为 350 μm。这种区别主要取决于衬底材料的热导率以及其和下层结构热导率之间的关系。对于热导率高于管壳材料的 SiC 和金刚石衬底，其厚度的适当增加有助于提高器件内部的热传导，且衬底热导率越高，其厚度的优值越大；而对于热导率低于管壳材料的 Si 衬底，其对器件传热主要起到阻碍作用，因此衬底适当减薄有利于器件内部热量的传导。

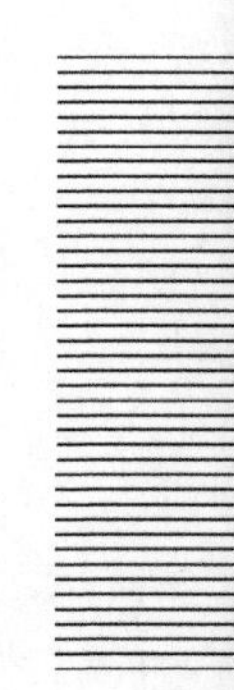

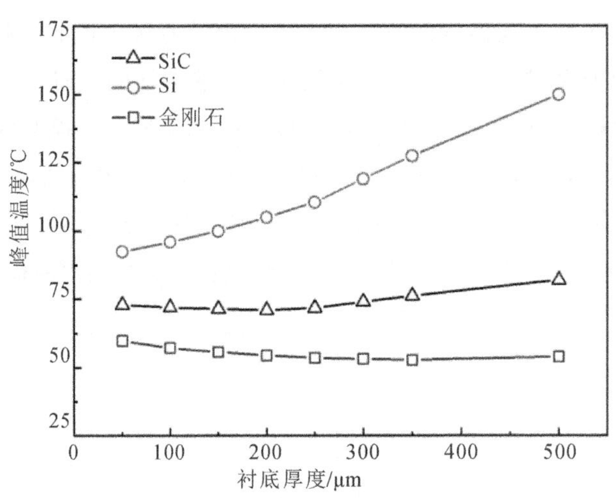

图 3.53　器件峰值温度与衬底材料及衬底厚度的关系

参考文献

[1] KHAN M A, KUZNIA J, OLSON D T, et al. Microwave performance of a 0.25 μm gate AlGaN/GaN heterostructure field effect transistor[J]. Applied Physics Letters, 1994, 65(9): 1121-1123.

[2] WU F Y, KELLER P B, KAPOLNEK D, et al. Measured microwave power performance of AlGaN/GaN MODFET, IEEE Electron. Dev. Lett., 1995, 17: 455-457.

[3] MISHRA U K, WU F Y, KELLER P B, et al, GaN microwave electronics 1997 Topical Symp. On Millimeter Waves, Kanagawa, Japan, 1997.

[4] TILAK V, GREEN B, KAPER V, KIM H, PRUNTY T, SMART J, SHEALY J AND EASTMAN L. Influence of barrier thickness on the high-power performance of AlGaN/GaN HEMTs, IEEE Electron Device Letters, 2001, 22: 504-506.

[5] CHINI A, BUTTARI D, R COFFIE, SHEN L, HEIKMAN S, CHAKRABORTY A, KELLER S, MISHRA U K. Power and Linearity Characteristics of Field-Plated Recessed-Gate AlGaN-GaN HEMTs, IEEE Electron Device Letters, 2004, 25: 221-223.

[6] Wu Y F, Saxler A, Moore M, Smith R P, Sheppard S, Chavarkar P M, Wisleder T, Mishra U K, Parikh P, 30 W/mm GaN HEMTs by Field Plate Optimization, IEEE Electron Device Letters, Vol. 25, 2004, pp. 117-119

[7] Y. -F. Wu, M. Moore, A. Saxler, et al. 40 W/mm Double Field-plated GaN HEMTs [C]. Device Research Conference, 2006 64th. 2006: 151-152.

[8] CHU R M, CHEN Z, PEI Y, NEWMAN S, DENBAARS S P, MISHRA U K. MOCVD-Grown AlGaN buffer GaN HEMTs with V-Gate for microwave power applications, IEEE Electron Device Letters, 2009, 30: 910-912.

[9] HAO Y, YANG L, MA X, et al. High-performance microwave gate-recessed AlGaN/AlN/GaN MOS-HEMT with 73% power-added efficiency[J]. IEEE Electron Device Letters, 2011, 32(5): 626-628.

[10] LU Y, MA X, YANG L, et al. High RF performance AlGaN/GaN HEMT fabricated by recess-arrayed ohmic contact technology[J]. IEEE Electron Device Letters, 2018, 39(6): 811-813.

[11] MICOVIC M, NGUYEN N, JANKE P, et al. GaN/AlGaN high electron mobility transistors with f_T of 110 GHz[J]. Electronics Letters, 2000, 36(4): 358-359.

[12] HIGASHIWAKI M, MIMURA T, MATSUI T, et al. AlGaN/GaN heterostructure field-effect transistors on 4H-SiC substrates with current-gain cutoff frequency of 190 GHz[J]. Applied Physics Express, 2008, 1(2): L475-L478.

[13] 孙殿照，胡国新，王晓亮，等. RF-MBE生长AlGaN/GaN极化感应二维电子气材料[J]. 半导体学报，2001，22(11)：1425-1428.

[14] 张小玲，吕长志，谢雪松，等. 跨导为220 mS/mm的AlGaN/GaN HEMT[J]. 固体电子学研究与进展，2004，24(2)：209-211.

[15] LIU G , WEI K, HUANG J, et al. AlGaN/GaN HEMT with 200 GHz fmax on sapphire substrate with InGaN back-barrier[J]. Journal of Infrared & Millimeter Waves, 2011, 30(4): 289-292.

[16] FREEMAN J C, MUELLER W. Channel Temperature Determination for AlGaN/GaN HEMTs on SiC and Sapphire[R]. NASA/TM, 2008.

[17] DOUGLAS E A, REN F, PEARTON S J. Finite-element simulations of the effect of device design on channel temperature for AlGaN/GaN high electron mobility transistors[J]. Journal of Vacuum Science & Technology B: Microelectronics and Nanometer Structures, 2011, 29(2): 020603.

[18] HELLER E R, CRESPO A. Electro-thermal modeling of multifinger AlGaN/GaN HEMT device operation including thermal substrate effects[J]. Microelectronics reliability, 2008, 48(1): 45-50.

[19] WANG A, TADJER M J, CALLE F. Simulation of thermal management in AlGaN/GaN HEMTs with integrated diamond heat spreaders[J]. Semiconductor Science and Technology, 2013, 28(5): 055010.

[20] CHEN X, DONMEZER F N, KUMAR S, et al. A numerical study on comparing the active and passive cooling of AlGaN/GaN HEMTs[J]. IEEE Transactions on Electron Devices, 2014, 61(12): 4056-4061.

[21] BAGNALL K R. Device-level thermal analysis of GaN-based electronics [D]. Massachusetts Institute of Technology, 2013.

[22] 杨丽媛. GaN 基 HEMT 器件高场退化效应与热学问题研究[D]. 西安电子科技大学, 2013.

[23] KUZMÍK J, BYCHIKHIN S, POGANY D, et al. Investigation of the thermal boundary resistance at the Ⅲ-Nitride/substrate interface using optical methods[J]. Journal of Applied Physics, 2007, 101(5): 054508.

[24] MANOI A, POMEROY J W, KILLAT N, et al. Benchmarking of Thermal Boundary Resistance in AlGaN/GaN HEMTs on SiC Substrates: Implications of the Nucleation Layer Microstructure[J]. IEEE Electron Device Letters, 2010, 31(12): 1395-1397.

[25] PARK K, BAYRAM C. Thermal resistance optimization of GaN/substrate stacks considering thermal boundary resistance and temperature-dependent thermal conductivity [J]. Applied Physics Letters, 2016, 109(15): 151903.

第4章

微波功率器件新型工艺

本章主要介绍氮化镓微波功率器件制备过程中的刻蚀形貌控制技术、界面等离子体处理技术、新型表面钝化技术以及图形化欧姆接触技术等。这些技术可用来分别改善刻蚀表面粗糙度、表面陷阱效应、电流崩塌效应和源/漏欧姆电阻等寄生效应，以期进一步提升氮化镓微波功率器件的电学性能。

4.1 刻蚀形貌控制技术

4.1.1 刻蚀技术与设备

刻蚀是微波功率器件制备中重要的工艺技术。简单地说，刻蚀是用化学或物理方法有选择地从材料表面去除冗余部分的过程。微波功率器件制备通常有两种基本的刻蚀工艺：湿法腐蚀和干法刻蚀。

湿法腐蚀是采用液体化学试剂(如酸、碱和溶剂等)以化学方式去除冗余材料。由于化学试剂腐蚀是各向同性的，且腐蚀速率难以控制，所以这种方法通常在刻蚀区域较大的情况(大于 3 μm)下使用，在微波功率器件工艺中使用较少。

干法刻蚀是采用等离子体刻蚀机，通过偏置电压加速等离子体，使之轰击被刻蚀材料，从而去掉被刻蚀材料的表面冗余部分。这其中包含两个基本的过程，一个过程是产生等离子体，另一个过程是使产生的等离子体轰击被刻蚀材料表面。当等离子体接触到被刻蚀材料时，可以通过物理轰击或者化学反应，或者两者结合的方式，将冗余材料中的原子去除，从而完成刻蚀过程。由于干法刻蚀具有各向异性的特点，同时，相对于化学试剂，等离子体的尺寸更小，可以保证刻蚀微小图形的保真性与稳定性。因此，该工艺是微波功率器件刻蚀工艺中最重要的工艺之一。下面介绍的刻蚀技术主要以干法刻蚀为主。

在微波功率器件刻蚀工艺中常用的刻蚀设备主要有两种，一种是反应离子刻蚀机(RIE)，另一种是感应耦合等离子刻蚀机(ICP)。

RIE 是通过电容耦合的方式产生等离子体，其核心部件结构图如图 4.1 所示。RIE 中只有一个射频(RF)功率源，该功率源加载到两个平行板电极上，刻蚀材料一般放置在下极板位置。这时，在高频电场作用下电子被加速并获得能

量，形成高能电子。当反应气体进入反应室后，这些高能电子与气体分子发生碰撞从而将这些气体分子电离成更多的离子和电子，因此，这种不断电离和复合的过程可以产生射频辉光放电现象。

如图 4.2 所示，ICP 除了在线圈处接有线圈功率源(也称 ICP 源)外，与线圈平行的下极板处还接有一个偏压功率源(简称偏压源)，这个功率源可以为等离子体提供向下的电场，使产生的等离子体垂直轰击材料表面，完成刻蚀。这个偏压功率源和 RIE 功率源类似，不同的是，RIE 的功率源不仅提供向下的电场，而且还需给电子提供能量从而使其碰撞产生等离子体；而 ICP 的偏压功率源仅为等离子体提供向下的电场，等离子体的产生由线圈功率源来完成。

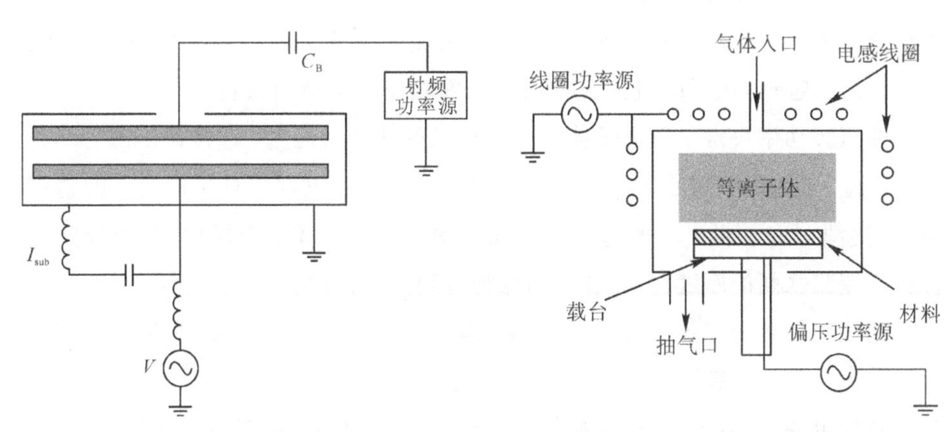

图 4.1　RIE 的核心部件结构图　　　　图 4.2　ICP 的核心部件结构图

RIE 结构简单，价格便宜，刻蚀速率较高。但是它的缺点也比较明显，因为只有一个功率源，当功率增加时不仅增加了等离子体的密度而且还增加了等离子体的能量，因此，无法在较高的刻蚀速率情况下有效控制刻蚀损伤。此外，通过电容耦合方式获得的等离子体密度不高，约为 $10^9 \sim 10^{10}$ cm^{-3} 量级。

与 RIE 相比，ICP 的价格稍贵，但是它比 RIE 多了一个功率源，从而可以单独控制等离子体产生的密度和等离子体的刻蚀能量。通常情况下，ICP 产生的等离子体密度可以达到 $10^{11} \sim 10^{12}$ cm^{-3}，比 RIE 增加了几个量级。由于它可以单独控制等离子体的能量，所以可以在一定的刻蚀速率下保证较低的刻蚀损伤。另外，由于等离子体受到下极板功率源的电场控制，可以垂直轰击材料表面，所以材料的刻蚀形貌通常较为陡直。ICP 在半导体深槽刻蚀工艺中的应用更加广泛。

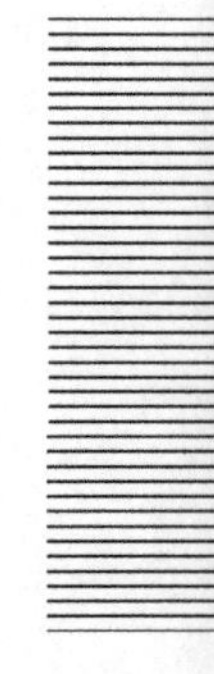

4.1.2 刻蚀形貌控制

基于上述分析，GaN 基微波功率器件通常采用 ICP 作为刻蚀设备。ICP 刻蚀的主要影响因素包括腔室压强(反应室的压强)、ICP 源功率，偏压源功率，刻蚀气体组分及流量、衬底温度等。这些因素对刻蚀速率、刻蚀形貌等均起到关键作用。

腔室压强取决于腔室内气体浓度和泵的抽速，通常情况下，腔室压强越高，说明腔室内气体浓度越大，刻蚀速率较快。因此，合理设定腔室压强可以增加对刻蚀速率的控制，提高反应气体的有效利用率。

ICP 源功率对气体离化率起到关键作用，在气体流量一定的情况下，ICP 源功率越大，气体离化率越高，等离子体刻蚀效果越显著。但增加到一定程度时，离化率趋向于饱和，此时再增加 ICP 源功率就会造成浪费。

偏压源功率决定了等离子体轰击材料时的速率与能量，通常偏压源功率越大，等离子体物理轰击的能量越高，刻蚀速率越快，此时，对材料表面的物理损伤将会增大。因此，合理选择偏压源功率对刻蚀速率、选择比(刻蚀掉冗余材料与掩膜之间的厚度比)以及缺陷控制起到关键作用。

刻蚀气体组分与流量显著影响刻蚀速率与选择比，在 GaN 基微波功率器件刻蚀工艺中，氟基气体刻蚀 SiC、SiN_x、SiO_2等介质，而氯基气体刻蚀 GaN 等相对稳定的材料，惰性气体通常用来刻蚀金属，O_2通常作为辅助刻蚀气体，当然它同样可以氧化材料及清洗设备。因此，选择合适的刻蚀气体与流量会显著影响刻蚀的侧壁形貌与刻蚀速率。

衬底温度影响等离子体轰击材料时的能量与化学反应速率，温度越高，等离子体能量越大，化学反应的比重将会增加，横向刻蚀的效果会增大，从而影响刻蚀形貌。

上述因素均会影响刻蚀的形貌和刻蚀速率，它们是相互作用、相辅相成的，只有各项条件达到平衡才能获得比较理想的结果。下面介绍 GaN 基微波功率器件的关键刻蚀工艺。

1. 通孔刻蚀

由于 SiC 具有良好的散热性能，且与 GaN 存在较小的晶格失配，因此通常作为 GaN 基微波功率器件的首选衬底材料。器件设计中，源端金属电极通常采

用通孔接地的形式来减小源端的寄生电感，提升器件在高频工作时的增益，同时通孔接地也是实现GaN基微波单片集成电路(MMIC)不可或缺的结构形式。因此对SiC的刻蚀是制作GaN基微波单片集成电路中重要的工艺步骤，刻蚀质量决定了器件电路的性能。对SiC通孔刻蚀通常选择ICP作为设备，采用SF_6、O_2的混合气体，这既能保证较快的刻蚀速率，又能保证较高的刻蚀深宽比。

我们通过初步实验得出：在较低的工作压强下，SiC的刻蚀速率随着压强的增加而增加；而在较高的工作压强下，SiC的刻蚀速率随着压强的增加明显下降。SiC的刻蚀速率随着偏压源功率的增大而非线性增大。因此，若要得到高深宽比的通孔，则需要较少的等离子体对侧壁进行化学腐蚀，而降低压强是最有效的方式。为获得侧壁陡直的刻蚀形貌，腔室压强设置通常较低。若SiC衬底需减薄至100 μm的深度，则需要较快的刻蚀速率进而节省时间成本，同时降低因刻蚀时间较长引起的热量积聚和辐射损伤。而较快的刻蚀速率需要增加等离子体浓度与偏压，故ICP源功率和偏压源功率设置通常较高。我们经过一系列的实验与探索，最终得到了侧壁陡直的SiC刻蚀形貌，刻蚀速率达到0.7 μm/min左右。刻蚀形貌如图4.3所示，刻蚀侧壁陡直，刻蚀表面平整。金属镍作为掩膜，刻蚀深度在1 μm以内，其起到良好的掩膜作用。刻蚀选择比在50∶1左右，纵向刻蚀与横向刻蚀比例为6∶1。

图4.3　垂直SiC刻蚀形貌

在实际的通孔工艺中，通常需要保证刻蚀形貌具有一定的角度以实现金属层的保型覆盖，为此，需要适当增加腔室压强，通过增加等离子体的横向扩散与刻蚀的各向同性，获得具有一定倾角的刻蚀形貌，同时，降低刻蚀气体浓度也将有助于降低其底部化学反应速率。因此，与侧壁陡直的刻蚀形貌相比，要想获得具有一定倾角的刻蚀形貌，其刻蚀条件中的腔室压强需要适当增加且刻蚀气体浓度有所减少，以获得上宽下窄的刻蚀孔洞。通过以上方法，合理调节刻蚀条件，可获得刻蚀速率为0.85 μm/min，具有75°倾角的刻蚀形貌，如图4.4所示。刻蚀表面平整，刻蚀选择比在50∶1左右，纵向刻蚀与横向刻蚀比例为10∶1。

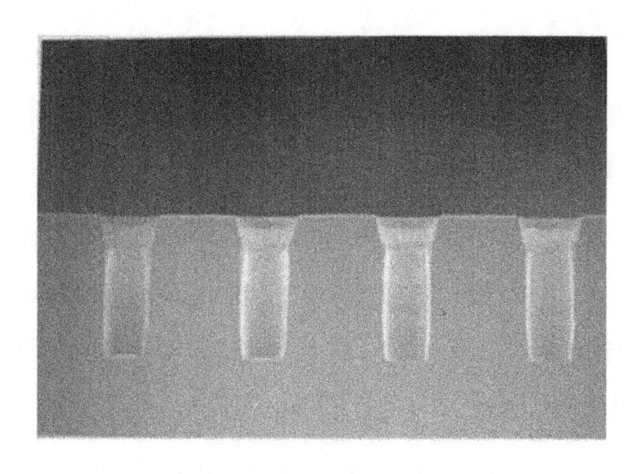

图 4.4　75°夹角 SiC 刻蚀形貌

2. 凹栅结构刻蚀

为了提升微波功率器件的频率性能，可减小 GaN 器件的栅长，然而，当栅长 L_g 与 AlGaN 势垒层厚度 d 的比例低于 10 时，短沟道效应就会显现，可见栅长不能无限制减小。为了消除短沟道效应，缩短器件栅极与沟道间的距离以提高栅控能力成为必然选择。同时，缩短栅极与沟道间的距离也可以提升器件的跨导和频率特性。因此，凹栅结构成为微波功率器件的发展方向，而为了保证器件具有较高的电子浓度和迁移率，栅极区域的 GaN 材料刻蚀成为关键点。

目前，人们通常采用 Cl_2、BCl_3 混合气体作为刻蚀 GaN 材料的反应气体，该方法刻蚀速率较慢，但刻蚀形貌会得到改善。这种气体混合物作为反应气体的一个重要特征是它可以通过调节气体混合比例来调整刻蚀结果，从而控制等离子体刻蚀的化学和物理效应之间的平衡。Cl_2、BCl_3 混合气体对 AlGaN 势垒层进行刻蚀，Cl_2 是主要的刻蚀气体，BCl_3 则主要用于去除天然氧化物及水蒸气，并改善侧壁形貌，减少刻蚀残留物。更为重要的是，由于 Cl_2 作为主要刻蚀 AlGaN 的气体，改变 BCl_3 与 Cl_2 比例可以降低 AlGaN 的刻蚀速率，使得刻蚀深度更为精准。

通常情况下，ICP 源功率为 20 W，偏压源功率为 5 W 是稳定辉光的最低功率条件，因此，无法通过继续下调 ICP 的射频功率来降低刻蚀速率。为了进一步降低刻蚀速率，需要优化刻蚀气体配比。我们经过探索，最终获得最佳的刻蚀气体配比为 BCl_3∶Cl_2＝2.5∶1，利用这一刻蚀气体配比对 GaN 样品进行刻蚀，并对刻蚀后的样品进行 AFM 测试，结果如图 4.5 所示。

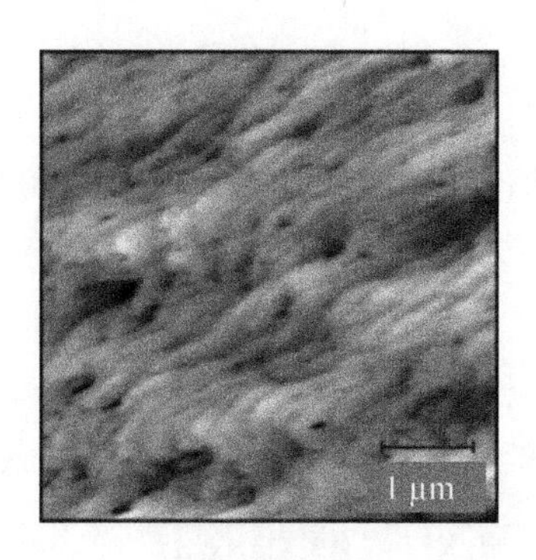

(a) 未刻蚀样品

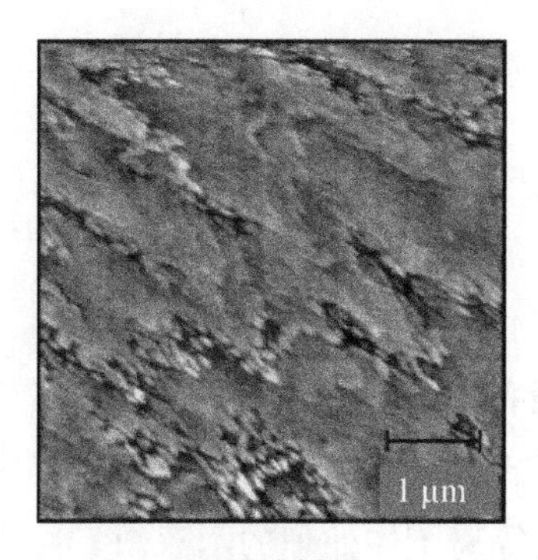

(b) 刻蚀样品

图 4.5　两个样品的 AFM 测试结果

对于未刻蚀样品，其表面粗糙度为 0.39 nm，而刻蚀后的样品表面粗糙度为 0.68 nm，表面粗糙度增加了 0.29 nm，表明刻蚀表面平整度良好。其刻蚀速率约为 4.8 nm/min，表明该刻蚀条件具有低速可控的优势，通过 SEM 拍摄的凹槽刻蚀形貌可以看出凹槽的侧壁有稍许外扩，但外扩程度不大，如图 4.6 所示。以上结果表明，凹槽刻蚀条件较为完善，可以用于 GaN 基微波功率器件的制备。

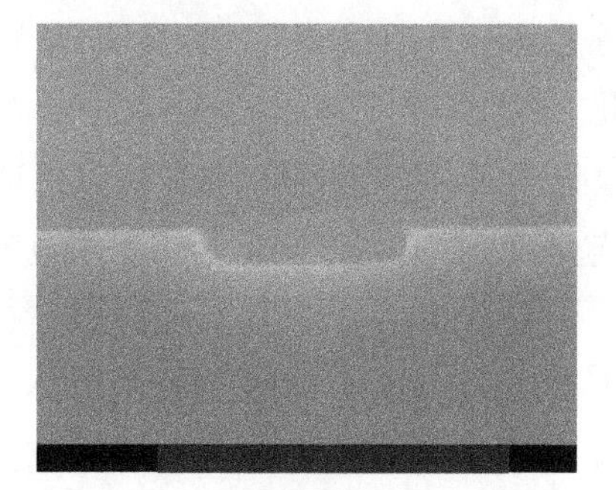

图 4.6　凹槽刻蚀形貌 SEM 图像

4.2　界面等离子体处理技术

上节中提到的凹栅结构是 GaN 基微波功率器件的重要结构，而凹栅结构的形成主要采用刻蚀技术实现，在刻蚀过程中，受物理轰击与等离子体辐射的影响，栅区域会不可避免地引入缺陷与表面态，缺陷和表面态的存在严重影响器件在高频和大功率工作条件下的稳定性。为此，在栅区域进行界面处理是解决这一问题的有效方式之一。常用的界面处理方式有氧气(O_2)等离子体处理与笑气(N_2O)等离子体处理等。

4.2.1 氧气等离子体处理

氧气等离子体处理通常采用等离子体设备将氧气电离形成氧气等离子体，然后在偏压条件下轰击栅区域，形成致密氧化层。下面将主要介绍利用 ICP 设备进行氧气等离子体处理的物理机理。图 4.7 所示为栅区域进行氧气等离子体处理的示意图。

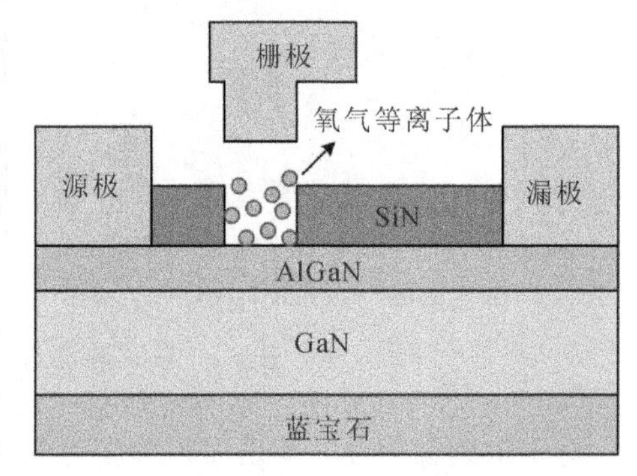

图 4.7 栅区域进行氧气等离子体处理示意图

在栅区域进行氧气等离子体处理实际是对 AlGaN 势垒层进行处理，AlGaN 势垒层主要由 Al 与 Ga 等元素构成，其中 Al 元素易被氧化。氧气等离子体处理 AlGaN 势垒层后会生成一部分氧化物，氧化物通常耐高温高压，较难分解，从而可以保证器件栅极的稳定性。另外，氧化物可以充当介质层，有利于降低栅极泄漏电流。

我们通过以下实验研究了氧气等离子体处理对 GaN 器件影响的物理机理：将 AlGaN/GaN 异质结材料分为四个部分，每个部分分别进行不同条件的氧气等离子体处理。为了保证处理区域的均匀，氧气等离子体处理的腔室压强设为 10 mTorr，ICP 源功率设为 100 W，气体流量设为 45 ml/min。四个分区的处理条件如表 4.1 所示。

表 4.1 氧气等离子体处理条件和分区的对应关系

分区	氧气等离子体处理条件
Ⅰ区	无处理
Ⅱ区	偏压源功率为 30 W，处理时间为 60 s
Ⅲ区	偏压源功率为 30 W，处理时间为 90 s
Ⅳ区	偏压源功率为 40 W，处理时间为 60 s

对四种不同等离子体处理的样品进行 XPS 测试，测试结果如图 4.8 所示。

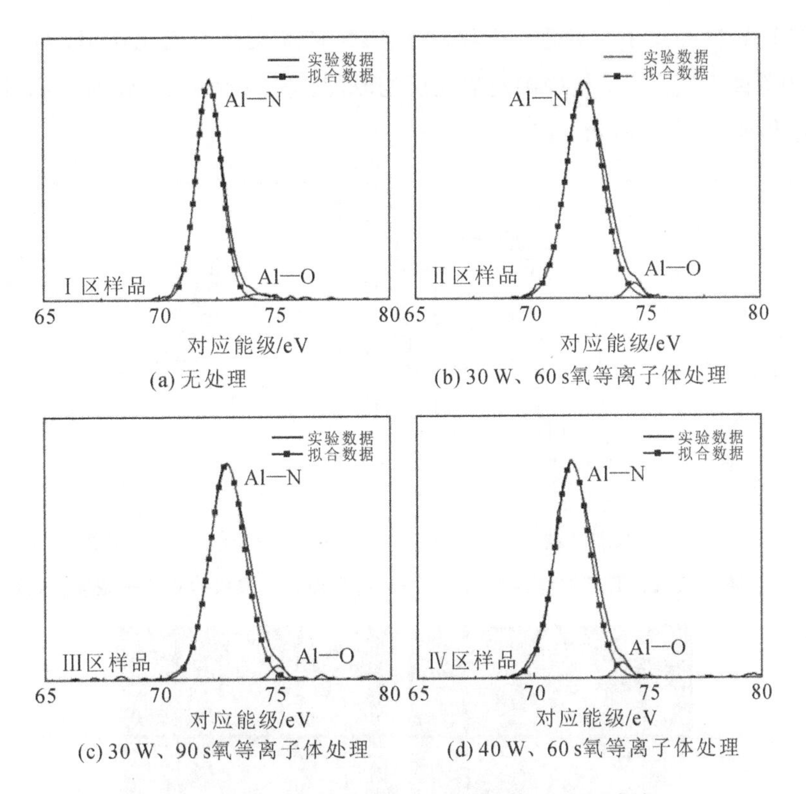

图 4.8　不同氧气等离子体处理样品的 XPS 测试结果

通过对 Al 的 2p 进行研究，对于未进行等离子体处理的样品，除了具有 Al—N 键，还具有 Al—O 键。Al—O 键的形成与样品中的 AlGaN 势垒层与外界空气自然氧化相关，但是其峰值强度较低，说明自然氧化的 Al—O 键较少。对于氧气等离子体处理的样品，Al—O 键的峰值强度明显增强；对于不同处理时间和处理功率的样品，其 Al—O 键的峰值强度相差不大。对不同氧气等离子体处理条件的样品进行肖特基圆环的制作（肖特基金属选用 Ni/Au 金属叠层，圆环半径均为 65 μm)，然后进行电容-电压($C-V$)测试，其结果如图 4.9 所示。

通过图 4.9(a)可以看出，氧气等离子体处理的肖特基圆环的开启电压朝正向漂移，同时电容平台高度得到提升，说明 AlGaN 势垒层被减薄。通过提取 $C-V$ 曲线得到的载流子分布可以看出，Ⅰ区样品的 AlGaN 势垒层厚度约为 18 nm，表明未处理样品的原始厚度约为 18 nm。而Ⅱ区样品、Ⅲ区样品和Ⅳ区样品的 AlGaN 势垒层厚度分别约为 16 nm、15 nm 和 14 nm。这说明了通过

ICP进行氧气等离子体处理，不仅对AlGaN势垒层产生氧化作用，同时也有一定的刻蚀作用。为了精确确定氧化层的厚度，我们通过TEM对样品进行观察，结果如图4.10所示。

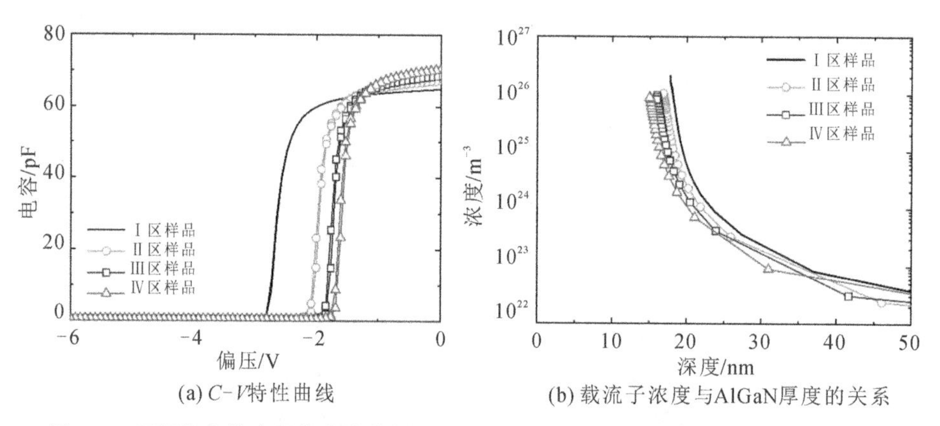

图4.9　不同氧气等离子体肖特基圆环 $C-V$ 特性曲线及提取的载流子浓度分布曲线

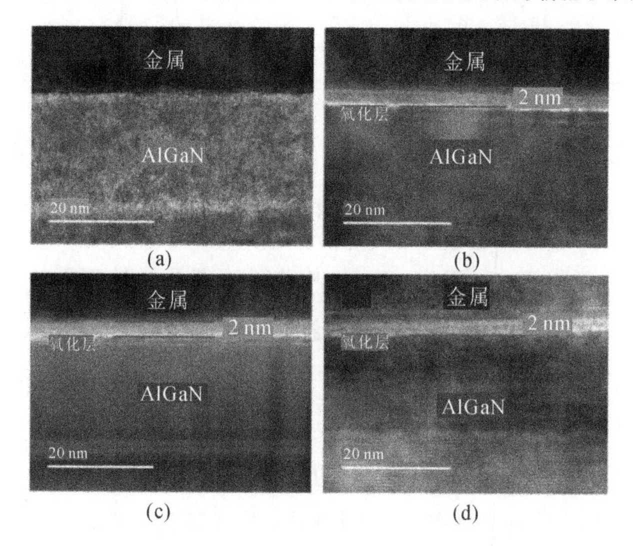

图4.10　不同样品的TEM图像

从图中可以看出，未进行等离子体处理样品几乎没有氧化层的出现，而氧气等离子体处理的三个样品均出现了2 nm左右的氧化层，所以Ⅱ区样品、Ⅲ区样品和Ⅳ区样品的AlGaN势垒层实际厚度约为14 nm、13 nm和12 nm。此研究表明，氧气等离子体处理技术不仅对势垒层具有氧化作用同时具有刻蚀作用，并且偏压源功率增加，刻蚀效果增强。

4.2.2　N_2O 等离子体处理

上一节对氧气等离子体对器件特性影响的物理机理进行了梳理，可知等离子体轰击依然还会存在一些悬挂键等缺陷，因此，需要寻找其他的解决方案。N_2O 等离子体处理不仅可以对势垒层起氧化作用，同时可以利用激发出 N_2O 气体中的 N 原子，补充因刻蚀所引起的 N 空位及悬挂键。N_2O 等离子体处理是 GaN 基微波功率器件中最为理想的等离子体处理方式。

为了更好地对比 N_2O 等离子体处理和 O_2 等离子体处理的优缺点，我们对等离子体处理前后材料表面进行 XPS 测试，三种元素的 X 射线能谱图如图 4.11 所示。

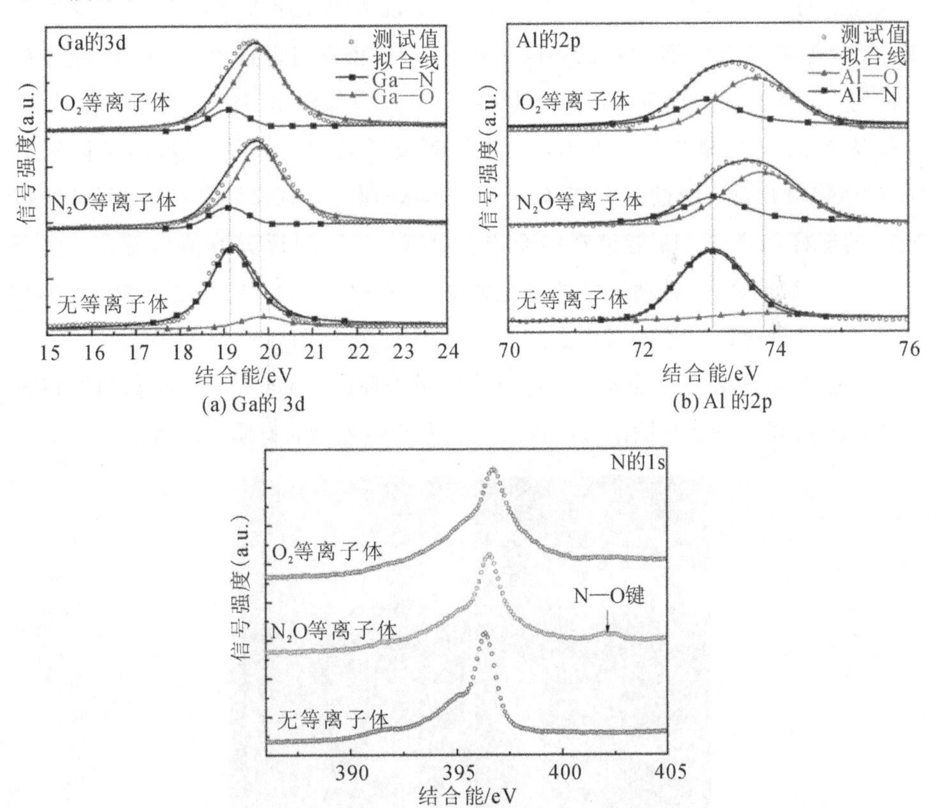

(a) Ga的 3d　　(b) Al 的2p

(c) N的1s

图 4.11　不同样品等离子体处理前后 XPS 曲线

从 Ga 的 3d 能谱可以看出，未进行等离子处理的样品峰值对应的能级为 19.17 eV，经过 N_2O 和 O_2 处理后峰值分别向正方向漂移 0.6 eV 和 0.5 eV，峰值的正向移动说明有氧化物生成，移动量越大说明氧化作用越强。为了定量表征氧化的程度，对曲线进行分峰处理，分峰后出现结合能分别为 19.07 eV 和 19.87 eV 的两个峰，分别对应于 Ga—N 和 Ga—O 键。通过计算可以得出等离子处理之前 Ga—O 键与 Ga—N 键的比例为 1∶11，而经过 N_2O 和 O_2 处理之后比例分别为 8.5∶1 和 7.9∶1，说明表面 Ga 相关氧化物含量超过 Ga—N 含量，且大部分已经变为氧化物。

Al 的 2p 峰值变化趋势与 Ga 的 3d 相似，等离子体处理后峰值正向移动，从处理前的 72.97 eV 分别增加到 73.57 eV 和 73.37 eV。Al—O 键与 Al—N 比例从处理前的 1∶10 分别变化为 5∶1 和 4.7∶1，说明势垒层表面有 Al 的氧化物生成。结合等离子处理前后 Ga 的 3d 和 Al 的 2p 能谱图可以得出，N_2O 和 O_2 等离子体均可以氧化势垒层表面，形成氧化物，而 N_2O 氧化作用比 O_2 等离子体稍强。

从 N 的 1s 能谱中可以看出，未进行等离子处理的样品在 395 eV 附近有 Ga 的俄歇峰出现，经过 N_2O 或 O_2 等离子体处理后俄歇峰消失，同时只有经过 N_2O 处理样品 N 的 1s 能谱在结合能为 402.4 eV 附近有峰值出现，对应于 N—O 键，说明 N_2O 处理形成的氧化物中有 N—O 键的存在。以上表明，N_2O 等离子体处理可以有效提高势垒层表面的 N 含量，降低 N 空位密度。

经过 N_2O 等离子体处理和未进行等离子处理的 AlGaN 势垒层样品的 TEM 图像如图 4.12 所示。从图中可以看出，经过 N_2O 处理后有明显的氧化层形成。

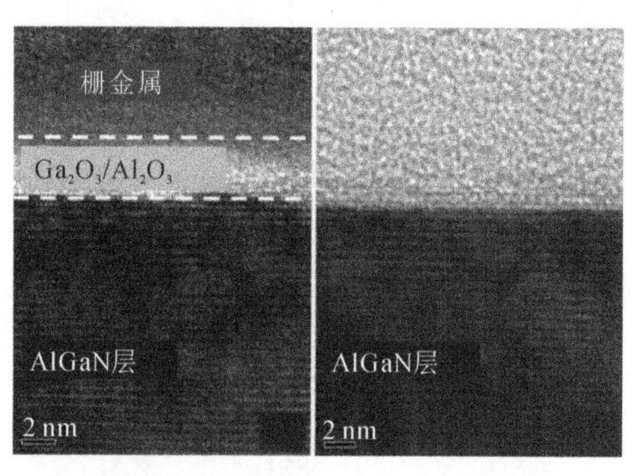

(a) N_2O等离子体处理　　(b) 未处理

图 4.12　N_2O 等离子体处理和未进行等离子体处理的样品 TEM 图像

如图 4.13 所示，对 N_2O 等离子体处理和未进行等离子体处理的样品进行肖特基特性研究，发现 N_2O 等离子体处理的器件反向泄漏电流明显降低，这保证了器件在高压工作时的稳定性。

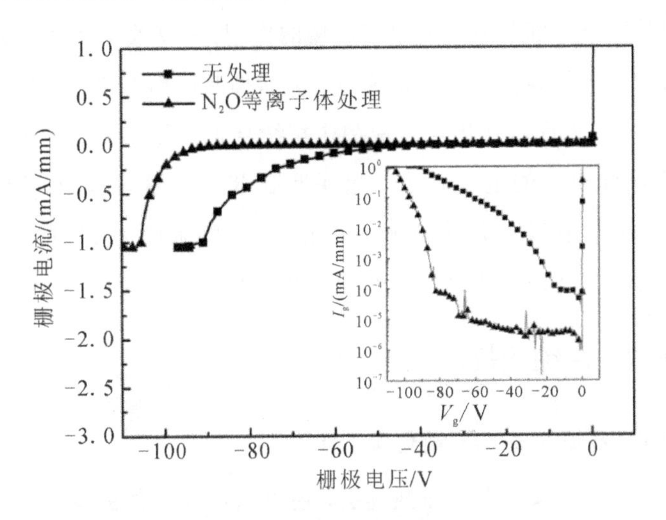

图 4.13　N_2O 处理前后栅极漏电对比图

通过以上所述可知，O_2 等离子体可以将表面薄层氧化，但是氧化厚度基本上在 2 nm 之内，使得栅极漏电降低幅度有限；通过 N_2O 等离子体处理可以减小 AlGaN 势垒层及界面处的缺陷密度，提高界面质量，改善栅极正反向特性，从而有效提高器件击穿电压、抑制 GaN 器件的电流崩塌效应。

4.3　新型表面钝化技术

电流崩塌是制约氮化镓微波功率器件输出功率和功率附加效率的重要因素之一。在关态应力或脉冲条件下，氮化镓微波功率器件的输出电流与直流电流相比大大减小，该现象即被称为电流崩塌。当射频信号施加在微波功率器件上时，交流信号下饱和输出电流降低和膝点电压增大导致器件的实际输出功率和功率附加效率远远低于理论值，这是电流崩塌的另一种表现形式，又被称为功率的射频频散。表面钝化技术可以有效抑制微波功率器件的

电流崩塌。

等离子增强化学气相沉积(PECVD)生长 SiN 是常用的表面钝化技术，该技术极大推动了氮化镓微波功率器件输出功率和可靠性性能的发展。SiN 表面钝化层可以从两个方面起到抑制电流崩塌的作用：一方面，表面钝化材料能够大幅降低氮化物器件表面施主态的密度，从而抑制表面态俘获效应和“虚栅”的形成；另一方面，表面钝化层与场板结构相结合，在同等偏置电压的情况下能够大大降低器件表面的电场强度，起到抑制电流崩塌的作用。PECVD 生长 SiN 的标准工艺采用 NH_3 作为氮源，采用 N_2 稀释浓度为 2%的 SiH_4 作为硅源，利用椭偏仪测得 SiN 薄膜折射率为 1.95～2.05。

4.3.1 新型 SiN 钝化技术

1. LPCVD 高温生长 SiN 钝化层

SiN 材料除了可以作为表面钝化层，还可以作为器件的保护层，能够阻挡工作环境中(主要是空气中)的杂质侵入器件，提高器件的长期可靠性和寿命。数百纳米厚的 SiN 材料不仅能保护器件表面不受空气中氧和水汽扩散的影响，也能避免外界机械损伤(如轻微的表面划痕等)。但是，PECVD 生长 SiN 的工艺温度仅为 300℃，制备得到的 SiN 薄膜致密性不理想，而且还会存在一些针孔缺陷等，这会限制氮化镓微波功率器件性能的进一步提升，在实际应用中也会引起器件长期退化等可靠性问题。近些年来低压化学气相沉积(LPCVD)生长 SiN 逐渐引起研究人员的关注，该 SiN 材料被用作氮化镓功率器件的表面钝化和保护层材料。LPCVD 生长 SiN 的工艺温度为 700～800℃，高温工艺制备的 SiN 薄膜材料的致密性和电绝缘性能大幅改善，相比传统 PECVD 生长的 SiN 钝化层能进一步抑制器件的电流崩塌和表面漏电。

2. MOCVD 原位生长 SiN 钝化层

氮化镓微波功率器件的性能对器件表面缺陷和化学成分非常敏感，而氮化镓材料中氧杂质或表面氧化是其重要的缺陷来源之一。含铝的势垒层材料暴露在空气中时，在氧和水汽的作用下极易发生氧化反应，成为引起电流崩塌和表面漏电的表面态的重要来源。金属有机物化学气相沉积(MOCVD)原

位生长 SiN 技术可以有效避免氮化物材料在空气中的氧污染，尤其针对易被氧化的高铝组分势垒层材料体系，原位生长 SiN 钝化层技术则更为重要。通常原位生长 SiN 钝化层工艺采用氨气和硅烷作为反应物，原位钝化层的厚度为数纳米。

3. PECVD 生长富硅 SiN 钝化技术

PECVD 生长 SiN 工艺中，采用 SiH_4 与 NH_3 分别作为 Si 源和 N 源，生长过程中 Si/N 反应源的流量比会影响 SiN 薄膜中 Si—H 键的数量，从而影响在 SiN 层和 n-GaN 帽层界面的电子陷阱和器件电流崩塌。常规工艺中 SiN 材料的 Si/N 比接近化学计量比 3∶4，含有较少的 Si—H 键。随着 Si/N 增大，SiN 薄膜中 Si—H 键数量增加，Si—H 可以与 n-GaN 帽层表面的 Ga_2O_3 反应，从而减少界面电子陷阱浓度。基于富硅 SiN 和 Si_3N_4 薄膜的特点，西安电子科技大学宽禁带半导体国家工程研究中心提出了一种有效的双层表面钝化方案[1]，如图 4.14 所示，第一层为 10～20 nm 含较多 Si—H 键的富硅 SiN，第二层用 Si_3N_4 保护富 SiN 层不被氧化。实验结果表明，堆叠结构和富硅 SiN 表面钝化方法，大幅抑制了表面漏电和电流崩塌，同时有效地改善了器件沟道峰值温度和高温动态特性，使得 Ku、Ka 波段器件的功率附加效率比不采用富硅 SiN 层时提升 5 个百分点以上，如图 4.15 所示（图中 P_{in} 为输入功率，P_{out} 为输出功率，P_{sat} 为饱和输出功率，Gain 增益）。

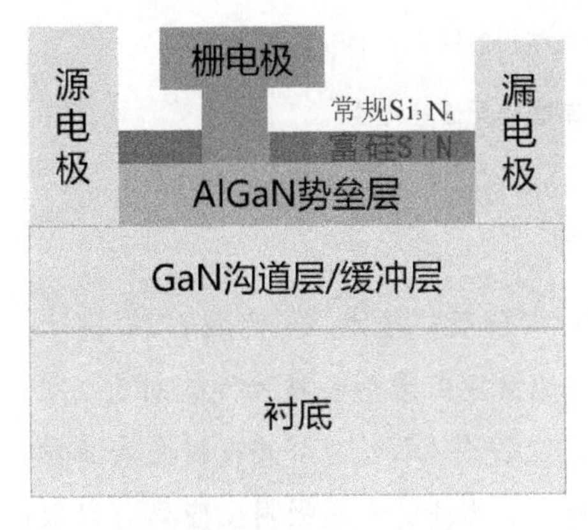

(a) 氮化镓射频功率器件结构示意图

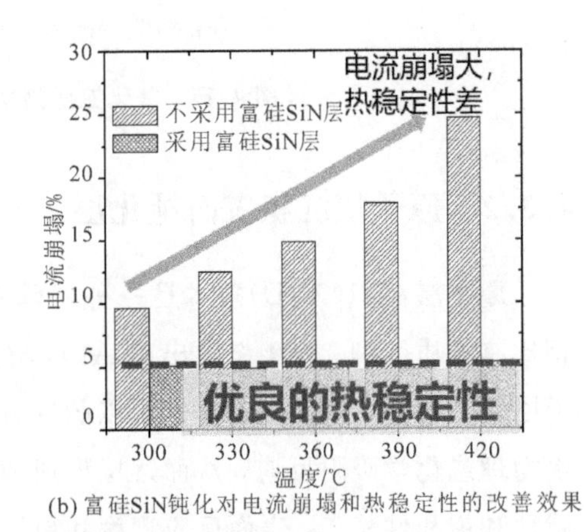

(b) 富硅SiN钝化对电流崩塌和热稳定性的改善效果

图 4.14　富硅 SiN 钝化及堆叠结构

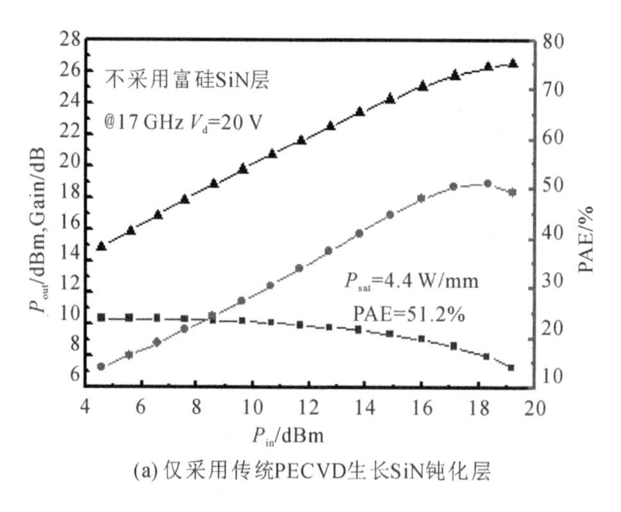

(a) 仅采用传统PECVD生长SiN钝化层

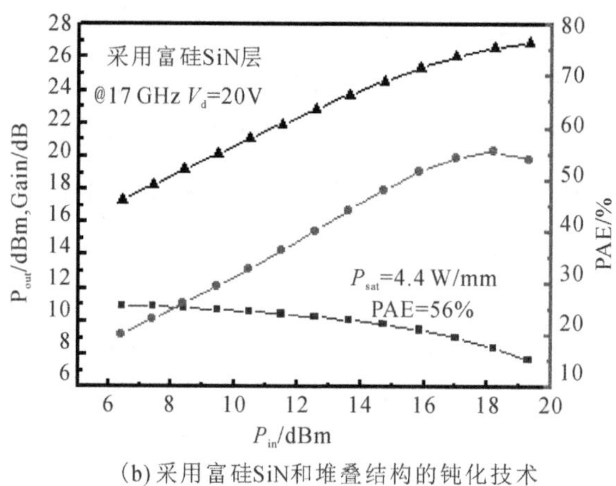

(b) 采用富硅SiN和堆叠结构的钝化技术

图 4.15 氮化镓射频功率器件大信号特性

4.3.2 原子层沉积表面钝化层

原子层沉积(ALD)技术是一种特殊的 CVD 反应技术，与传统 CVD 技术相比有本质区别。表 4.2 给出了 ALD 与其他常用薄膜生长技术性能对比。原子层沉积技术中，反应前躯体源以脉冲方式交替通入反应室，并在衬底表面发生物理或化学吸附反应，从而逐层形成薄膜。前躯体的表面吸附反应具有自限制性和饱和性特点，表面反应程度和单层膜沉积速率由表面可供吸附的活性基团数决定，我们称此为表面控制反应模式。而对于传统的 CVD、溅射、真空蒸

发等技术，反应过程由反应源的输运过程及其在反应室中的分布决定，是源控制反应模式。与源控制反应模式相比，表面控制反应模式生长的薄膜具有优良的膜厚均匀性和表面形貌。

表 4.2 ALD 与其他常用薄膜生长技术对比

生长技术	膜厚精度	均匀性	薄膜质量	保型性	生长温度	界面特性	生长速率
ALD	原子尺度	好	无针孔，低缺陷	好	低温	好	慢
MOCVD	纳米尺度	好	低缺陷	差	高温	一般	快
PECVD	纳米尺度	好	有针孔缺陷	一般	低温	一般	快
Sputter	纳米尺度	好	杂质少	差	低温	一般	快
MBE	纳米尺度	一般	低缺陷	差	低温	好	慢
PLD	纳米尺度	一般	—	差	低温	差	快

采用 ALD 技术生长的薄膜具有很好的均匀性和表面形貌，薄膜逐层生长使其厚度得以在原子尺度上精确控制。ALD 技术，其前躯体的表面吸附反应具有饱和性和自限制性特点，可以沉积得到无针孔、低缺陷密度、致密、化学计量比组分、材料特性近乎理想的高质量薄膜材料。薄膜与衬底表面良好的吸附性保证了优良的界面性能，并能实现低应力薄膜沉积。自限制性特点导致膜厚均匀性好，使 ALD 技术具有优良的保形性和台阶覆盖性，可以在深宽比高达 2000∶1 的衬底表面实现三维覆盖性良好的薄膜沉积。ALD 技术对工艺温度、前驱体剂量不敏感，可以在较大范围的温度窗口内实现自限制生长。而传统的 CVD 生长速率则遵循阿伦尼乌斯化学反应定律，以指数方式随衬底温度迅速变化。与温度的弱相关性使 ALD 技术通常可以在 400℃以下的低温实现高质量薄膜沉积，甚至沉积温度可以低于 100℃，这样就可以在温度敏感的材料上沉积薄膜，例如有机柔性衬底表面实现薄膜沉积。采用标准配方的 ALD 技术可以保证良好的工艺可重复性，这是实现产业化应用的必需条件。

1. 热型 ALD 沉积高 *k* 氧化物钝化层

由于薄膜的制备工艺成熟，绝缘性能好，物理和化学性质稳定等优点，以 Al_2O_3 和 HfO_2 为代表的氧化物介质是最常用的 GaN 基 HEMT 器件的栅绝缘层和钝化材料。利用原子层沉积技术制备 Al_2O_3、HfO_2、Zr_2O_3 等高介电常数氧化物材料的工艺已经成熟，通常工艺温度为 200～300℃，可采用 H_2O 或臭氧作为氧前驱体源，采用易挥发的金属有机物作为金属元素的前驱体源。

2. PEALD 沉积 AlN 钝化层

氧化物介质与(Al)GaN 势垒层界面存在高密度($>10^{13}$ $cm^{-2}\cdot eV^{-1}$)的界面态，界面态充/放电效应会恶化 GaN 基电子器件的特性和可靠性，影响电路模块和系统的性能与稳定性。采用Ⅲ族氮化物 AlN 作钝化层材料是理想的选择，AlN 材料具有宽的禁带宽度和 10 MV/cm 以上的高临界击穿场强，已经在 Si 基和 GaAs 基器件应用中表现出良好的绝缘性能和优良的界面特性。AlN 材料与(Al)GaN 势垒层属于同一材料体系，理论上能够避免绝缘层沉积过程中界面杂质的引入，可以形成理想的界面。AlN 绝缘层材料高热导率及其与势垒层之间热失配小等优势可以使器件具有较好的热稳定性，并能保证高压、大功率应用时良好的热扩散。然而，高质量 AlN 栅绝缘层材料生长是研究的难点。

与常规的热激发相比，等离子体可以提高前驱体的激活效率和活性，提高表面吸附反应速率从而提高单层沉积速率。采用原子层沉积技术生长 AlN 薄膜，CVD 合成 AlN 薄膜常采用 NH_3 或 N_2/H_2 混合气作为氮源，两种氮源的热激活温度都超过了 500°C，而有机金属铝源 TMA 在 300°C 以上即可发生分解，这使得沉积工艺温度的选择成为一个难题。香港科技大学、西安电子科技大学、中科院微电子所等单位采用等离子增强原子层沉积(PEALD)技术实现了在 300℃以下低温有效激活氮源，从而可以实现 AlN 的沉积及氮化镓射频器件和功率器件的良好表面钝化效果[2-5]。

4.4 图形化欧姆接触技术

4.4.1 图形化欧姆接触原理

AlGaN/GaN 异质结上的欧姆接触工艺需要不断改进，为进一步减小串联

电阻对寄生效应的影响，以提高器件的输出功率和效率。由于欧姆接触结构中金属通常位于 AlGaN 势垒层表面，而器件的二维电子气(2DEG)沟道层位于势垒层下方，因此电流通路需要通过势垒层。此外，外延生长在 GaN 材料上的 AlGaN 势垒层存在较强的极化效应，减薄 AlGaN 势垒层会导致其下方的 2DEG 浓度下降。图 4.16 给出了欧姆接触电阻分量与 AlGaN 势垒层厚度的关系，采用更薄的 AlGaN 势垒层可以减小势垒层电阻(R_{cAlGaN})，但也会使得 2DEG 浓度降低进而导致其连接处的电阻(R_{c2DEG})增大；同理采用更厚的 AlGaN 势垒层可以使 R_{c2DEG} 维持在较低值，但会使 R_{cAlGaN} 增大。综上所述，势垒层厚度的设计需要折中考虑，使得总的欧姆接触电阻(R_c)接近最低值[6-8]。

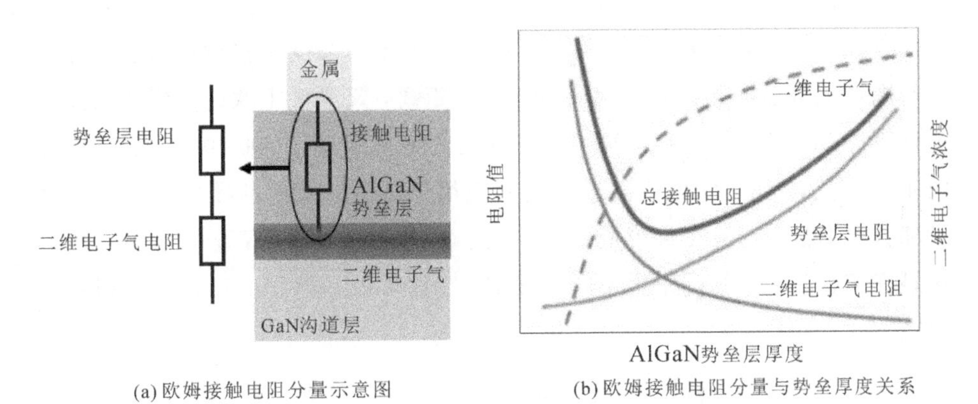

图 4.16　欧姆接触电阻的组成部分以及随势垒层厚度的变化关系

图 4.17 为三种不同欧姆接触结构剖面示意图，其中图(a)为不做特殊设计的传统欧姆接触结构，图(b)为源漏区整体刻蚀欧姆接触结构，图(c)为图形化刻蚀欧姆接触结构。

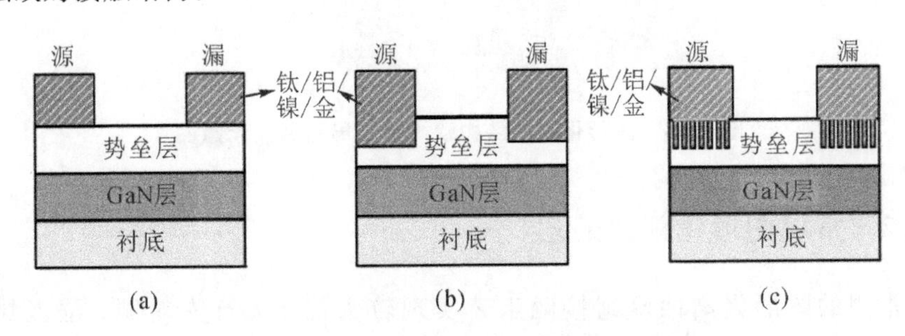

图 4.17　不同欧姆接触结构剖面示意图

基于欧姆接触电阻与势垒层厚度的折中关系，我们提出了如图4.17(b)所示的源漏区整体刻蚀欧姆接触结构。利用等离子干法刻蚀技术，对源、漏区域下方的势垒层进行刻蚀，减小欧姆金属到二维电子气的距离，从而有利于电子隧穿，使欧姆接触电阻降低。这一方法还可以改善材料表面形貌，去除表面氧化层，在更低的退火温度下形成较好的欧姆接触。但是由于AlGaN/GaN高电子迁移率(HEMT)晶体管中势垒层厚度一般小于30 nm，而干法刻蚀速率难以精确控制并且刻蚀重复性差，导致源漏区刻蚀深度无法精确控制。若刻蚀深度过小，则无法达到降低R_{cAlGaN}的目的；若刻蚀深度过大，又会损害2DEG沟道层，导致R_{c2DEG}增大。

采用特定掩膜板将器件源、漏区域的AlGaN势垒层进行孔状图形化选择性刻蚀的结构，即为图4.17(c)所示的图形化刻蚀欧姆接触结构。其特点在于图形化刻蚀既能减小金属到2DEG的距离，又降低了欧姆区刻蚀工艺对电极下方2DEG的影响，解决了器件欧姆区势垒层厚度的折中问题，具体如图4.18所示。图形化欧姆接触工艺实现简单，在降低刻蚀损伤的同时减薄了部分势垒层，而且刻蚀形成的孔引入了更多侧面，增大了金属与半导体的接触面积，进一步提高了电子隧穿概率，因而可以显著提高器件的欧姆接触特性。

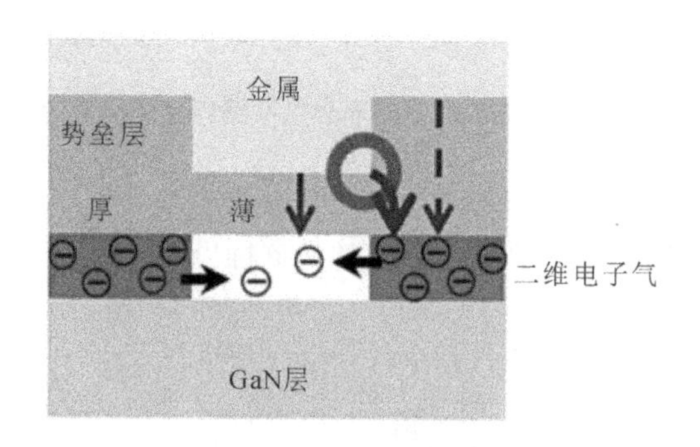

图4.18　图形化刻蚀结构欧姆金属局部剖面示意图

4.4.2　常规图形化刻蚀工艺

常规的图形化刻蚀欧姆接触工艺实现较为简单，首先对源、漏区域的AlGaN势垒层进行局部图形化刻蚀，形成带孔结构，然后沉积钛/铝/镍/金

(Ti/Al/Ni/Au)多层欧姆金属，与 AlGaN 材料形成梳状的接触，退火后即形成源、漏欧姆接触，该工艺仅比传统欧姆接触工艺多了一次欧姆区势垒层光刻和刻蚀。

图 4.19 给出了传统欧姆接触工艺、源漏区整体刻蚀欧姆接触工艺和常规图形化刻蚀欧姆接触工艺下器件欧姆金属电极退火后的表面形貌照片。采用传统欧姆接触工艺的器件，退火后欧姆金属表面出现爆开的坑洼；采用源漏区整体刻蚀欧姆接触工艺的器件，退火后金属表面十分平整；采用图形化刻蚀欧姆接触工艺的器件，能够清楚地看到挖孔的方格，退火后有孔区域的金属表面较为平整，仅在四周没有挖孔的区域有少量爆开的小坑。进一步使用三维原子力显微镜(AFM)对三种工艺的器件的欧姆接触表面形貌进行分析，传统欧姆接触工艺的器件、源漏区整体刻蚀欧姆接触工艺的器件以及图形化刻蚀欧姆接触工艺的器件表面粗糙度的均方根值(RMS)分别为 39.25 nm、19.84 nm 和 43 nm。源漏区整体刻蚀欧姆接触可以有效降低欧姆金属表面粗糙度，但存在刻蚀孔边界的台阶影响，图形化刻蚀欧姆金属表面的 RMS 没有明显变化。

(a) 传统欧姆接触工艺

(b) 源漏区整体刻蚀欧姆接触工艺

(c) 常规图形化刻蚀欧姆接触工艺

图 4.19　采用不同欧姆接触工艺的器件欧姆金属电极退火后的表面形貌照片

在图形化刻蚀欧姆接触工艺中，采用不同的刻蚀图形也会对器件欧姆特性产生影响[9-10]，例如对欧姆区设置梳状孔刻蚀结构或不同孔径的挖孔刻蚀结构。图 4.20 示出了大、中、小三种孔径的图形化刻蚀欧姆接触工艺得到的欧姆金属表面形貌，其退火后的照片如图 4.21 所示。图 4.22(a)为源漏区梳状孔刻蚀方案的掩膜板示意图，即在欧姆区势垒层的中部刻蚀出一个梳状的孔，图 4.22(b)为退火后的欧姆接触梳状孔区域。

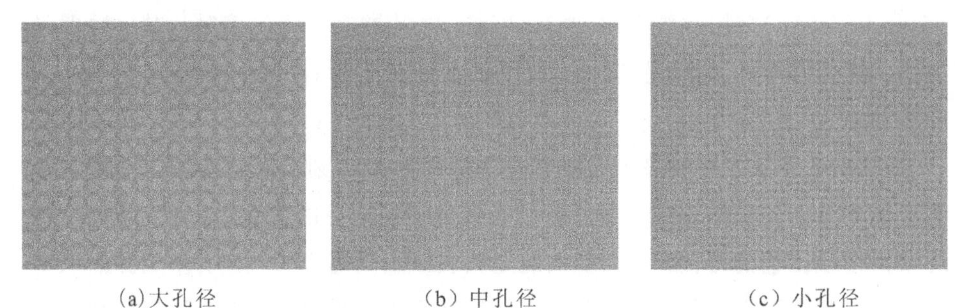

图 4.20　不同孔径的图形化刻蚀欧姆接触工艺欧姆金属表面形貌照片

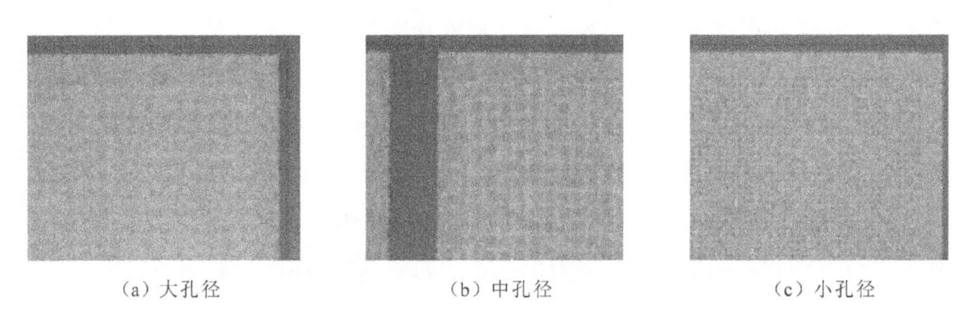

图 4.21　不同孔径的图形化刻蚀工艺退火后的欧姆金属表面形貌照片

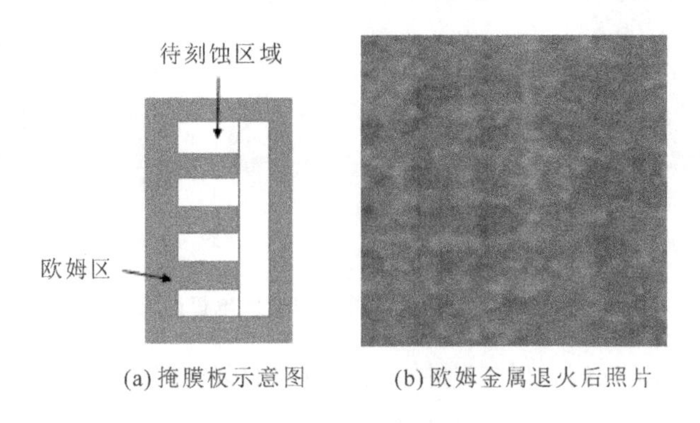

图 4.22　梳状孔刻蚀

将图形化欧姆接触结构与传统欧姆接触和源漏区整体刻蚀欧姆接触结构特性进行对比，采用传输线法(TLM)通过电流、电压测量得到欧姆接触电阻。三种欧姆接触工艺对应的电阻参数如图 4.23 所示。不同刻蚀时间下的源漏区整体刻蚀欧姆接触结构和图形化刻蚀欧姆接触结构得到的欧姆接触电阻对比结果如图 4.24 所示。

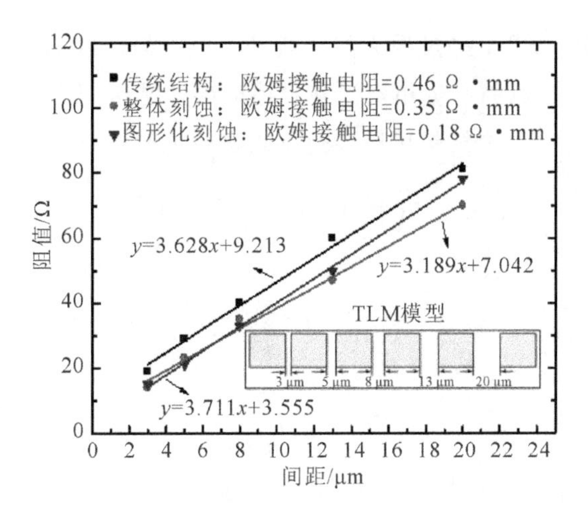

图 4.23　传统结构、整体刻蚀结构和图形化刻蚀结构 TLM 测量结果

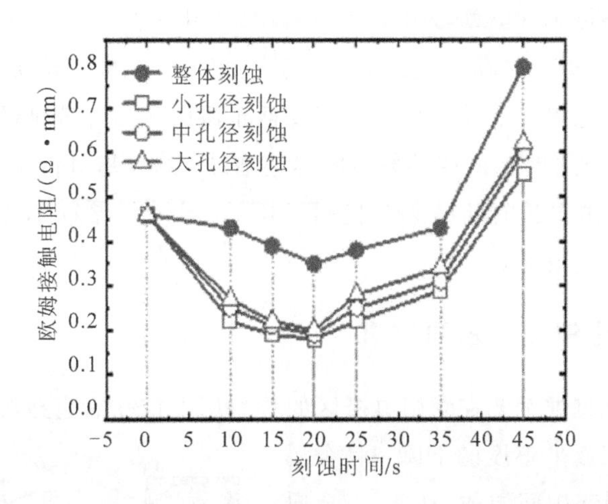

图 4.24　不同刻蚀时间整体刻蚀结构和图形化刻蚀结构的欧姆接触电阻对比结果

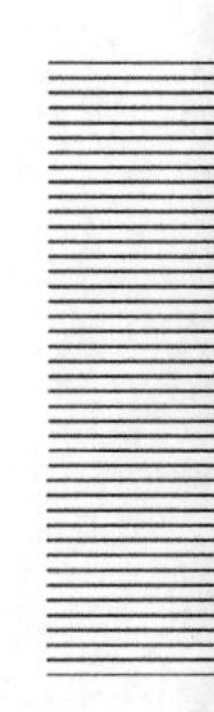

传统欧姆接触工艺(刻蚀时间为 0 s)得到的欧姆接触电阻最大，为 0.46 Ω · mm，源漏区整体刻蚀欧姆接触工艺的欧姆接触电阻为 0.35 Ω · mm，而图形化刻蚀欧姆接触工艺得到最低的欧姆接触电阻为 0.18 Ω · mm。不同孔径和图形的刻蚀工艺，对欧姆接触电阻结果有一定影响，但是影响较小。与传统欧姆接触工艺相比，图形化刻蚀欧姆接触工艺能够得到较低的欧姆接触电阻，一方面是由于欧姆区刻蚀会去除不规则的表面氧化层和污染物；另一方面，刻蚀工艺会在 AlGaN 表面引入 N 空位，同时图形化刻蚀这一步骤的增加

会产生大量的侧壁面积，经过退火与金属 Ti 反应形成 TiN，产生更多的 N 空位。我们知道，N 空位的产生相当于施主掺杂浓度增加。因此，隧穿效应增强，欧姆接触电阻减小。这个结果可以通过下式进行说明：

$$R_c=\left(\frac{\partial J}{\partial V}\right)^{-1}\bigg|_{V=0}\quad \Omega\cdot \mathrm{cm}^2 \tag{4-1}$$

其中，

$$J\propto \exp\left(\frac{-\varepsilon\phi B_n}{E_{00}}\right) \tag{4-2}$$

$$E_{00}=\frac{\varepsilon h}{2}\sqrt{\frac{N_d}{\varepsilon_s m_n^*}} \tag{4-3}$$

当掺杂浓度 N_d 增加时，电场强度 E_{00} 增大，隧穿电流 J 增大，因此，欧姆接触电阻 R_c 减小。

与源漏区整体刻蚀欧姆接触工艺相比，图形化刻蚀欧姆接触工艺中不均匀的 AlGaN 厚度在边缘处存在边缘效应，引起 2DEG 浓度的增加，因此图形化刻蚀欧姆接触工艺得到的欧姆接触电阻要低于源漏区整体刻蚀欧姆接触工艺。图形化刻蚀时间较长时，欧姆接触电阻迅速增加，远远超过传统欧姆接触工艺的电阻值，这是由于长时间的刻蚀使得 AlGaN 层过薄导致 2DEG 浓度降低，引起欧姆接触特性退化。

4.4.3 图形化刻蚀工艺的改进

常规图形化刻蚀工艺在欧姆电极区的势垒层上挖孔后直接沉积欧姆金属，挖孔可能引起表面平整度的下降，且金属层的错位可能引起中间层的 Al/Ni 等金属在侧壁与半导体形成大面积的直接接触，对欧姆接触产生负面影响。因此人们提出了图形化刻蚀与预填充工艺相结合的改进方法。图形化刻蚀后，先沉积金属 Ti 或硅(Si)材料层对孔洞进行填充，平整化以后再沉积多层欧姆金属，图 4.25 给出了其剖面结构示意图。

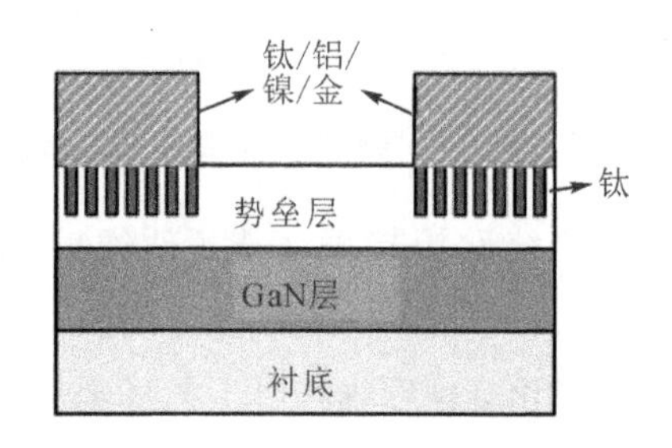

图 4.25 图形化刻蚀结合预填充工艺剖面结构示意图

在器件欧姆区进行图形化刻蚀并在孔中先填充金属 Ti 再沉积欧姆金属的

工艺简称为挖孔填 Ti 工艺。在挖孔填 Ti 工艺条件下，欧姆金属表面的方格更为明显，而且与常规图形化刻蚀工艺类似，有孔的区域较为平整。

在挖孔填 Ti 工艺中，欧姆接触电阻进一步下降，当刻蚀时间为 20 s 时，最低获得了 0.1 Ω·mm 的欧姆接触电阻。而且在较长的刻蚀时间下，即 35 s 刻蚀条件下，挖孔填 Ti 工艺仍然能获得很好的欧姆接触效果，其欧姆接触电阻约为 0.26 Ω·mm，比传统欧姆接触工艺的 0.4～0.5 Ω·mm 要低，也稍好于刻蚀时间为 35 s 时的常规图形化刻蚀欧姆接触工艺的结果。

在图形化刻蚀后，先沉积 Si 层对孔进行填充，再沉积欧姆金属层，也可以降低欧姆接触电阻，其退火后的欧姆金属表面形貌如图 4.26 所示。薄 Si 层的插入一方面可以在欧姆退火时对势垒层形成一定程度的 n 型掺杂，另一方面其金属化时产生的金属硅化物有利于欧姆接触界面形成低势垒，因此可以在更低的退火温度下实现较低的欧姆接触电阻，同时也易于实现更加平整的表面形貌。

图 4.26　填 Si 图形化刻蚀工艺样品退火后电极照片

对 HEMT 器件源漏区势垒层刻蚀会在其栅极下方的势垒层和 2DEG 沟道中引入大量缺陷，当器件在较大栅极电压下工作时，沟道中的电子会由于强电场被加速为热载流子，从而发生较强的热载流子效应，电子溢出沟道被陷阱俘获，使沟道内的电子密度降低，导致器件饱和电流和跨导降低，电流崩塌明显，性能发生严重退化。为了降低刻蚀工艺对栅极的影响，人们提出了分深度图形化刻蚀的概念，其方案设计如图 4.27 所示，在靠近栅极的部分刻蚀出较浅的孔以减小刻蚀对器件栅下结构的破坏，远离栅极的部分进行较深刻蚀以最大程度降低欧姆接触电阻。分深度图形化刻蚀得到的接触电阻和常规图形化刻蚀欧姆接触工艺的结果相近。

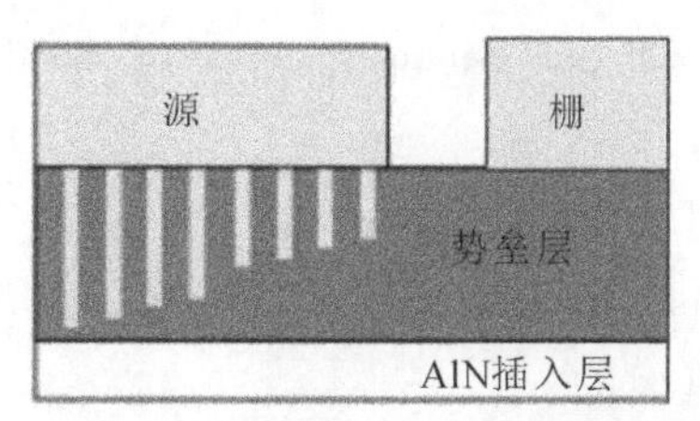

图 4.27　分深度图形化刻蚀概念图

参考文献

[1] LIU J L, MI M H, ZHU J J, et al. Improved Power Performance and the Mechanism of AlGaN/GaN HEMTs Using Si-Rich SiN/Si_3N_4 Bilayer Passivation[J]. IEEE Transactions on Electron Devices, 2022, 69(2): 631－636.

[2] HUANG S, JIANG Q M, YANG S, et al. Effective Passivation of AlGaN/GaN HEMTs by ALD-Grown AlN Thin Film[J]. IEEE Electron Device Letters, 2012, 33(4): 516－518.

[3] ZHU J J, MA X H, XIE Y, et al. Improved Interface and Transport Properties of AlGaN/GaN MIS-HEMTs With PEALD-Grown AlN Gate Dielectric[J]. IEEE Transactions on Electron Devices, 2015, 62(2): 512－518.

[4] TANG Z K, HUANG S, JIANG Q M, et al. High-Voltage (600-V) Low-Leakage Low-Current-Collapse AlGaN/GaN HEMTs with AlN/SiNx Passivation[J]. IEEE Electron Device Letters, 2013, 34(3): 366－368.

[5] KOEHLER A D, NEPAL N, ANDERSON T J, et al. Atomic Layer Epitaxy AlN for Enhanced AlGaN/GaN HEMT Passivation[J]. IEEE Electron Device Letters, 2013, 34(9): 1115－1117.

[6] DUFFY S, BENBAKHTI B, ZHANG W D. Low Source/Drain Contact Resistance for AlGaN/GaN HEMTs with High Al Concentration and Si-HP[111]Substrate[J]. ECS Journal of Solid State Science and Technology 6(11): S3040－S3043.

[7] GRECO G, LUCOLANO F, et al. Ohmic contacts to Gallium Nitride materials[J]. Applied Surface Science, 2016, 383(15):324－345.

[8] PARDESHI H, RAJ G, PATI S, et al. Influence of barrier thickness on AlInN/GaN underlap DG MOSFET device performance[J]. Superlattices and Microstructures, 2013, 60:47－59.

[9] JANG M, PARK J Y, HWANG J H, et al. Effects of periodic patterns in recessed ohmic contacts on InAlGaN/GaN heterostructures[J]. Solid-State Electronics, 2020, 174:107917.

[10] ZHU Y X, LI J W, LI Q X, et al. Effects of multi-layer Ti/Al electrode and ohmic groove etching on ohmic characteristics of AlGaN/GaN HEMT devices[J]. AIP Advances, 2021, 11:115202.

第5章

微波功率器件建模

本章主要介绍器件模型的建立与电路设计方法。有源器件作为电路系统的核心组成部分，往往决定了整个电路的性能，因此在电路设计中，器件模型的准确性将至关重要。器件模型不仅能够表征器件的物理结构，分析、评估器件的物理特性，同时也能够应用于电路设计中，推动器件的实际应用。小信号模型主要表征器件在不同偏置下的频率特性，它是大信号模型建立的基础。大信号模型能够表征器件的功率特性，主要用于电路设计。另外，本章还将讨论功率放大器(简称功放)的设计方法，从偏置网络、匹配网络、稳定网络等部分进行设计，最终实现S波段功率放大器的设计和测试。

5.1 典型微波参数及物理意义

通常，器件应用于电路设计之中，最常见的为两级或三级放大器[1-3]。单级器件结合输入匹配和输出匹配网络称为单级放大器，它是多级放大器的基础，只有准确了解单级放大器的原理和特性，才能更好地发挥器件的潜能，设计性能优异的多级放大器。

如图5.1所示，DC_{block}称为隔直电容，主要是防止直流信号传输到负载或者直流源中，同时也会参与一定的阻抗匹配；DC_{feed}称为扼流电感，主要是防止交流信号传输到直流源之中，引起系统的振荡。在MMIC电路中，通常使用

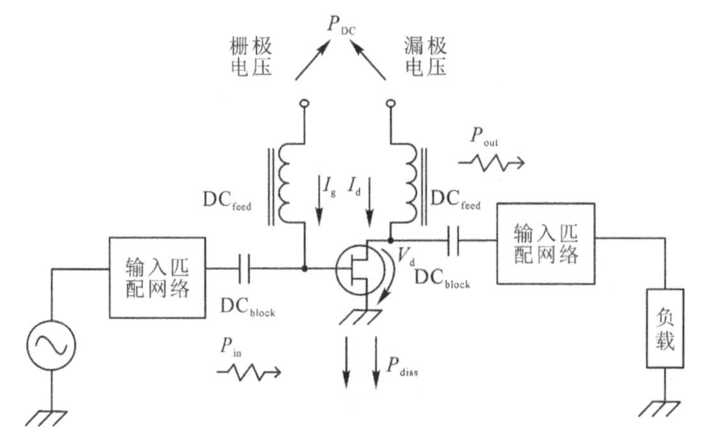

图5.1 单级放大器的结构图

四分之一波长线以及旁路电容来实现射频信号短路的功能。对于器件或功率放大器来说，设计人员最为关心的增益(Gain)、功率附加效率(PAE)以及输出功率(P_{out})等指标都与以下几个参数有关，即射频信号的输入功率(P_{in})、直流功率(P_{DC})、直流耗散功率(P_{diss})以及射频信号的输出功率(P_{out})。射频信号的输入功率(P_{in})是指输入功率放大器的射频信号功率大小。射频信号的输出功率(P_{out})是指功率放大器最终输出功率的大小。P_{in}和 P_{out}均不考虑匹配电路所造成的损耗。直流功率(P_{DC})是指输入功率放大器直流功率的大小：

$$P_{DC}=|V_g \times I_g|+|V_d \times I_d| \tag{5-1}$$

通常，V_g和 I_g的绝对值远小于 V_d和 I_d。因此在对 P_{DC}进行计算时，往往只考虑功率放大器漏极的直流功率，即

$$P_{DC}=|V_g \times I_d| \tag{5-2}$$

直流耗散功率(P_{diss})主要表示功率放大器在工作过程中，一部分能量以热等不可避免的方式耗散的功率大小。基于功率守恒定律，可以得到以下关系：

$$P_{out}-P_{in}=P_{DC}-P_{diss} \tag{5-3}$$

下面分别介绍几个典型微波参数，包括增益、效率、工作频率带宽、1 dB 压缩点(P_{1dB})、交调失真、驻波比(VSWR)。

1. 增益

增益作为器件或功率放大器的关键指标，常常被人们所关注。增益主要分为转换功率增益(G_T)、资用功率增益(G_A)、单向化功率增益(G_{TU})和功率增益(G_P)等。为了更加准确地定义各个增益，图 5.2 展示了功率放大器的结构图，且对端口的反射系数、功率传输等信息进行了标注。其中，P_L表示输出负载最终所获得的功率；P_A表示信号源能够输出的最大功率即信号源的资用功率。

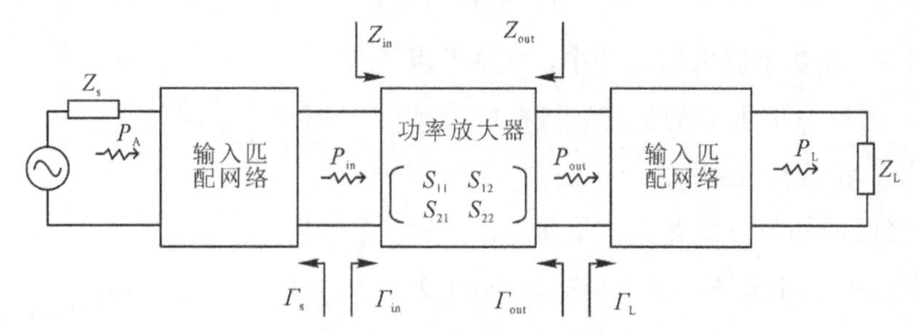

图 5.2 功率放大器结构图

1）转换功率增益

当信号源的反射系数 Γ_s 与功率放大器入射的反射系数 Γ_{in} 相互共轭，实现共轭匹配时，P_L 与 P_A 之间的比值，称为转换功率增益，即

$$G_T=\frac{P_L}{P_A}=\frac{|S_{21}|^2(1-|S_{21}|^2)}{(1-|\Gamma_{out}|^2)|1-S_{11}\Gamma_s|^2} \tag{5-4}$$

显而易见，G_T 主要与功率放大器的 S 参数以及 Γ_s 和 Γ_L 有关。

2）资用功率增益

由图 5.2 可以看出，当输入反射系数 Γ_{in} 与信号源的反射系数 Γ_s 共轭匹配，且功率放大器的输出反射系数 Γ_{out} 与负载的反射系数 Γ_L 共轭匹配时，P_{out} 与 P_A 之间的比值，称为资用功率增益，即

$$G_A=\frac{P_{out}}{P_A}=\frac{|S_{21}|^2(1-|\Gamma_s|^2)}{(1-|\Gamma_{out}|^2)|1-S_{11}\Gamma_s|^2} \tag{5-5}$$

通过式(5-5)可以看出，G_A 主要与功率放大器的 S 参数以及 Γ_s 和 Γ_{out} 有关。

3）单向化功率增益

单向化功率增益 G_{TU} 与 G_T 有关，即 G_{TU} 的大小等于 G_T 在 S_{12} 为 0 时的值：

$$G_{TU}=G_T|_{S_{12}=0}=\frac{1-|\Gamma_s|^2}{|1-S_{11}\Gamma_s|^2}\times|S_{21}|^2\times\frac{1-|\Gamma_L|^2}{|1-S_{22}\Gamma_L|^2} \tag{5-6}$$

4）功率增益

P_L 与 P_{in} 的比值称为功率增益 G_P，即

$$G_P=\frac{P_L}{P_{in}}=\frac{|S_{21}|^2(1-|\Gamma_L|^2)}{(1-|\Gamma_{in}|^2)|1-S_{22}\Gamma_L|^2} \tag{5-7}$$

通常，在功率放大器设计中，增益平坦度(ΔG)也是一个重要的指标，指在所设计频带内，增益的最大值(G_{max})与最小值(G_{min})之间的均值，如图 5.3 所示。在实际工程中，ΔG 一般要求小于 1 dB。ΔG 表示为

$$\Delta G=\frac{G_{max}-G_{min}}{2} \tag{5-8}$$

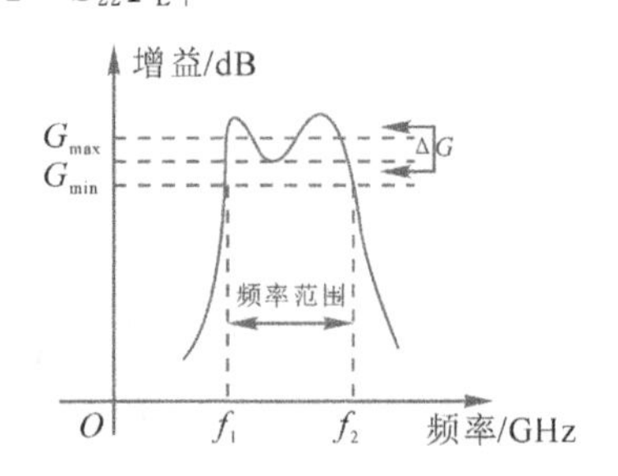

图 5.3 增益平坦度(ΔG)的示意图

2. 效率

功率放大器主要是通过电流控制作用或者电压控制作用，将直流电源的功率转换为依照输入信号变化而变化的电流或电压，从而起到功率放大的作用，即将直流功率转换为负载上的交流功率。人们通过效率来衡量功率放大器将直流功率转换为交流输出功率的能力。尽可能提升功率放大器的效率，是器件制作者们和电路设计者们一直在追求目标。

功率放大器的效率通常分为漏极效率(η)和功率附加效率(PAE)。

如图 5.1 所示，漏极效率的表达式为

$$\eta=\frac{P_{\text{out}}}{P_{\text{DC}}}\times 100\% \tag{5-9}$$

又由于增益为

$$\text{Gain}=10\log\left(\frac{P_{\text{out}}}{P_{\text{in}}}\right) \tag{5-10}$$

因此，η 又可以表示为

$$\eta=\frac{1}{1+\dfrac{P_{\text{diss}}}{P_{\text{out}}}-\dfrac{1}{\text{Gain}}}\times 100\% \tag{5-11}$$

为了避免输入功率对器件效率的影响，采用 PAE 对器件效率进行描述：

$$\text{PAE}=\frac{P_{\text{out}}-P_{\text{in}}}{P_{\text{DC}}}\times 100\% \tag{5-12}$$

PAE 与 η 之间的关系可以表示为

$$\text{PAE}=\eta\times\left(1-\frac{1}{\text{Gain}}\right)\times 100\% \tag{5-13}$$

3. 工作频率带宽

功率放大器在设计过程中，会有一定的频率范围，在该范围内，实现所需要的 P_{out}、Gain 和 PAE。如图 5.3 所示，f_1 表示功率放大器频率范围的下边频，f_2 表示功率放大器频率范围的上边频。对于功率放大器带宽特性的描述，通常使用相对带宽(BW)概念，其具体的描述为

$$\text{BW}=2\times\frac{f_2-f_1}{f_2+f_1}\times 100\% \tag{5-14}$$

依据 BW 的大小，可对功率放大器进行分类，如图 5.4 所示。

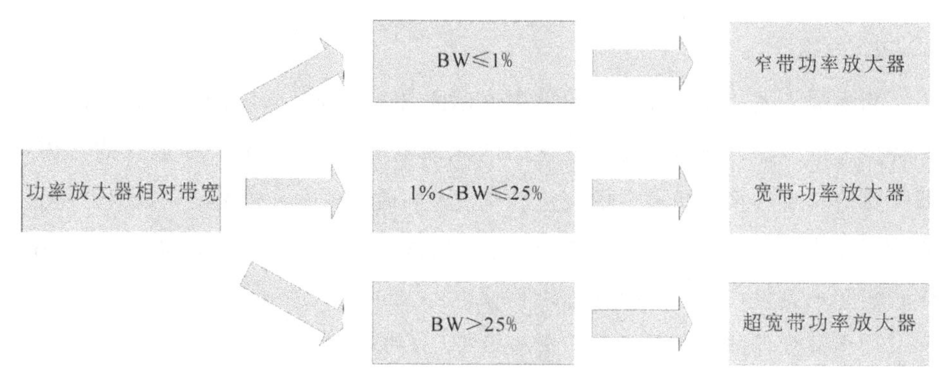

图 5.4 功率放大器的分类

4. 1 dB 压缩点(P_{1dB})

通常认为，功率放大器在小信号入射功率下，增益为恒定值，随着入射功率的增大，器件的增益会出现一定的压缩。当增益的压缩量相比于小信号增益为 1 dB 时，此时所对应的输出功率称为 1 dB 压缩点 P_{1dB}。P_{1dB}常用来衡量器件或功率放大器的非线性特性。

对于功率放大器来说，P_{3dB}也为常用的概念，即增益压缩 3 dB 时所对应的输出功率。对于功率放大器来说，增益压缩 3～5 dB 时，往往会达到饱和，此时的输出功率称为饱和功率，采用 P_{sat}来表示。

功率放大器的 P_{1dB}和 P_{3dB}如图 5.5 所示，该图表示了功率放大器增益随输出功率的变化趋势。通常，当增益压缩 5 dB 左右时，功率放大器的输出功率会达到饱和。此时，功率放大器的增益较小，输出功率增加较为缓慢。

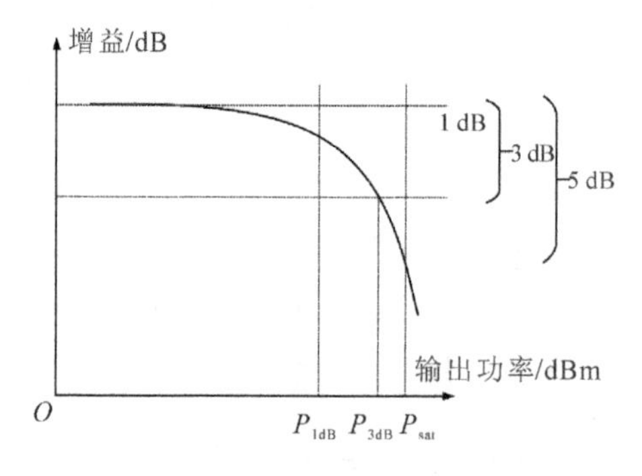

图 5.5 功率放大器增益随输出功率的变化

通常，对于 P_{1dB}，也会采用输出功率随输入功率的变化曲线进行描述。如图 5.6 所示，长虚线表示理想的输出功率与输入功率的线性关系，当功率放大器的实际输出功率与理想输出功率之间相差 1 dB 时，所对应的输出功率为 $P_{1dB,\ out}$，对应的输入功率为 $P_{1dB,\ in}$。此时的增益为

$$G_{1dB}=P'_{1dB,\ out}-P_{1dB,\ out}=G_0-1 \tag{5-15}$$

其中，$P'_{1dB,\ out}$表示理想输出功率，G_0表示功率放大器的理想、线性增益。

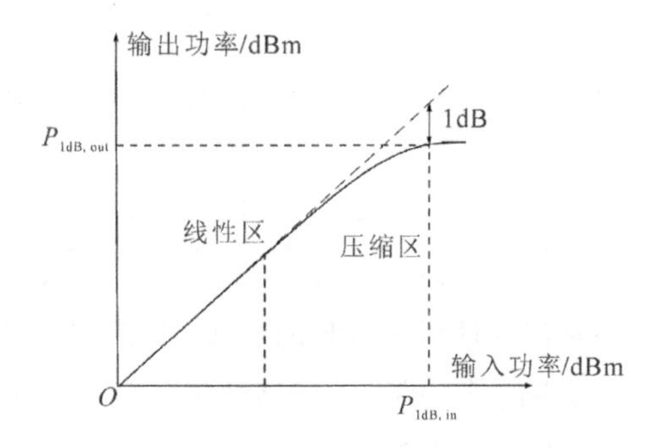

图 5.6　功率放大器输出功率随输入功率的变化

5. 交调失真

当输入功率较小时，功率放大器往往表现出线性特性，即增益保持恒定。随着入射功率逐渐增加，器件的漏极电流将会达到饱和，此时，功率放大器的传输函数不再是线性的，增益会压缩，表现出非线性特性。当入射功率不再为单一频率信号时，功率放大器内部将会发生混频，同样，信号出现非线性特性。通常，使用交调失真对功率放大器的非线性进行度量。

对于功率放大器非线性特性描述的方法较多，P_{1dB}就可以初步描述功率放大器非线性的功率量级。为了更加准确描述功率放大器的非线性特性，人们主要采用三阶交截点(IP3)、相邻信道功率比(ACPR)和误差向量幅度(EVM)进行描述。

1) IP3

当双音信号入射到功率放大器时，通常采用 IP3 描述功率放大器的非线性特性。若入射信号的频率分别为 f_1和 f_2，则输出的交调失真所产生的产物频率为 mf_1+nf_2。当 f_1与 f_2之间的带宽小于一个倍频时，交调失真所产生的主要产物频率为 $2f_1-f_2$和 $2f_2-f_1$。其余的分量较小，可以忽略。

三阶互调(IMD3)通过三阶交调产物功率与载波功率之间的比值进行表示：

$$\text{IMD3}=10\lg\frac{P_{2f_2-f_1}}{P_{f_1}}=10\lg\frac{P_{2f_1-f_2}}{P_{f_2}}\quad \text{dBc} \tag{5-16}$$

输出三阶交调截取点(OIP3)的计算方式为

$$\text{OIP3}=0.5(3P_{f_1}-\text{IMD3}) \tag{5-17}$$

其中，$P_{2f_2-f_1}$、$P_{2f_1-f_2}$、P_{f_1}、P_{f_2} 分别表示相应频率的输出功率。

2) ACPR

第二个用来描述交调失真的重要参数为相邻信道功率比(ACPR)。ACPR的计算公式为

$$\text{ACPR}=\frac{\text{主信道 1 的功率谱密度}}{\text{相邻信道 2 或 3 的功率谱密度}} \tag{5-18}$$

通过图 5.7 能够更加清晰理解 ACPR 的含义。从图中可以看出，功率放大器的中心频率为 5 GHz，且主信道 1 的两个偏移的频率为 500 MHz 和 1.3 GHz。分别对信道 1、信道 2 以及信道 3 范围内信号的平均功率大小进行测试和计算，最终算出信道 2、3 的 ACPR。

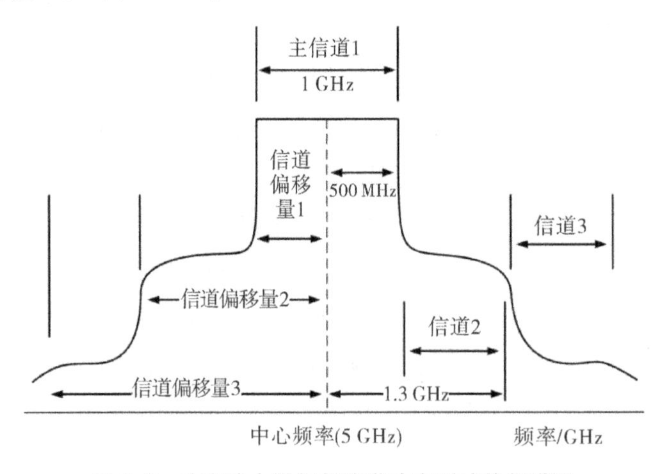

图 5.7　功率放大器相邻信道功率测试的频谱图

3) EVM

误差向量幅度(EVM)表示收到信号相比于发射信号的偏差。信号通过(I, Q)来进行表示。发射的信号表示为(I_t, Q_t)，接收到的信号表示为(I_r, Q_r)。信号之间的偏差可以通过图 5.8 进行表示。

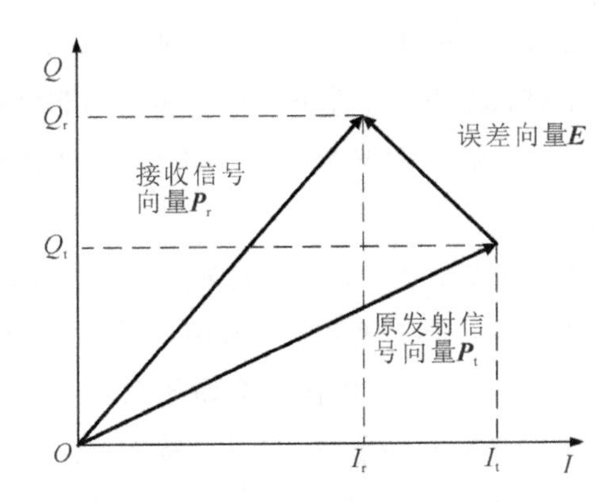

图 5.8　误差向量幅度表示 $I-Q$ 星座图

EVM 通过误差向量的幅度与原发射信号幅度之间比值进行计算：

$$\mathrm{EVM}=\frac{|E|}{|P_{\mathrm{t}}|}\times 100\% \tag{5-19}$$

其中，$|E|$表示误差向量幅度，$|P_{\mathrm{t}}|$表示原发射信号幅度。通常，实际应用中要求 EVM 小于 2%。

6. 驻波比(VSWR)

驻波比指驻波电压的波峰值与波谷值之比，分为输入驻波比和输出驻波比。输入驻波比为

$$(\mathrm{VSWR_{in}})=\frac{1+|\Gamma_{\mathrm{A}}|}{1-|\Gamma_{\mathrm{A}}|} \tag{5-20}$$

$$|\Gamma_{\mathrm{A}}|=\sqrt{1-\frac{(1-|\Gamma_{\mathrm{s}}|^2)(1-|\Gamma_{\mathrm{in}}|^2)}{|1-\Gamma_{\mathrm{s}}\Gamma_{\mathrm{in}}|^2}}=\left|\frac{\Gamma_{\mathrm{in}}-\Gamma_{\mathrm{s}}^*}{1-\Gamma_{\mathrm{in}}\Gamma_{\mathrm{s}}}\right| \tag{5-21}$$

其中，Γ_{A}表示输入匹配电路中信号入射面的反射系数，Γ_{s}表示射频信号源的反射系数，Γ_{in}为有源晶体管的输入反射系数。输出驻波比也有类似的定义。

5.2　小信号建模

5.2.1　GaN HEMT 小信号模型建立

当交流信号施加在器件的栅极时，交流信号将会叠加在直流工作点之上，

当叠加后的信号幅度小于器件的热电压(KT/q)时，所对应的器件的工作状态将被称为小信号状态。该状态下，器件不会存在明显的非线性特性，器件的增益可以认为恒定不变，也不需要考虑谐波的影响，因此可以通过线性的方法对器件进行表征和分析。

目前，GaN HEMT 小信号模型的研究较为成熟，模型所考虑的重点不同，模型的元素数量和拓扑结构也会有所不同。其中，传统的小信号等效电路模型的拓扑结构于 1988 年被提出，它的拓扑结构如图 5.9 所示。模型参数由外部的寄生参数和内部的本征参数共同组成。其中，寄生参数元件主要包括寄生电容、寄生电感以及寄生电阻。寄生电阻分为三种，分别为栅极电阻、源极电阻以及漏极电阻。栅极电阻表示栅极分布电阻，而源极电阻和漏极电阻都是由相应的欧姆接触电阻以及有源区接入电阻构成的。C_{pg}和C_{pd}分别表示栅极、漏极的 pad 所形成的寄生电容。寄生电感则表示器件的栅极、源极以及漏极的电感效应，对器件的高频特性有着明显的影响。对于器件的本征参数，栅源电容(C_{gs})和栅漏电容(C_{gd})共同组成了栅极电容(C_g)。C_{gs}和C_{gd}都可以认为是平板电容，即以空间电荷区为介质且器件在导通状态下形成的 2DEG 以及栅极金属为电容的两个电极。R_i表示器件的导电沟道所对应的本征电阻。R_{ds}表示输出端的本征电阻。R_{gd}表示栅漏电极之间的本征电阻。G_m表示器件的本征跨导，用来衡量器件放大能力。τ则表示器件响应的延迟时间。寄生参数与器件的偏置和频率均无关，本征参数往往取决于器件所处的静态偏置点，而与工作频率无关。

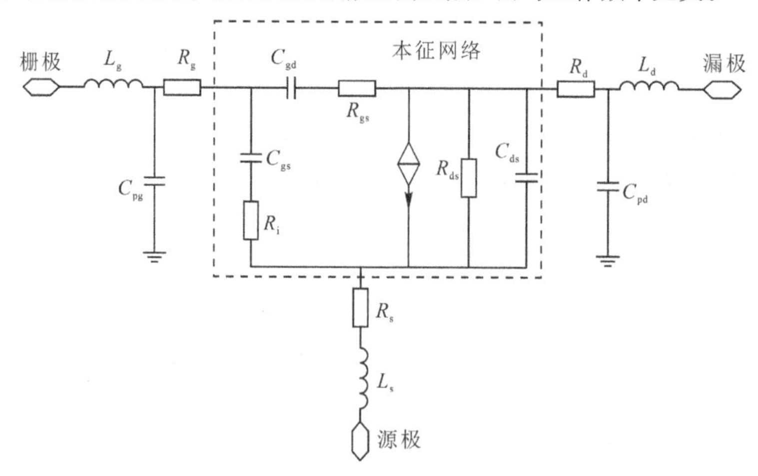

图 5.9 AlGaN/GaN HEMT 小信号等效电路模型拓扑结构(16 元素)

当然，GaN HEMT 器件的小信号模型所考虑的器件效应不同，模型参数数量会不同，同时，模型的拓扑结构也会相应发生变化。通常来说，模型参数的数量越多，小信号特性拟合会越准确，但是也会造成模型复杂度的增加，参数提取更加困难，且在提取参数的过程中不确定性也会更大。因此在模型建立时，需要对模型的准确性以及复杂度综合考虑，选择最佳的模型方案。模型拓扑结构的选择是建模的根本，同时对参数提取也十分重要。小信号模型的参数提取方法，目前主要分为参数关系法以及参数优化法。参数关系法又称为直接提取法，即将器件的外部元件与本征元件剥离，分步对参数进行提取。该方法需要进行参数的提取和计算，来实现模型的建立，但往往不能保证模型的高精度。参数优化法则主要依赖成熟稳定的优化算法，对参数不断进行优化和迭代，从而得到理想的拟合结果和准确的参数值。参数优化法的关键在于参数初值的选取，理想的初值将会起到事半功倍的效果，否则会陷入局部最小值，无法实现模型的准确拟合。因此，在小信号模型建立时，可将两种方法相结合，通过参数关系法得到模型较为准确的初值，再通过参数优化法进一步提升模型的拟合精度。

在对器件进行建模时，通常首先对寄生参数进行提取；其次通过 S 参数与 Y 参数以及 Z 参数之间的转换和简单计算，对器件寄生参数进行剥离，得到器件的本征网络所对应的参数矩阵；最后通过二端口网络理论，得到器件的本征参数值。提取参数的流程如图 5.10 所示。对寄生参数的提取，往往采用测试结构法和截止条件法。测试结构法指的是在与器件相同的晶圆上，使用与器件相同的器件工艺，同时制备与器件结构相同的外部共面波导结构，制备出相应的开路-短路(OPEN - SHORT)结构，以提取器件的寄生参数[4]。该方法简单易操作，不需要引入额外的计算以及估算，准确性较高，但对工艺制备的稳定性和一致性要求较高，需要对半导体器件的制备工艺较为熟悉。截止条件法则无需制备新的器件结构，在特定的偏置下对待建模的器件进行测试，可以直接提取出器

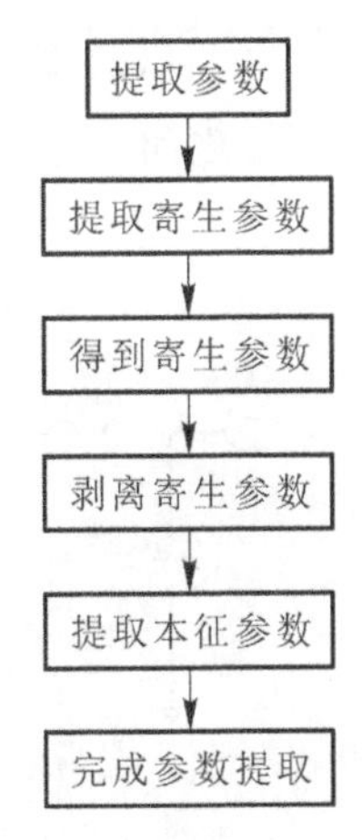

图 5.10　GaN HEMT 小信号模型提取参数流程

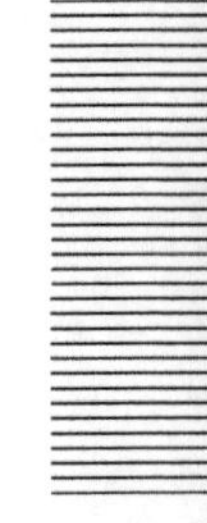

件的寄生参数。该方法对于器件制备来说，没有特殊要求，较为简单、直观，但该方法也会存在一定的近似处理，会引入一定的误差值，降低模型的拟合精度。

将上述两种方法相结合，可用来实现器件 S 参数的高精度拟合。本节所测试的器件为常规的平面 GaN HEMT 器件，器件的镜检照片如图 5.11 所示。器件的栅宽为 2 μm×50 μm，且器件的栅长为 0.5 μm。

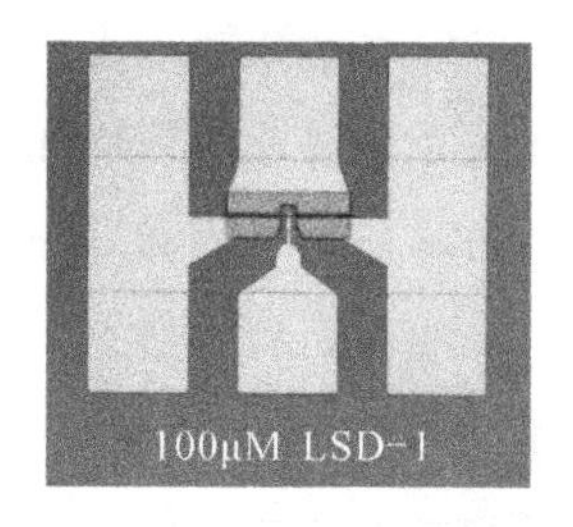

图 5.11　平面 GaN HEMT 器件的镜检照片

综合考虑器件模型的简便性以及准确性，最终，所选的模型为 19 元素模型，具体的拓扑结构如图 5.12 所示。其中，虚线框中所标注的参数为本征参数，框外的参数为寄生参数。相比于图 5.9 中所表示的 16 元素模型，该模型引入了 C_{pgi}、C_{pdi} 以及 C_{gdi} 三个寄生电容。这三个寄生电容分别表示栅极与源极、漏极与源极之间所存在的寄生电容，以及由于空气桥所引入的交叉电容。

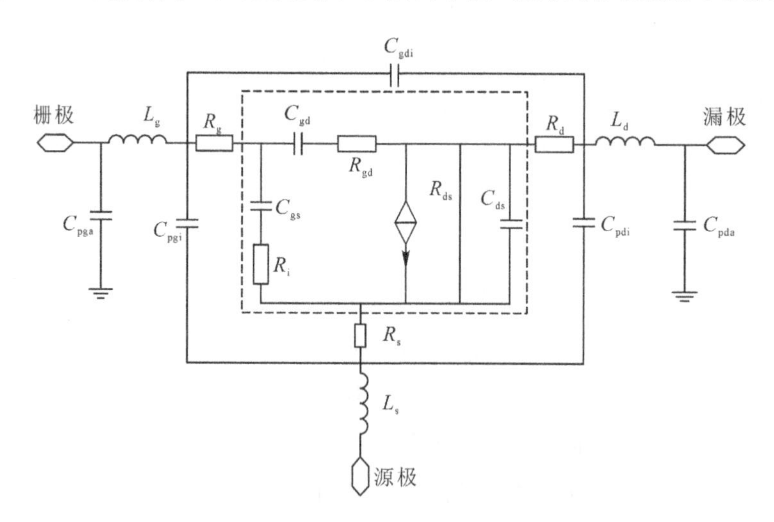

图 5.12　基于 GaN HEMT 的 19 元素等效电路拓扑结构

5.2.2　寄生参数提取

通过上述讨论可知，测试结构法相对来说较为准确，但需要额外的测试结构，同时对工艺一致性的要求较高，而截止条件法能够较快速、简单得到器件的寄生参数。下述模型主要采用截止条件法进行分析。

对于传统的截止条件法，将器件偏置在冷偏状态下，器件的栅极电压低于器件的阈值电压，同时器件漏极电压为0 V。此时，器件将不再是一个电流源，为了简化模型，可忽略器件内部所存在的电阻。当工作频率较低时(一般小于5 GHz)，器件的输入输出特性主要受到内部等效电容的影响，通过Y参数的虚部与角频率(ω)之间的线性关系，可得到器件的寄生电容参数值。对于寄生电感，在冷偏开启状态下，器件的S参数选择高频下的数据(一般大于15 GHz)，通过Z参数的虚部与ω之间的线性关系，即可得到器件的寄生电感值。对于寄生电阻，则是利用高频下Z参数实部与角频率的平方(ω^2)之间的线性关系进行求解的。

在参数提取过程中可以发现，在进行寄生电容的提取时，认为冷偏下Y参数的虚部与角频率之间是呈线性关系的，忽略了低频下寄生电感对Y参数虚部的影响，认为只有在高频下寄生电感才会对Y参数虚部产生影响[5]。在传统的截止条件法提取寄生电容的简化等效电路中，寄生电感是不考虑的，如图5.13所示，由于器件处于关断状态，C_a、C_b和C_c分别表示耗尽层所引起的电容。然而，由于电感是包含在提取寄生电容的Y参数的虚部中，会对寄生电容的提取造成影响。因此，传统的截止条件法提取寄生电容的准确性有待商榷。

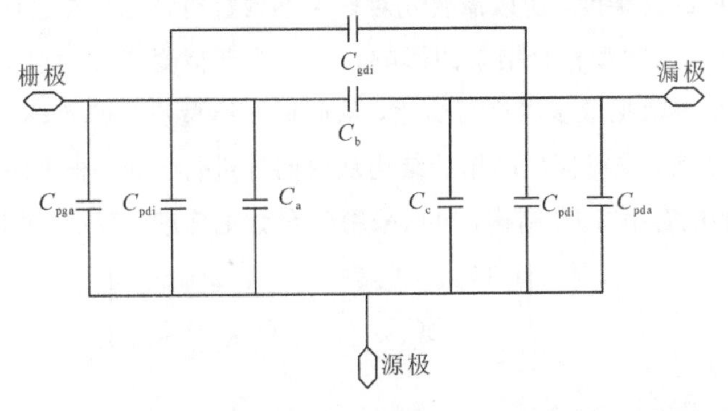

图5.13　传统的截止条件法提取寄生电容的等效电路图

本节所使用的寄生电容提取方法，可以同时对寄生电容和寄生电感进行提取。在对寄生电容提取时，在传统的截止条件法的等效电路图中加入了寄生电感，因此可以对寄生电容和寄生电感同时进行考虑，所使用的等效电路图如图5.14所示。与常规的提取方法一样，在提取寄生电容时，由于寄生电阻对Y参数的虚部不会产生影响，因此在等效电路中忽略了寄生电阻。其中，C_{pga}和C_{pda}分别表示栅极和漏极pad所造成的寄生电容，由于器件处于关断状态，C_a、C_b和C_c则分别表示耗尽层所引起的电容。

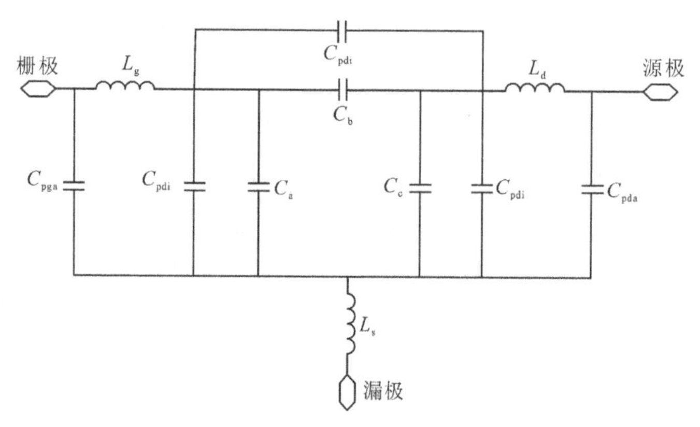

图5.14 同时提取寄生电容和寄生电感的等效电路模型

寄生参数提取主要分为以下三个步骤，分别为参数评估、参数获取以及参数优化。

1. 参数评估

由于在对寄生电容提取的过程中，考虑了寄生电感的影响，极大程度上增加了参数提取的复杂度，所以需要先对寄生参数进行评估。参数评估的目的是获得C_{pga}和C_{pda}对模型拟合结果的影响，在保证高精度拟合的前提下，对拓扑结构以及寄生参数提取步骤进行简化，从而提升模型建立的效率。在对寄生参数进行评估之前，先对模型的拓扑结构从内向外进行分析。根据图5.14可以看出，最内部的电容呈“π”形结构，可以采用Y参数矩阵进行表示，矩阵表示为

$$[Y]=\begin{pmatrix} j\omega(C_{gso}+C_{gdo}) & -j\omega C_{gdo} \\ -j\omega C_{gdo} & j\omega(C_{dso}+C_{gdo}) \end{pmatrix} \tag{5-22}$$

其中，

$$C_{gso}=C_{pgi}+C_a \tag{5-23}$$

$$C_{dso}=C_{pdi}+C_c \tag{5-24}$$

$$C_{gdo}=C_{gdi}+C_b \tag{5-25}$$

接着考虑器件的寄生电感。由于器件的寄生电感呈"T"形结构，为了方便计算，首先将式(5-22)中的 Y 参数矩阵转换为 Z 参数矩阵，再对电感参数值进行叠加。参数转换结果为

$$[Z]=[Y]^{-1}=\begin{bmatrix}\dfrac{C_{dso}+C_{gdo}}{j\omega M} & \dfrac{C_{gdo}}{j\omega M}\\ \dfrac{C_{gdo}}{j\omega M} & \dfrac{C_{gso}+C_{gdo}}{j\omega M}\end{bmatrix} \tag{5-26}$$

其中，

$$M=C_{gso}\times C_{dso}+C_{gdo}\times C_{gso}+C_{gdo}\times C_{dso} \tag{5-27}$$

接下来，将寄生电感添加到式(5-26)所表示的 Z 参数矩阵之中，这样就可以得到新的包含寄生电感的 Z 参数矩阵(Z_L)：

$$Z_{L11}=j\omega(L_g+L_s)+\frac{C_{dso}+C_{gdo}}{j\omega M}=ja \tag{5-28}$$

$$Z_{L12}=Z_{L21}=j\omega L_s+\frac{C_{gdo}}{j\omega M}=-jb \tag{5-29}$$

$$Z_{L22}=j\omega(L_d+L_s)+\frac{C_{gso}+C_{gdo}}{j\omega M}=jc \tag{5-30}$$

其中，Z_{L11}、Z_{L12}、Z_{L21} 和 Z_{L22} 分别表示 Z_L 矩阵中的四个元素，可通过 a、b 和 c 对其表达形式进行简化。

之后，根据器件的电路拓扑结构，还需要考虑 C_{pda} 和 C_{pga} 的影响。由于 C_{pda} 和 C_{pga} 仍为"π"形结构，所以需要再转换为 Y 参数进行叠加。但继续从内向外进行分析，就会使得矩阵的形式非常复杂，不利于计算和参数提取。因此，为了简化分析，采用从外向内的方式，对拓扑结构进行表示，并对 C_{pga} 和 C_{pda} 进行分析。

由于图 5.14 中的电路拓扑结构是由寄生电容和寄生电感组成的，因此仅仅需要考虑虚部即可。将整个电路采用 Y 参数矩阵进行表示，$[Y_{external}]$ 表示的是电路拓扑结构整体的 Y 参数：

$$[Y_{external}]=\begin{bmatrix}jB_{11} & jB_{12}\\ jB_{21} & jB_{22}\end{bmatrix} \tag{5-31}$$

由于器件在该偏置状态下为一个互易的双端口网络，故该 Y 参数矩阵可以表示为

$$[Y_{\mathrm{external}}]=\begin{bmatrix}\mathrm{j}B_{11} & \mathrm{j}B_{12}\\ \mathrm{j}B_{21} & \mathrm{j}B_{22}\end{bmatrix}=\begin{bmatrix}\mathrm{j}B_{11} & \mathrm{j}B_{21}\\ \mathrm{j}B_{12} & \mathrm{j}B_{22}\end{bmatrix} \tag{5-32}$$

接下来，对 C_{pga} 和 C_{pda} 进行去嵌入。去嵌之后，再将 Y 参数转换为 Z 参数，用于寄生电感的去嵌和分析。$[Y_{\mathrm{external}}]$ 与 $[Z_{\mathrm{L}}]$ 之间的关系如图 5.15 所示。从图中可以看出，先用 a、b 和 c 来表示器件 Z 参数矩阵的各个数值，暂时不用求得具体的参数值，再将其与式(5-28)到式(5-30)进行对比，可以得到 $[Y_{\mathrm{external}}]$ 矩阵的各个参数的值。

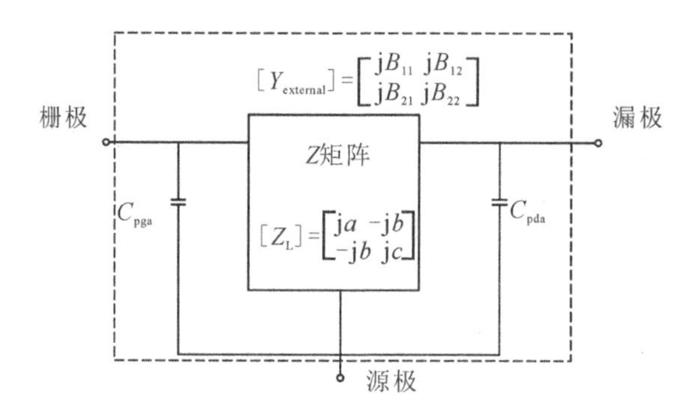

图 5.15　$[Y_{\mathrm{external}}]$ 与 $[Z_{\mathrm{L}}]$ 之间的关系图

$[Y_{\mathrm{external}}]$ 矩阵的各个参数分别为

$$B_{11}=\frac{c}{(b^2-ac)}+\omega C_{\mathrm{pga}} \tag{5-33}$$

$$B_{12}=\frac{b}{(b^2-ac)} \tag{5-34}$$

$$B_{22}=\frac{a}{(b^2-ac)}+\omega C_{\mathrm{pda}} \tag{5-35}$$

由式(5-33)～式(5-35)可以看出，随着 C_{pda} 和 C_{pga} 的引入，参数计算的复杂度明显提升，无法从方程中直接获得参数之间的线性关系。如果对模型进行简化，那么首先需要评估 C_{pga} 和 C_{pda} 对拟合结果的影响程度。若影响较大，则无法忽略该寄生电容的影响；若影响足够小，则可以先进行简化，再通过优化算法消除简化所引入的误差。

下面对 C_{pga} 和 C_{pda} 进行评估。若想对参数值进行评估，首先需要获得

$[Y_{\text{external}}]$各个参数准确的数值。这里采用文献[6]中的方法对该器件进行参数提取，所使用的电路拓扑结构与图 5.12 中的一致。通过在冷偏状态下器件的 S 参数，分别得到器件的各个寄生元件的参数值，并且通过多次的优化和迭代，提升模型的拟合精度。

得到各个参数的数值后，将参数值代入式(5-33)至式(5-35)之中，就可以得到 B_{11} 和 B_{22} 的值。通过计算可以得到，B_{11}/ω 和 B_{11}/ω 的最小值分别为 $1\mathrm{e}^{-13}$ 和 $7\mathrm{e}^{-14}$，C_{pga} 和 C_{pda} 相同且为 $2\mathrm{e}^{-15}$。由此可以看出，C_{pga} 和 C_{pda} 相比于 B_{11} 和 B_{22} 来说，影响不超过 3%。因此，为了简化模型，简化参数提取复杂度，可以忽略 C_{pga} 和 C_{pda}，所造成的误差可以通过单次优化予以修正。

2. 参数提取

对参数评估结束之后，接下来进行参数的提取。由于参数评估不需要重复进行，因此可以直接忽略 C_{pga} 以及 C_{pda} 的影响，以简化参数提取过程。那么，通过式(5-28)至式(5-30)对参数值进行分析可知，当 Z_{L} 乘以 ω 时，虚部可以表示为

$$\operatorname{Im}(\omega Z_{\text{L11}})=\omega^2(L_{\text{g}}+L_{\text{s}})-\frac{C_{\text{dso}}+C_{\text{gdo}}}{M} \tag{5-36}$$

$$\operatorname{Im}(\omega Z_{\text{L12}})=\operatorname{Im}(\omega Z_{\text{L21}})=\omega^2 L_{\text{s}}-\frac{C_{\text{gdo}}}{M} \tag{5-37}$$

$$\operatorname{Im}(\omega Z_{\text{L22}})=\omega^2(L_{\text{d}}+L_{\text{s}})-\frac{C_{\text{gso}}+C_{\text{gdo}}}{M} \tag{5-38}$$

采用线性回归的方法，可以对每条曲线相比于 ω^2 的斜率和截距进行准确计算。其中，三条曲线的斜率分别表示寄生电感 L_{g}、L_{s} 和 L_{d}，曲线的截距则分别通过 α、β 和 γ 进行表示。

通过公式计算以及变换，可得

$$C_{\text{gso}}=\frac{\gamma-\beta}{\alpha\gamma-\beta^2} \tag{5-39}$$

$$C_{\text{gdo}}=\frac{\beta}{\alpha\gamma-\beta^2} \tag{5-40}$$

$$C_{\text{dso}}=\frac{\alpha-\beta}{\alpha\gamma-\beta^2} \tag{5-41}$$

利用各个参数值之间的关系以及曲线斜率的拟合，可以得到所有寄生电感和寄生电容的值。根据器件的具体工艺参数和结构，假设器件的 C_{pga} 和 C_{pda} 是相同的[7]，那么由器件的栅源间距和栅漏间距之间的关系，可以得到以下关系：

$$C_a = \frac{16}{9} C_b \tag{5-42}$$

同时认为 C_{pdi} 是 C_{pda} 的 3 倍[6]，C_c 是 C_{pda} 的 12 倍[8]。参数之间的比例关系会明显影响模型的拟合精度，对于西安电子科技大学所制备的器件来说，制备工艺是较为稳定的，经过长期的研究，各个参数之间的比例是较为固定的。其中，C_{pdi} 是 C_{pda} 的 3 倍，C_c 是 C_{pda} 的 12 倍是较为准确的比例关系。以下方式可用来验证上述比例关系的准确性，即计算不同比例关系时的 S 参数拟合误差，选择最优的比例关系。例如将 C_{pdi} 改为 C_{pda} 的 2 倍，通过计算，S 参数拟合结果如图 5.16 所示，其中 $S(1,1)$、$S(1,2)$、$S(2,1)$、$S(2,2)$ 均为 S 参数分别表示 S_{11}、S_{12}、S_{21} 和 S_{22}，红色曲线表示 S 参数的测试值，蓝色曲线表示 C_{pdi} 是 C_{pda} 的 3 倍时的拟合结果，绿色曲线表示 C_{pdi} 是 C_{pda} 的 2 倍时的拟合结果。当然，从图中可以看出两者存在细微的拟合差距，为了更加直观表示两者之间拟合精度，拟合误差(ε)如表 5.1 所示。

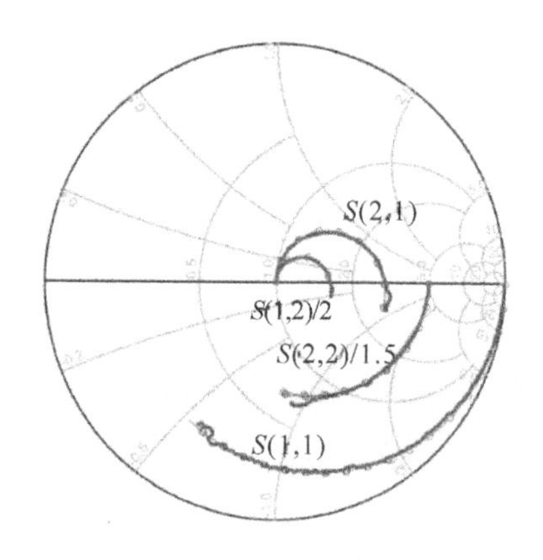

图 5.16　不同比例关系时的 S 参数拟合结果

表 5.1　不同比例关系时的 S 参数拟合误差

参数	S_{11}	S_{12}	S_{21}	S_{22}
$\varepsilon(C_{pdi}=3\times C_{pda})$	0.034	0.027	0.027	0.036
$\varepsilon(C_{pdi}=2\times C_{pda})$	0.034	0.030	0.029	0.039

通过表 5.1 中的拟合误差可以看出，$C_{pdi}=3\times C_{pda}$ 时的似合误差是明显优于 $C_{pdi}=2\times C_{pda}$ 时的。

采用同样的方法对 $C_{pdi}=4\times C_{pda}$ 进行计算和评估。拟合结果如图 5.17 所示，其中，红色曲线表示 S 参数的测试值，蓝色曲线表示 C_{pdi} 是 C_{pda} 的 3 倍时的拟合结果，绿色曲线表示 C_{pdi} 是 C_{pda} 的 4 倍时的拟合结果。通过计算，拟合误差如表 5.2 所示。

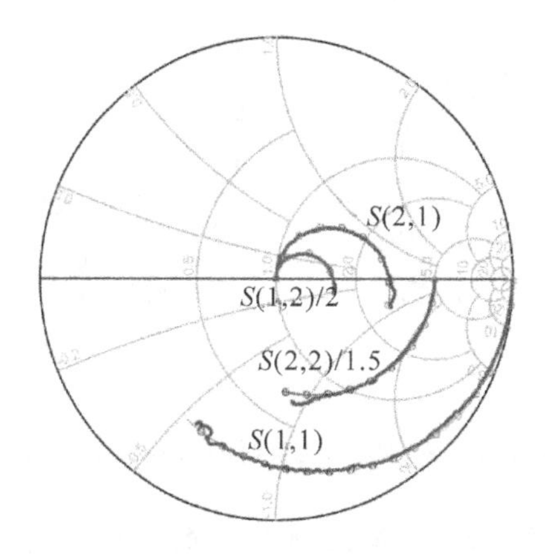

图 5.17　不同比例关系时的 S 参数拟合结果

表 5.2　不同比例关系时的拟合误差

参数	S_{11}	S_{12}	S_{21}	S_{22}
$\varepsilon(C_{pdi}=3\times C_{pda})$	0.034	0.027	0.027	0.036
$\varepsilon(C_{pdi}=4\times C_{pda})$	0.034	0.028	0.028	0.037

同样，通过表 5.2 中的拟合误差可以看出，$C_{pdi}=3\times C_{pda}$ 时的拟合误差是小于 $C_{pdi}=4\times C_{pda}$ 时的拟合误差的。综上可以证明，$C_{pdi}=3\times C_{pda}$ 对于该器件是最优的比例关系。

C_c 与 C_{pda} 之间的比例关系可通过相同的方式进行验证。由于目前所使用的比例为 C_c 是 C_{pda} 的 12 倍，因此，分别对 C_c 是 C_{pda} 的 11 倍和 C_c 是 C_{pda} 的 13 倍时比例关系进行计算和拟合。当 C_c 是 C_{pda} 的 11 倍时，S 参数的拟合结果如图 5.18(a)所示，其中，红色曲线表示 S 参数的测试值，蓝色曲线表示 C_c 是 C_{pda} 的 12 倍时的拟合结果，绿色曲线表示 C_c 是 C_{pda} 的 11 倍时的拟合结果。当 C_c 是 C_{pda} 的 13 倍时，S 参数的拟合结果如图 5.18(b)所示，其中，红色曲线表示 S 参数的测试值，蓝色曲线表示 C_c 是 C_{pda} 的 12 倍时的拟合结果，绿色曲线表示

C_c是C_{pda}的 13 倍时的拟合结果。拟合误差如表 5.3 所示。

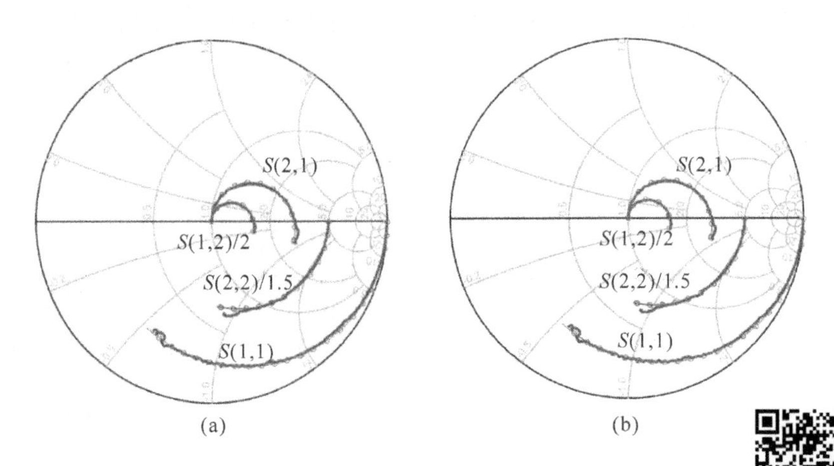

(a) (b)

图 5.18 不同比例关系时的 S 参数拟合结果

表 5.3 不同比例关系时的拟合误差

参数	S_{11}	S_{12}	S_{21}	S_{22}
$\varepsilon(C_c=11\times C_{pda})$	0.034	0.028	0.027	0.036
$\varepsilon(C_c=12\times C_{pda})$	0.034	0.027	0.027	0.036
$\varepsilon(C_c=13\times C_{pda})$	0.034	0.029	0.027	0.037

根据表 5.3 中的拟合结果可以看出，$C_c=12\times C_{pda}$为最优的比例关系。

由于寄生电容一共有 8 个，目前通过各个参数值之间的关系，只能得到 7 个方程，因此，无法得到唯一解。那么需要通过文献[9]中的参数值扫描的方法，以低的拟合误差为优化目标，对参数C_{gdi}进行扫描，扫描范围为 0 到C_{gdo}。此时，当C_{gdi}为任何一个值时，都可以得到一组唯一的寄生电容值。并且，由于扫描的参数只有C_{gdi}一个，可以极大程度上提升参数扫描的效率。通过对比拟合误差大小，即可得到一组最优参数值。

最后，当漏极电压为 0 V，且栅极电压为正值时(一般选择为 2 V)，由器件的 S 参数可以得到模型的寄生电阻值。栅极的电压不可以过大，否则会造成栅极不可逆的损伤。

器件在冷偏状态下的各个参数的参数值如表 5.4 所示，S 参数拟合结果如

图 5.19 所示。图中红色的曲线表示 S 参数的测试值，蓝色曲线表示模型的拟合结果。通过图 5.19 可以看出，该方法的拟合结果是十分理想的。

表 5.4　器件在冷偏状态下的各个参数的参数值

参数	参数值
C_a/fF	55.70
C_b/fF	31.33
C_c/fF	26.62
C_{pgi}/fF	7.20
C_{gdi}/fF	9.08
C_{pdi}/fF	6.66
C_{pga}/fF	2.22
C_{pda}/fF	2.22
L_s/pH	8.28
L_g/pH	65.53
L_d/pH	60.97
R_g/Ω	3.88
R_d/Ω	10.47
R_s/Ω	6.86

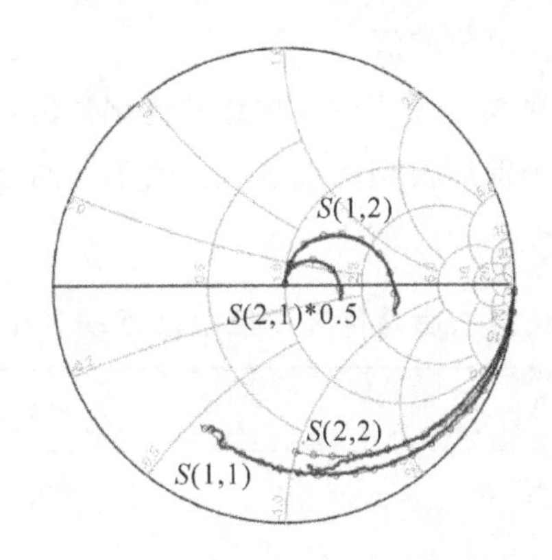

图 5.19　器件在冷偏状态下的 S 参数拟合结果

3. 参数优化

在对参数提取的过程中，由于忽略了 C_{pga} 和 C_{pda} 的影响，因此，求解参数的方程中会存在一定的误差。虽然 C_{pda} 和 C_{pga} 对结果的影响不超过 3%，但是对整体的拟合结果来说也是有一定影响。所以，参数优化主要是解决模型简化所引入的误差。

参数优化指通过优化算法对参数值进行优化。对于优化算法来说，最重要的是参数的初值，初值的选取往往决定着优化算法的优化效果以及优化效率。针对以上的参数提取方法，误差不超过 3%，因此优化算法陷入局部最优值的概率非常小，能够快速准确地得到模型的最优解。

具体的优化步骤如下：

(1) 将上一节中所求得的参数值作为优化算法中每个参数的初值；

(2) 在进行参数优化时，首先固定 L_g、L_s、L_d、R_g、R_s 以及 R_d 的值，由于电容之间存在特定的比例关系，仅仅需要对 C_{gdi}、C_{gdo} 以及 C_{dso} 的值进行优化。优化范围的上限设置为初值的 2 倍，下限则设置为当前值的 1/2。减少优化参数的数量，可以降低优化算法的复杂度，从而能够大幅度提升优化效率，同时也可加快优化算法的收敛[10]。优化算法通过对模型拟合的 S 参数与实际测试得到的 S 参数进行对比，最终得到误差最小时对应的一组电容值。

(3) 将寄生电容和寄生电感的值固定，对寄生电阻的值进行提取。为了获得更加准确的电阻值，需要将器件偏置在正向冷偏的状态下，通过在该状态下器件的 S 参数，将寄生电容和寄生电感分别去嵌，再通过 Z 参数实部与 ω^2 之间的线性斜率，得到寄生电阻的值。

由于上一节所求得的参数值为较为理想的优化初值，因此无需对上述步骤进行多次重复和迭代，来保证模型的准确性。优化后的参数值如表 5.5 所示，拟合结果如图 5.20 所示。

表 5.5　通过优化算法后器件在冷偏状态下的各个参数的参数值

参数	参数值
C_a/fF	50.26
C_b/fF	28.27

续表

参数	参数值
C_c/fF	23.05
C_{pgi}/fF	7.89
C_{gdi}/fF	8.77
C_{pdi}/fF	5.76
C_{pga}/fF	1.92
C_{pda}/fF	1.92
L_s/pH	8.28
L_g/pH	65.53
L_d/pH	60.97
R_g/Ω	7.05
R_d/Ω	4.31
R_s/Ω	11.10

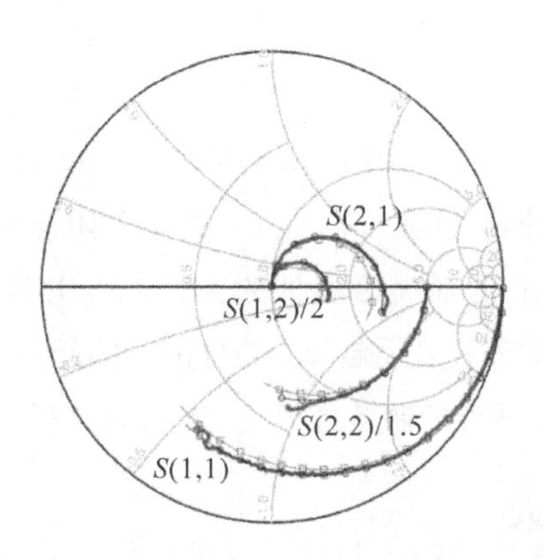

图 5.20　通过优化算法后得到的器件 S 参数拟合结果

图 5.20 中，红色曲线表示测试得到的 S 参数，蓝色曲线表示通过优化算法后所得到的拟合结果，为了表明优化算法的有效性，将文献[9]中的拟合结果(图中绿色曲线)也表示在图 5.20 中作为对比。通过拟合结果可以看出，同时提取寄生电容、电感的方法拟合精度明显更高，与优化前的拟合结果相比，

也有明显提升。

为了更加准确清晰地比较和评估拟合精度，可对拟合 S 参数和实测 S 参数之间的误差 ε 进行计算：

$$\varepsilon_{ij}=\frac{\sum_{f_{min}}^{f_{max}}|S_{ij(实测)}-S_{ij(拟合)}|}{\sum_{f_{min}}^{f_{max}}|S_{ij(实测)}|} \tag{5-43}$$

$$|\varepsilon|=\frac{\varepsilon_{11}+\varepsilon_{12}+\varepsilon_{21}+\varepsilon_{22}}{4} \tag{5-44}$$

寄生电阻值的大小会随着器件工艺和结构的变化而变化，其中，R_s 由源极欧姆接触电阻 R_{sc} 和栅源电阻 R_{gs} 组成，R_g 则表示栅极的分布电阻。R_s 的表达式如下所示：

$$R_s=R_{sc}+R_{gs}=\frac{R_c}{W}+R_{sh}\cdot\frac{L_{gs}}{W} \tag{5-45}$$

式中，R_c 表示欧姆接触电阻，R_{sh} 表示薄膜方阻。通过 TLM 测试可知，R_c 为 0.37 Ω/mm，R_{sh} 为 388 Ω·□。结合器件的实际尺寸，R_s 的值为 7.58 Ω。相类似地，R_d 由漏极欧姆接触电阻 R_{dc} 和栅漏电阻 R_{gd} 组成。R_d 的表达式如下所示：

$$R_d=R_{dc}+R_{gd}=\frac{R_c}{W}+R_{sh}\cdot\frac{L_{gd}}{W} \tag{5-46}$$

结合器件的具体尺寸，可以得到 R_d 的值为 10.60 Ω。

由测试结果及参数提取过程可以看出，寄生电阻与从模型中提取的电阻值相似，电阻值很大程度上也取决于器件的工艺。R_g 主要取决于栅极金属的厚度。对于器件来说，一般栅极金属越厚，器件的性能越好，R_g 就越小，但这会增加器件的成本。因此，在器件的制备过程中，有必要选择合适的栅极金属厚度。

5.2.3 本征参数提取

寄生参数提取完成后，可对器件本征参数进行提取[11]。器件在冷偏状态下，器件的本征部分可以采用无源元件进行表示。而器件处于正常的工作状态时，本征部分可等效为一个压控电流源。因此，对于寄生参数来说，参数值是不随偏置变化而变化的；对于本征参数来说，不同的偏置条件会对应不同的本征参数值。首先，依据微波网络理论，对寄生元件进行去嵌，得到本征网络整

体所对应的 Y 参数。去嵌的步骤如图 5.21 所示。

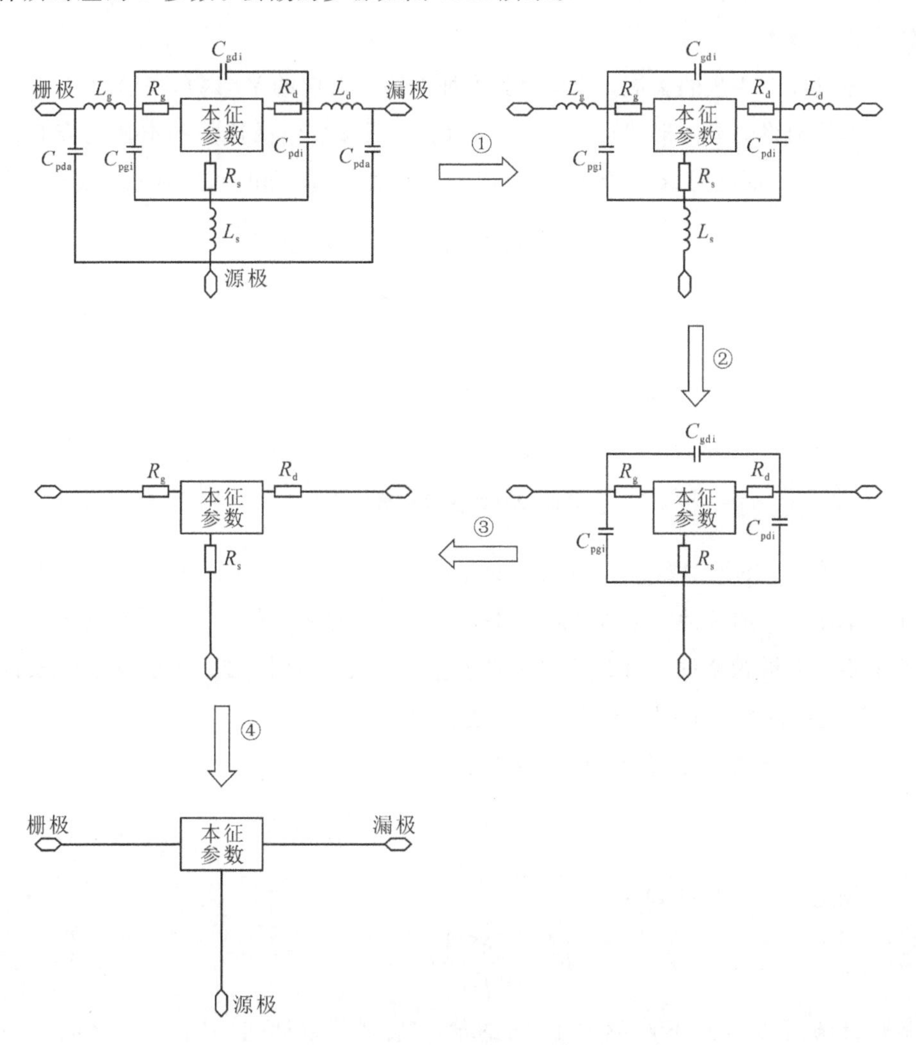

图 5.21　寄生元件去嵌步骤

寄生元件去嵌的步骤为：

(1) 将器件在所需工作状态下的 S 参数转换为 Y 参数，通过微波网络理论先将 pad 的寄生电容去嵌掉；

(2) 将去嵌后的 Y 参数转换为 Z 参数，对器件的寄生电感去嵌；

(3) 将去嵌后得到的 Z 参数转换为 Y 参数，再对器件的栅极、源极和漏极电极之间所存在的寄生电容进行去嵌；

(4) 将 Y 参数转换为 Z 参数，对器件的寄生电阻去嵌，最终，将 Z 参数再转换为 Y 参数。

通过以上 4 步的去嵌，即可得到本征网络所对应的 Y 参数，表示为 Y_i。

本征网络的具体形式如图 5.22 所示。本征参数包括器件的本征电容 C_{gs}、C_{gd} 和 C_{ds}，本征电阻 R_{gd}、R_i 和 R_{ds}，以及本征跨导 G_m 和时间延时 τ。

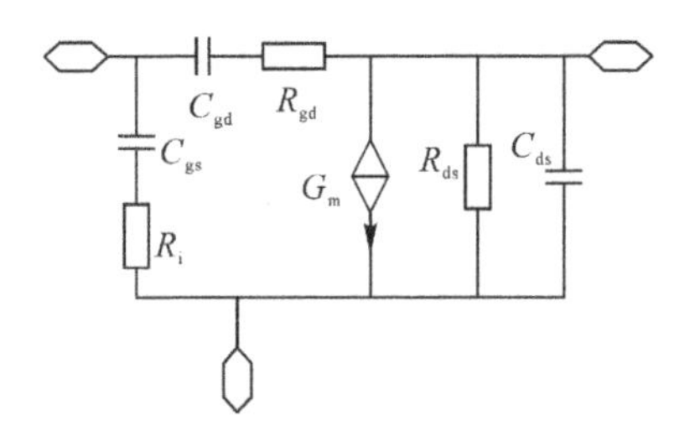

图 5.22　本征网络结构图

理论上，本征参数是不随频率变化而变化的[12]，但实际上本征参数也存在频率相关性的特性，尤其是器件处于线性区域的偏置条件下，这种频率相关性是不可以被忽略的。由此使得本征参数的提取更加困难。本小节基于该特性，通过线性数据的拟合对本征参数进行提取。

本征网络栅源支路的导纳可以表示为

$$Y_{gs}=Y_{i,11}+Y_{i,22}=\frac{j\omega C_{gs}}{1+j\omega R_i C_{gs}} \tag{5-47}$$

先定义一个变量 D_1：

$$D_1=\frac{|Y_{gs}|^2}{\mathrm{Im}(Y_{gs})}=\omega C_{gs} \tag{5-48}$$

通过计算可以得到不同频率下 D_1 的值，C_{gs} 则可以通过 ωD_1 与 ω^2 之间斜率得到。

再定义一个新变量 D_2，表达式如下所示：

$$D_2=\frac{Y_{gs}}{\mathrm{Im}(Y_{gs})}=\omega R_i C_{gs}-j \tag{5-49}$$

通过 ωD_2 与 ω^2 之间的斜率，可以得到 R_iC_{gs} 的值。由于通过式(5-48)可以得到 C_{gs} 的值，因此，由式(5-47)和式(5-48)即可得到 R_i 的值。

本征网络的栅漏支路所对应的导纳 Y_{gd} 可以表示为如下形式：

$$Y_{gd}=-Y_{i,12}=\frac{j\omega C_{gd}}{1+j\omega R_{gd}C_{gd}} \tag{5-50}$$

采用与上述过程相同的方法，即可得到本征参数 C_{gd} 和 R_{gd}。

本征跨导支路的导纳可以表示为

$$Y_{G_m}=Y_{i,21}-Y_{i,12}=\frac{G_m e^{-j\omega\tau}}{1+j\omega C_{gs}} \tag{5-51}$$

接着定义 D_3，具体的表达式如下所示：

$$D_3=\left|\frac{Y_{gs}}{Y_{G_m}}\right|^2=\left(\frac{C_{gs}}{G_m}\right)^2\omega^2 \tag{5-52}$$

G_m 的值可以通过 D_3 与 ω^2 之间的斜率得到，对斜率进行开方即可得到 C_{gs}/G_m 的值，由于 C_{gs} 的值已得到，最终可求得 G_m 的值。

最后定义 D_4，表达式如下所示：

$$D_4=j\omega C_{gs}\frac{Y_{G_m}}{Y_{gs}}=G_m e^{-j\omega\tau} \tag{5-53}$$

从式(5-53)中可以看出，由 D_4 的相位与 ω 之间的斜率可以得到 τ 的值。

本征源漏支路的导纳可以表示为 Y_{ds}，具体的公式形式为

$$Y_{ds}=Y_{i,22}+Y_{i,12}=G_{ds}+j\omega C_{ds} \tag{5-54}$$

由 Y_{ds} 的虚部与 ω 的斜率即可得到 C_{ds} 的值。由输出电导的频率效应，对 Y_{ds} 的实部乘以 ω，再求得 $\omega\text{Re}[Y_{ds}]$ 与 ω 的斜率，即可得到 G_{ds} 或 R_{ds} 的值。

为了评估本征参数提取的有效性，对不同偏置下的本征参数采用上述方式进行提取。本征参数，尤其是本征电容的提取对于大信号模型来说极其重要。所选的偏置为 V_d 为 6 V，V_g 的范围为 −1 V 到 1 V。本征电容随偏置的变化如图 5.23 所示。从图中可以看出，栅漏电容 C_{gd} 随 V_g 的增大而增大，源漏电容 C_{ds} 随着 V_g 的增大而减小，对于栅源电容 C_{gs}，先增加，再缓慢减小。这一趋势与文献[13]中的趋势是一致的，由此可以证明本征参数提取是有效的。

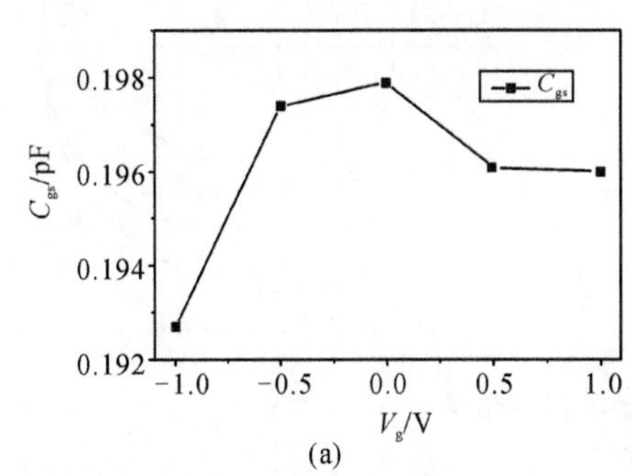

(a)

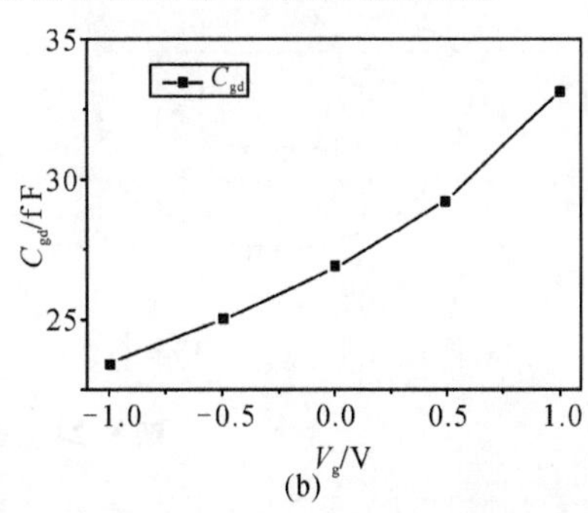

(b)

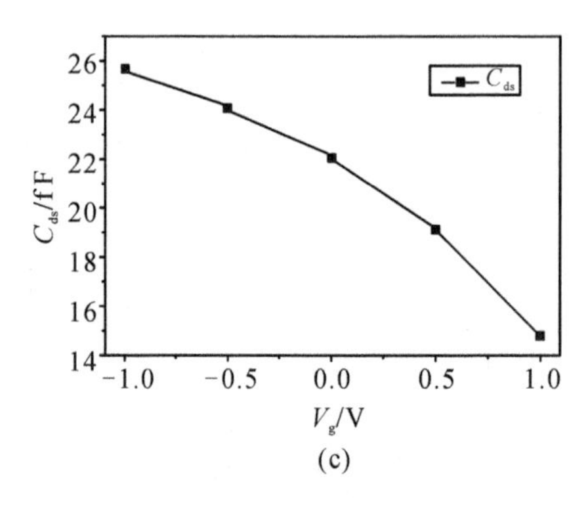

(c)

图 5.23　本征电容随偏置的变化

下面对不同偏置条件下器件的小信号拟合结果进行评估，器件的 S 参数的频率变化范围为 0.1 GHz 至 40 GHz。为了便于表示且不失一般性，对以下两种偏置条件下的器件进行实测和拟合，偏置条件分别为(−1 V，3 V)以及(0 V，6 V)。拟合结果如图 5.24 所示，其中，红色曲线表示测试值，蓝色曲线表示模型的拟合值。当偏置条件为(−1 V，3 V)时，S_{11}、S_{12}、S_{21} 以及 S_{22} 的拟合误差分别为 4.66%、0.73%、3.81%以及 9.17%，S 参数的总体拟合误差为 3.03%。当器件的偏置条件为(0 V，6 V)时，S_{11}、S_{12}、S_{21} 以及 S_{22} 的拟合误差分别为 4.31%、0.76%、5.63%以及 8.56%，S 参数的总体拟合误差为 3.61%。通过图中的拟合结果可以看出，该模型能够准确拟合器件的小信号特性。

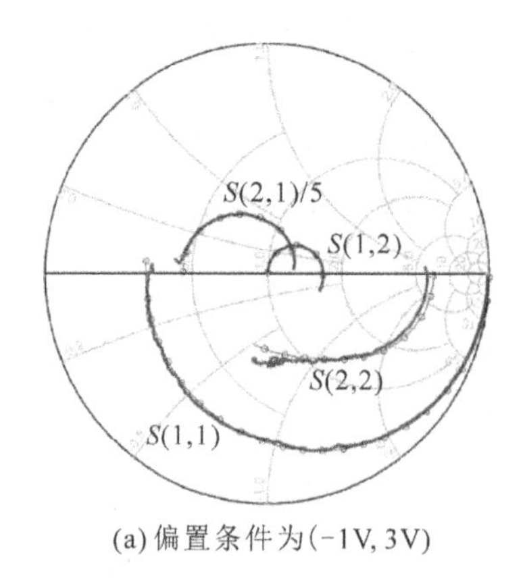

(a) 偏置条件为(-1V, 3V)

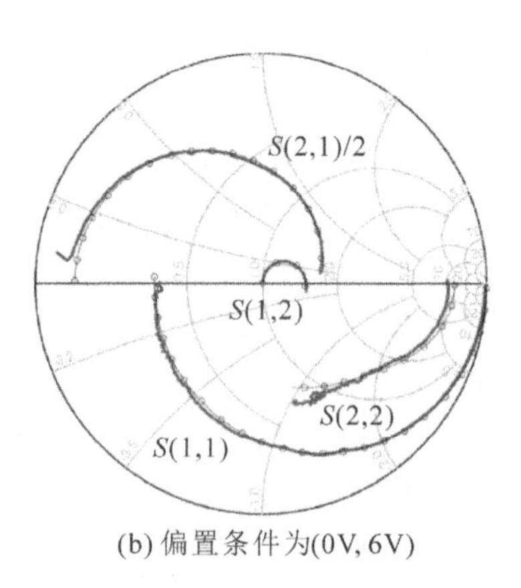

(b) 偏置条件为(0V, 6V)

图 5.24　S 参数的拟合结果

5.3　大信号建模

5.3.1　常用的大信号模型

1. 物理模型

物理模型指基于器件结构、物理尺寸和机理方程，从电流连续性方程、泊松方程以及能量方程的角度模拟器件直流和交流特征。物理模型基于半导体器件最底层的物理工作机理，优势在于可在器件版图设计的最初阶段了解我们关心的物理特征，从而指导器件的版图设计和工艺步骤，提高流片的效率，优化制程的顺序。但是这种模型有很明显的缺陷，即物理模型基于最底层的物理机理，重点在于指导工艺，从而限制了其应用范围。此外，器件模型的重要用途在于为电路设计工程师提供电路设计的器件模型库，而物理模型难以和现有的电路辅助设计软件兼容，原因在于该模型需要利用有限时域差分算法(FDTD)与边界算法等来求解机理方程，在散射参数和大信号特征的模拟方面应用有限，而且该模型仿真区域有限，在器件本征参数区域计算上有明显优势，但是无法考虑器件的寄生参数，限制了它对晶体管在高频领域应用中的计算和仿真预测。

2. 表格基模型

表格基模型又叫行为模型，是基于测量数据的一种模型。它基于查表法，将测试数据以表格的形式打包封装成为一个模型，将栅极偏置电压和漏极偏置电压作为自变量，将测试得到的 $C-V$ 和 $I-V$ 结果作为因变量，通过改变偏置条件，在打包的表格中查找相应的数值，然后将对应的结果输出。表格基模型的最大优点是精确度高，且与器件工艺无关，因为该模型完全依赖器件的测试数据，能够真实反映器件在一定工作条件下的各项特性，而不受器件物理结构、几何特征和工作机理的影响，同时也节省了参数提取过程中的优化步骤。这使得表格基模型在使用中效率更高，也更加通用。点与点之间的数据是通过样条函数插值得到的，这些样条函数必须可以进行高阶微分，以保证对谐波的正确描述，并且在谐波仿真中保证良好的收敛性。建立表格基模型需要相应的测试设备，使用这些模型也需要相应的软件。表格基模型也有明显的缺点，即建立模型前期要对器件进行大量的测试，数据的采集点应该足够密集，在曲线变化较快或者重点表征的区域需要进行更加密集的测试，以记录该区域的每一个细节。这种建模理论只能用于测试条件以内，在测试条件之外无法仿真晶体管的功能。

3. 经验模型

经验模型已有很多年的历史，又叫等效电路模型，是指将电容、电阻、电感、受控电流源及受控电压源根据器件的物理结构通过串联和并联的方式构建的器件模型。每个元件不只具有单一的数值，同时通过复杂的解析公式可将器件的线性和非线性特征表现出来。由于经验模型是通过解析公式构建的，因此可以在测试条件以外进行合理扩展，并且拥有很好的准确性，采用一定的缩放因子可以很方便地完成模型的伸缩化，例如对一种栅宽的器件建模，来预测其他栅宽器件的性能。经验模型是目前最常用的模型，而且可以很好地与现有CAD软件相互兼容。常用的大信号模型有 Curtice 模型、Materka 模型、Statz 模型、Angelov 模型、Triquint 模型、Auriga 模型和 EEHEMT 模型，它们得到了广泛的应用，并且被不断优化。这些模型都需要花费时间提取寄生参数，并通过曲线拟合，在准静态的假设下得到本征参数。这些公式中的许多参数是没有物理意义的。各种模型都有自己的优点，人们可以根据建模者的需求和被建模的器件来选择合适的模型。通过非线性公式来表示的元器件可以简化大信号模型的结构，但是也带来一些问题。经验模型依靠复杂的非线性解析式，采用众多参数来拟合测试曲线，在建模过程中需要进行复杂耗时的优化和调谐步骤，而且器件在不同的工作状态下会表现出复杂的特性，而非线性解析式并不能完全模拟出这些复杂特性的每一个细节，因此造成仿真结果偏离实际测试结果。

5.3.2 Angelov 模型的建立

本节针对最常用的经验模型——Angelov 模型进行介绍。所选择的器件栅

宽为 100 μm，栅长为 0.15 μm。Angelov 模型包含两个主要模型，分别为 I_{ds}模型和栅电容模型。其中，I_{ds}模型是大信号模型中最为关键也是最为核心的非线性部分。相比于 Si 器件或者 GaAs 器件，GaN 器件建模需要考虑器件工作过程中所引入的自热效应以及陷阱效应。因此，GaN HEMT 模型的表达式也需要额外引入大量的参数对 I_{ds}的变化进行描述。由于参数数量较多，因此可以采用分块提取的方式进行参数提取。

Angelov 模型的表达式如下所示[14]：

$$I_{ds}=I_{pkth}(1+M_{ipk}\tanh(\Psi))\tanh(\alpha V_{ds}) \tag{5-55}$$

$$M_{ipk}=1+0.5(M_{ipkbth}-1)(1+\tanh(Q_m(V_{gseff}-V_{gsm}))) \tag{5-56}$$

$$Q_m=(P_{Q0}+P_{Q1}V_{ds})\tanh(\alpha_Q V_{ds})+P_{Qo} \tag{5-57}$$

$$\Psi=P_{1th}(V_{gseff}-V_{pk1})+P_{2th}(V_{gseff}-V_{pk2})^2+P_{3th}(V_{gseff}-V_{pk3})^3 \tag{5-58}$$

其中，一些参数具有具体的物理意义，I_{ds}表示漏源电流；I_{pkth}表示跨导最大值所对应的 I_{ds}电流；α 表示器件的饱和电压参数，可以通过输出曲线线性区域的斜率得到；V_{ds}表示漏源电压；M_{ipk}则表示了氮化镓器件跨导非对称的特性；M_{ipkbth}主要起到控制取值范围的作用；V_{gsm}、$V_{pk\,i}$(i=1，2，3)均为对应于跨导最大值时的栅源电压相关参数；V_{gseff}为栅源等效电压，与陷阱效应有关。此外，式(5-55)至式(5-58)中，Ψ、Q_m表示与 I_{ds}拟合时的有关多项式，P_{ith}(i=1，2，3)、P_{Qj}(j=1，2，3)、α_Q均为多项式系数，下标“th”表示该参数与自热效应相关。

自热效应相关的参数与温度的变化有关，即为温度的函数，可分别分解为如下表达式[14]：

$$I_{pkth}=I_{pk}(1+K_{Ipk}\Delta T) \tag{5-59}$$

$$K_{Ipk}=(K_{Ipk0}+K_{Ipk1}V_{ds})\tanh(\alpha_{KIpk}V_{ds})+K_{Ipko} \tag{5-60}$$

$$M_{ipkbth}=M_{ipkb}(1+K_{Mipkb}\Delta T) \tag{5-61}$$

$$M_{ipkb}=(P_{M0}+P_{M1}V_{ds}+P_{M2}V_{ds}^2+P_{M3}V_{ds}^3)\tanh(\alpha_M V_{ds})+P_{Mo} \tag{5-62}$$

$$K_{Mipkb}=(K_{KMipkb0}+K_{Mipkb1}V_{ds})\tanh(\alpha_{KMipkb}V_{ds})+K_{Mipkbo} \tag{5-63}$$

$$P_{ith}=P_i(1+K_{Pi}\Delta T)\quad i=1,2,3 \tag{5-64}$$

$$P_i=(P_{i0}+P_{i1}V_{ds})\tanh(\alpha_{Pi})+P_{io} \tag{5-65}$$

$$K_{Pi}=(K_{Pi0}+K_{Pi1}V_{ds})\tanh(\alpha_{KPi}V_{ds})+K_{Pio} \tag{5-66}$$

$$\Delta T=P_{diss}R_{theq}=I_{ds}V_{ds}R_{theq} \tag{5-67}$$

其中，I_{pk}表示跨导最大值对应的电流值大小，R_{theq}则表示器件热阻。其余参数的引入均用于提升模型的拟合精度，各项参数均为多项式的系数。

对于陷阱效应来说，主要通过V_{gseff}项来进行表征[14]：

$$V_{gseff}=V_{gs}+\gamma_{surf1}(V_{gsq}-V_{gsqpinch})(V_{gs}-V_{gsqpinch})+\gamma_{subs1}(V_{dsq}+V_{dssubs0})(V_{ds}-V_{dsq}) \tag{5-68}$$

其中，γ_{surf1}、$V_{gsqpinch}$和γ_{subs1}、$V_{dssubs0}$分别为器件的表面陷阱相关参数和体陷阱相关参数，$V_{gsqpinch}$数值上等于器件的关断电压，V_{dsq}和V_{gsq}则分别表示器件栅源和漏源的静态偏置。

因此，将 Angelov 模型 I_{ds}部分的参数分为基本参数、自热效应相关参数以及陷阱效应相关参数。其中公式(5－55)～式(5－58)中所包含的参数称为基本参数，公式(5－59)～式(5－67)中新增的参数为自热效应相关参数，公式(5－68)中的参数为陷阱效应相关参数。

1. I_{ds}模型参数提取

(1) 基本参数的提取。

基本参数指 Angelov 模型中与自热效应以及陷阱效应无关的参数。

基本参数的提取通过对器件进行脉冲测试来完成，这避免了陷阱效应与自热效应对测试结果的影响，脉冲宽度为 200 ns，脉冲周期为 1 ms。器件输出特性测试的静态偏置为$V_{gsq}=-3$ V，$V_{dsq}=0$ V。此时漏极偏置为 0 V 且栅极偏置关断，认为器件无功耗，即可忽略自热的影响，自热效应相关参数可以被忽略。同时，忽略陷阱效应的影响，将V_{gseff}替换为V_{gs}。这样，Angelov 模型的 I_{ds}表达式将会得到明显的简化。

由于M_{ipkb}、Q_m、P_1、P_2、P_3均为V_{ds}的函数，因此对于转移曲线来说，M_{ipkb}、Q_m、P_1、P_2、P_3均有唯一解[14]。若对多组转移曲线进行拟合求解后，可以得到V_{pk1}、V_{pk2}、V_{pk3}、V_{gsm}的值，进而得到不同漏源电压下M_{ipkb}、Q_m、P_1、P_2、P_3的值。我们可以采用 Matlab 对公式(5－62)、式(5－57)和式(5－65)中的各个参数值进行求解。当V_{ds}固定，变量仅为V_{gs}时，即可通过最小二乘法进行参数提取，具体的参数提取流程如图 5.25 所示。

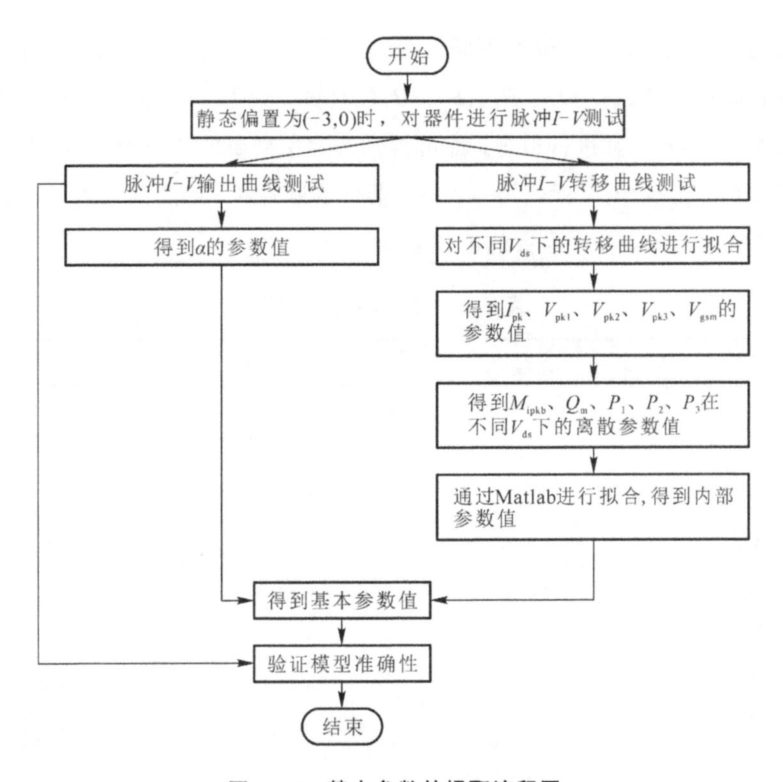

图 5.25　基本参数的提取流程图

对不同漏源电压下转移曲线进行拟合，可以得到各个参数值，如图 5.26(a) 所示。图中，各曲线为不同漏源电压下的转移曲线，由图可以看出，通过 Matlab 仿真，能够准确拟合转移特性并且提取基本参数。

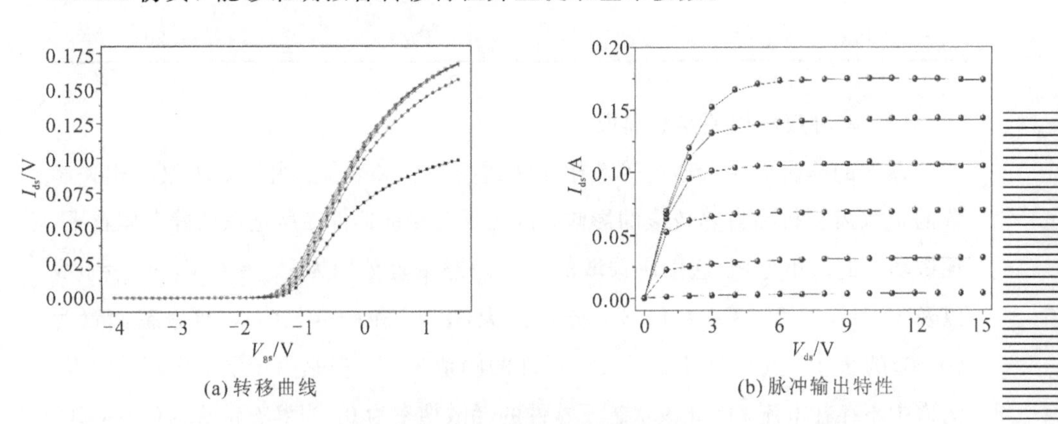

(a) 转移曲线　　(b) 脉冲输出特性

图 5.26　器件实测结果和仿真结果

通过上述拟合，可以得到不同漏源电压下 M_{ipkb}、Q_m、P_1、P_2、P_3 的离散值，下面再根据 M_{ipkb}、Q_m、P_1、P_2、P_3 的公式，以及各个漏源电压下的离散值，利用 Matlab 对其进行拟合，即可得到公式中需要的全部参数值。最终，当静态偏置为 $V_{gsq}=-3V$、$V_{dsq}=0V$ 时，器件的脉冲 $I-V$ 测试结果与拟合结果如图 5.26(b)所示，各个参数的值如表 5.6 所示。

表 5.6　基本参数的值

参数	参数值	参数	参数值
α	1.54	P_{11}	0.01
I_{pk}	0.07	P_{21}	0.02
V_{pk1}	−1.66	P_{31}	0.01
V_{pk2}	−1.67	P_{Q1}	−0.01
V_{pk3}	−1.57	α_{P1}	0.15
V_{gsm}	0.10	α_{P2}	0.22
P_{10}	5.42	α_{P3}	0.51
P_{20}	−6.31	α_Q	3.88
P_{30}	−4.22	α_M	0.47
P_{Q0}	2.85	P_{1o}	−3.48
P_{M0}	9.21	P_{2o}	8.21
P_{M1}	0.12	P_{3o}	5.27
P_{M2}	−0.01	P_{Qo}	−1.12
P_{M3}	2.22	P_{Mo}	−1.20

(2) 陷阱效应相关参数提取。

器件的陷阱效应可通过等效栅压法进行拟合和表征。由于陷阱效应相关参数的提取需要排除自热效应的影响，因此需要保证器件在所选取的静态偏置下，耗散功率的大小为 0。这里所选取的两个静态偏置分别为 $V_{gsq}=0$ V，$V_{dsq}=0$ V 以及 $V_{gsq}=-4$ V，$V_{dsq}=10$ V，分别记为(0，0)和(−4，10)。当静态偏置为(0，0)的状态，虽然栅极电压大于器件的阈值电压，但是由于漏极电压为 0 V，沟道中不存在电流，因此该状态下器件的耗散功率为 0。当静态偏置为(−4，10)时，虽然器件的漏极电压大于 0 V，但是栅极电压小于器件的阈值电压，沟道

中也不存在电流，因此，耗散功率也为0。由于之前已经对基本参数进行了提取，在此基础上，仅需提取γ_{surf1}、$V_{gsqpinch}$、γ_{subs1}和$V_{dssubs0}$四个参数。同样，采用Matlab对两组脉冲$I-V$的测试值进行拟合，最终得到参数的最佳值。陷阱效应相关参数的提取流程如图5.27所示，各个参数的值如表5.7所示。

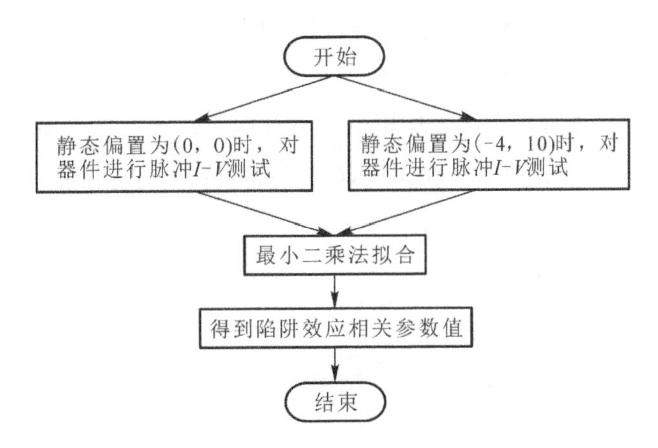

图5.27 陷阱效应相关参数提取流程图

表5.7 陷阱效应相关参数值

参数	参数值
γ_{surf1}	−0.01
γ_{subs1}	0.05
$V_{gsqpinch}$	−2.11
$V_{dssubs0}$	0.12

(3) 自热效应相关参数提取。

对于自热效应相关参数的提取，根据公式(5-67)可以看出，温度变量ΔT与I_{ds}是有关的。但是I_{ds}在ΔT未被提出时是无法得到的，因此，ΔT是无法直接通过公式拟合得到的。由式(5-67)可以看出，$\Delta T=P_{diss}R_{theq}$，并且，$P_{diss}$是栅极电压$V_{gs}$与漏极电压$V_{ds}$的函数，因此我们可以采用多项式对$P_{diss}$与$V_{ds}$、$V_{gs}$之间的关系进行拟合[14]，用来代替式中的$P_{diss}$，即根据器件的输出曲线得到$P_{diss}$随着偏置变化的离散值，再通过多项式对$P_{diss}$进行拟合[14]，最后通过脉冲$I-V$测试，得到器件的热阻的等效值$R_{theq}$。

由式(5-60)、式(5-63)、式(5-66)可以看出，K_{Ipk}、K_{Mipkb}、K_{P1}、K_{P2}、K_{P3}都为V_{ds}的函数，且V_{ds}为唯一变量。若对器件的转移曲线进行拟合，即可得到各个参数在不同漏极电压下的离散值，再通过最小二乘法求得K_{Ipk}、K_{Mipkb}、K_{P1}、K_{P2}、K_{P3}内部的参数值。要对器件的自热效应进行表征，那就需要引入自热效应对器件性能的影响，所以，对器件的转移特性进行测试的过程中，不再使用脉冲$I-V$测试。

图 5.28 给出了考虑自热效应影响的器件输出曲线的拟合结果，各个参数的值如表 5.8 所示。自热效应相关参数提取的流程如图 5.29 所示。

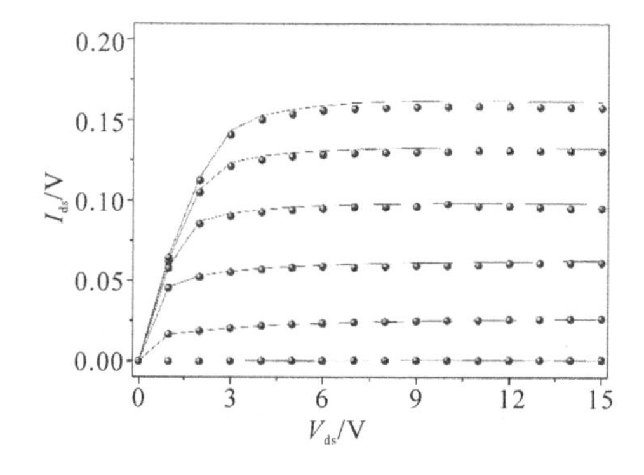

图 5.28　GaN HEMT 非脉冲 $I-V$ 测试输出曲线的拟合结果

表 5.8　自热效应相关参数值

参数	参数值
K_{Ipk0}	−0.01
K_{Mipkb0}	−0.21
K_{P21}	−0.03
α_{KP2}	0.32
K_{P1o}	0.02
K_{P10}	−0.14
K_{Mipkb1}	0.15
K_{P31}	0.01
α_{KP3}	0.35
K_{P2o}	−0.01
K_{P20}	0.02

续表

参数	参数值
K_{Ipk1}	0.13
α_{KIpk}	0.51
α_{KMipkb}	0.28
K_{P3o}	0.11
K_{P30}	−0.04
K_{P11}	−0.21
α_{KP1}	0.41
K_{Ipko}	0.02
K_{Mipkbo}	0.15

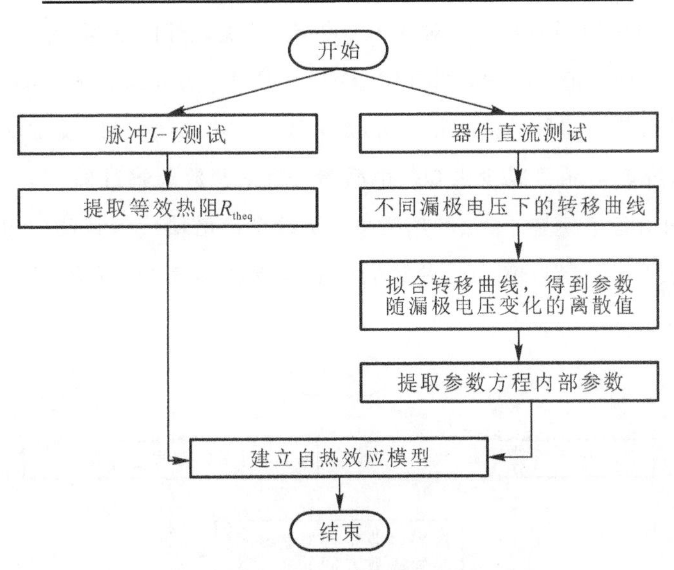

图5.29　自热效应相关参数提取流程图

2. 非线性电容模型的建立

非线性电容模型也是器件模型的重要组成部分，与器件的相位非线性密切相关，即指器件的AM/PM特性、器件实际应用中产生的三阶交调产物(IM3)等[15-17]。栅极电容的具体表达式如下所示：

$$C_{\mathrm{gs}}=C_{\mathrm{gsp}}+C_{\mathrm{gs0}}\times(1+\tanh(P_{10}+P_{11}V_{\mathrm{gs}}))\times(1+\tanh(P_{20}+P_{21}V_{\mathrm{ds}})) \quad (5-69)$$

$$C_{\mathrm{gd}}=C_{\mathrm{gdp}}+C_{\mathrm{gd0}}\times(1+\tanh(P_{40}+P_{41}V_{\mathrm{gd}}))\times(1+\tanh(P_{30}+P_{31}V_{\mathrm{ds}})) \quad (5-70)$$

C_{gs}和C_{gd}分别表示器件的栅源电容和栅漏电容，可通过小信号参数提取方法，得到各个偏置下相应电容的离散值。通过式(5-69)和式(5-70)对本征电容的离散值进行拟合，可得到器件模型的非线性电容模型。

(1) 栅源电容C_{gs}参数提取。

由式(5-69)可以看出，C_{gs}的表达式较为复杂，很难直接进行准确拟合和提取。因此，可以依据$C-V$曲线的特性，对式中个别参数进行提取[18]。首先，对式(5-70)关于栅源电压V_{gs}和漏源电压V_{ds}进行偏导数的求解，结果如下所示：

$$\frac{\partial C_{gs}}{\partial V_{gs}}=P_{11}C_{gs0}(1+\tanh(P_{20}+P_{21}V_{ds}))\times(1-\tanh^2(P_{10}+P_{11}V_{gs})) \tag{5-71}$$

$$\frac{\partial C_{gs}}{\partial V_{ds}}=P_{21}C_{gs0}(1+\tanh(P_{10}+P_{11}V_{gs}))\times(1-\tanh^2(P_{20}+P_{21}V_{gs})) \tag{5-72}$$

基于双曲正切函数特性，对于$\partial C_{gs}/\partial V_{gs}$来说，当且仅当$P_{10}+P_{11}V_{gs}$为0时，能够取得最大值。同理，当且仅当$P_{20}+P_{21}V_{ds}$为0时，$\partial C_{gs}/\partial V_{ds}$取得最大值。通过对离散值偏导数的求解，可以得到$P_{10}$与$P_{11}$之间以及$P_{20}$与$P_{21}$之间的关系。这样就会明显减少未知数的数量，简化参数求解过程。

由于知道各个偏置下C_{gs}的离散值，将多个离散值代入式(5-69)中进行求解，即可得到各个参数值。C_{gs}参数的提取流程如图5.30所示，各个参数值如表5.9所示。

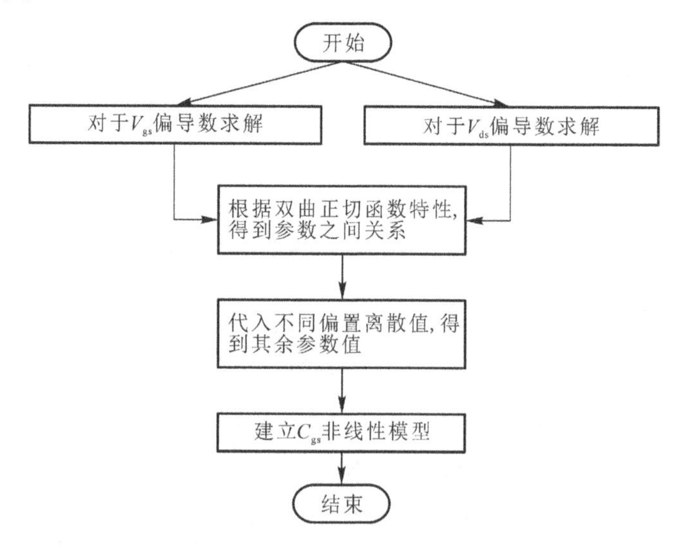

图5.30 C_{gs}参数提取流程图

表 5.9　栅源电容 C_{gs} 各个参数值

参数	参数值
C_{gsp}	$8.21e^{-12}$
P_{10}	3.84
P_{20}	−0.21
C_{gs0}	$6.54e^{-12}$
P_{11}	1.88
P_{21}	0.01

(2) 栅漏电容 C_{gd} 参数提取。

为了保证模型的收敛性，对于 C_{gs} 和 C_{gd}，需要保证电荷守恒，那么，可以得到 $P_{41}=P_{11}$，且 $P_{31}=P_{21}$[18]。同理，对式(5-70)进行偏导数的求解，根据双曲正切函数的特性，得到偏导数的最大值，再与实测数据进行对比，得到参数 P_{30} 与 P_{31} 之间以及 P_{40} 与 P_{41} 之间的关系。参数提取的方法与 C_{gs} 的相似，即通过不同偏置下 C_{gd} 的离散值，对其余参数值进行提取。最终，各个参数的参数值如表 5.10 所示。

表 5.10　栅源电容 C_{gd} 各个参数值

参数	参数值
C_{gdp}	$3.56e^{-13}$
P_{31}	0.01
C_{gd0}	$7.94e^{-13}$
P_{40}	5.18
P_{30}	2.42
P_{41}	2.33

3. Angelov 模型的建立与验证

通过以上介绍，结合 5.2 节小信号建模，即可完成 Angelov 模型参数提取。经验模型的建立主要是为了应用于电路仿真，因此，将 Angelov 模型集成于仿真软件也是极其关键的一步。这里所使用的仿真设计软件为 Advanced Design System(ADS)，通过软件中的符号定义模块(Symbolic Defined Device，SDD)对器件模型进行集成，最终得到能够应用于电路仿真的 Angelov 模型。

根据器件的电路拓扑结构，对器件的各个端口进行定义。器件的电路拓扑结构如图 5.31 所示。其中，1～5 分别表示了节点的电势，6～8 则分别表示电容所对应的电势差，即 $V_6=V_1-V_4$，$V_7=V_1-V_5$，$V_8=V_2-V_3$。

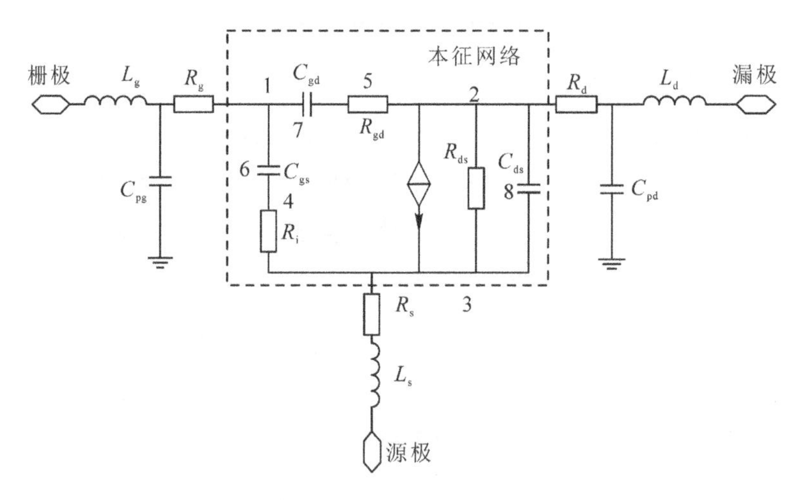

图 5.31 器件电路图

在 ADS 中，依据器件的电路拓扑结构，通过 SDD 对器件的模型进行搭建。其中，I_{ds} 和 C_{gs}、C_{gd} 可以直接通过公式进行表示。

5.3.3 拟合结果

对于 Angelov 模型来说，是高阶可导的，因此可以对器件的跨导特性进行拟合。首先对 Angelov 模型的直流特性进行拟合和对比。图 5.32(a)、(b)分别表示器件的输出曲线和转移曲线的拟合结果。其中，实测数据通过离散的三角符号进行表示，模型的拟合结果则通过曲线进行表示。

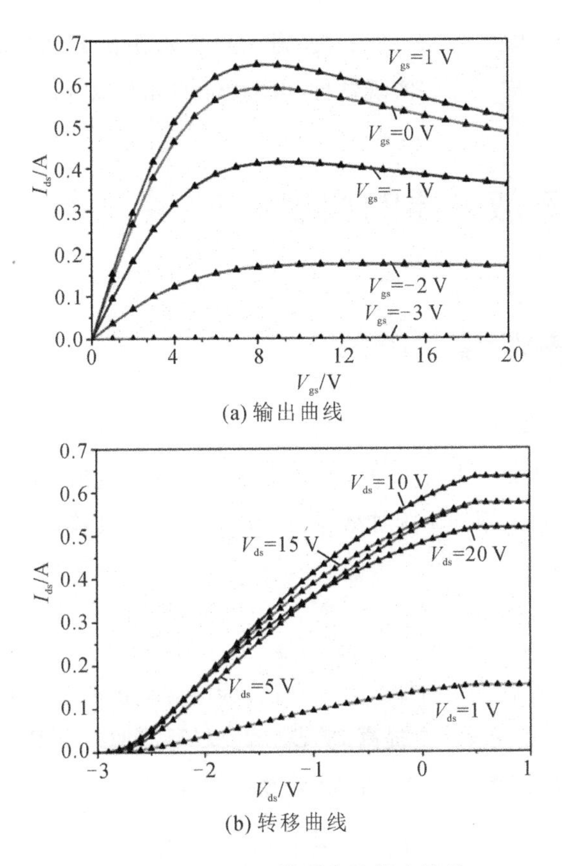

图 5.32　Angelov 模型直流拟合结果

接下来对器件的大信号特性进行拟合和评估。图 5.33 表示了器件在 2.5 GHz 下，单音功率的扫描测量和仿真。为了不失一般性，器件的偏置选择为(−1 V,

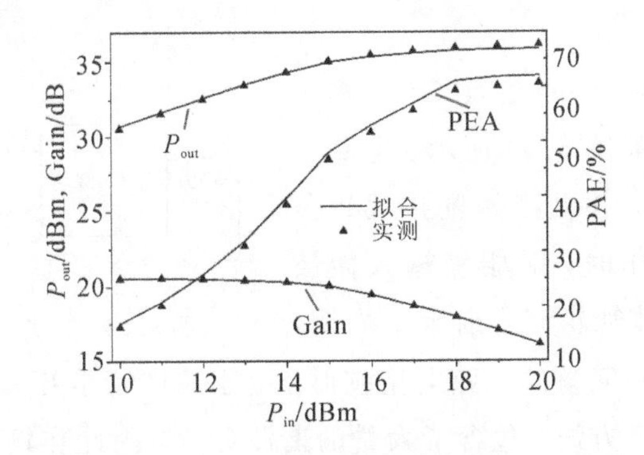

图 5.33　Angelov 模型大信号特性拟合结果

20 V)，且源端的阻抗为(45＋j32)Ω，器件的负载阻抗为(53＋j25)Ω。由拟合结果可以看出，该模型能够实现器件功率特性的准确拟合。

5.4 功率放大器的实现方法

5.4.1 高效率放大器工作模式

1. 开关模式放大器

微波功率放大器，本质上是一个把直流能量转化为所需频率的微波能量的转换器，我们通常采用功率附加效率(PAE)来衡量其转换能力。功率附加效率的计算表达式为

$$\mathrm{PAE}=\frac{P_{\mathrm{out}}-P_{\mathrm{in}}}{P_{\mathrm{DC}}}\times 100\% \tag{5-73}$$

其中 P_{out}为输出功率，P_{in}为输入功率，P_{DC}为电源提供的总功率。

从式(5－73)中可知，要提高 PAE，就要尽可能地减小 P_{DC}。由于输出电压和电流会随着时间变化，因此 P_{DC}定义为

$$P_{\mathrm{DC}} = \frac{1}{T}\int_{0}^{T}(v_t \cdot i_t)\mathrm{d}t \tag{5-74}$$

从 P_{DC}定义出发，人们开辟了提高放大器 PAE 的新途径：使器件工作在开关状态，调制放大器的输出电压和输出电流，使其乘积对时间的积分尽可能小，由此，产生了 D 类、E 类、F 类以及逆 F 类放大器。

(1) D 类放大器。

D 类放大器是 Tyler 在 1958 年提出的[19]，其原理图如图 5.34 所示。电路中包含两个晶体管，并且都偏置在截止条件下。放大器工作时，对栅极输入微波信号，使两个晶体管轮流开启半个周期，

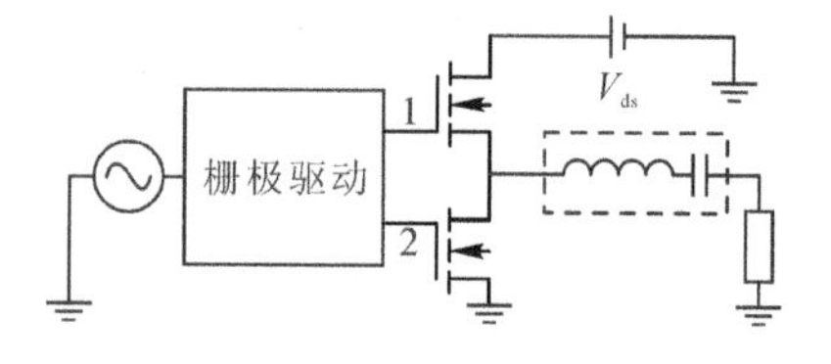

图 5.34　D 类放大器原理图

从而在输出端得到完整的正弦电流波形。由于晶体管是开关模式工作的，其输出电压波形为半方波，包含了大量的谐波分量，因此在输出端加入了一个带通滤波器，以将基频分量分离出来，滤除其他分量。对于晶体管来说，当

晶体管 2 导通时，输出电流很大，但是晶体管上的压降很小，此时晶体管 1 处于截止状态，通过的电流极小，故两个晶体管上的直流功耗都很小，反之亦然。因此，D 类放大器的理想效率可以达到 100%。

对于 D 类放大器，由于晶体管的开态电阻不为 0，所以会产生部分压降，导致效率降低。另外，由于放大器的输出电流是由两部分电流叠加而成，晶体管切换的时候会有一定的建立时间，随着使用频率的提高，建立时间在整个周期中占比越来越大，这就意味着电流波形的失真越来越严重，效率也会越来越低，因此 D 类放大器不适合高频使用。除此之外，D 类放大器需要两个晶体管交替工作，增加了电路的面积，不利于小型化。

(2) E 类放大器。

为了弥补 D 类放大器的不足，1975 年 Sokal 等人[20]提出了 E 类放大器的概念。E 类放大器由单个晶体管组成，与 D 类放大器一样采用开关工作模式，所不同的是 E 类放大器在工作过程中，电流波形和电压波形不存在重叠的部分。要使 E 类放大器实现高效率，必须满足两个条件：器件即将关断时，输出电压需延迟到输出电流为 0 后才可开始上升；器件即将开启时，输出电压及其随时间的变化都为 0。E 类放大器原理图如图 5.35 所示。

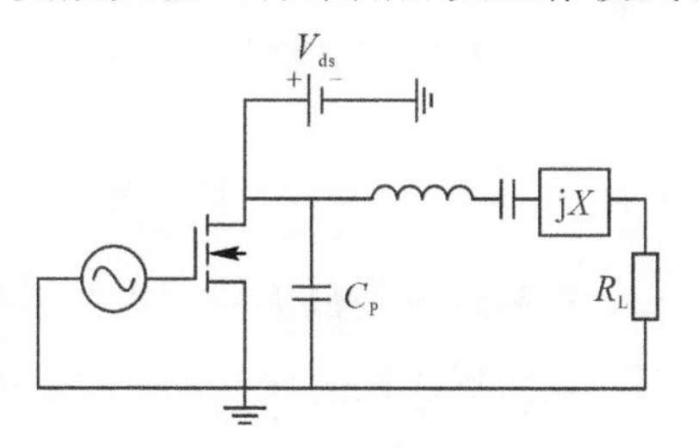

图 5.35　E 类放大器原理图

通过电感电容的充放电效应，以及补偿电抗 jX 的调节，可以对放大器的输出电压和电流波形进行整形，使得二者分别在两个不同的半周期内出现且不存在重叠部分，从而得到 100%的理论效率。但是，由于 E 类放大器也是利用晶体管的开关模式实现的，因此开关速度仍然是限制其频率特性的主要因素，这使得 E 类放大器也不适合高频应用。

(3) F 类和逆 F 类放大器。

近年来，F 类和逆 F 类放大器逐渐成为人们研究的焦点。这两种放大器实现高效率的原理与 E 类放大器很相似，都是使电流和电压在不同的半周期内出现，理论效率为 100%。不同的是，F 类和逆 F 类放大器通过输出电路对电流和电压进行高次谐波抑制，使它们分别表现为半正弦波和半方波形式，而且相位相差 180°[21]。图 5.36 给出了 F 类和逆 F 类放大器的原理图及其相应的电流、电压波形。

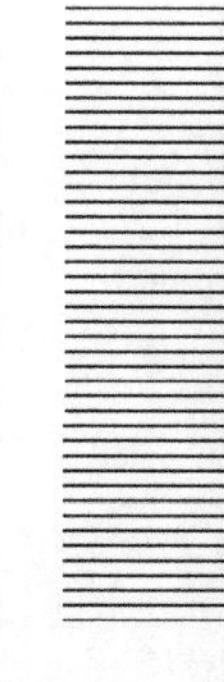

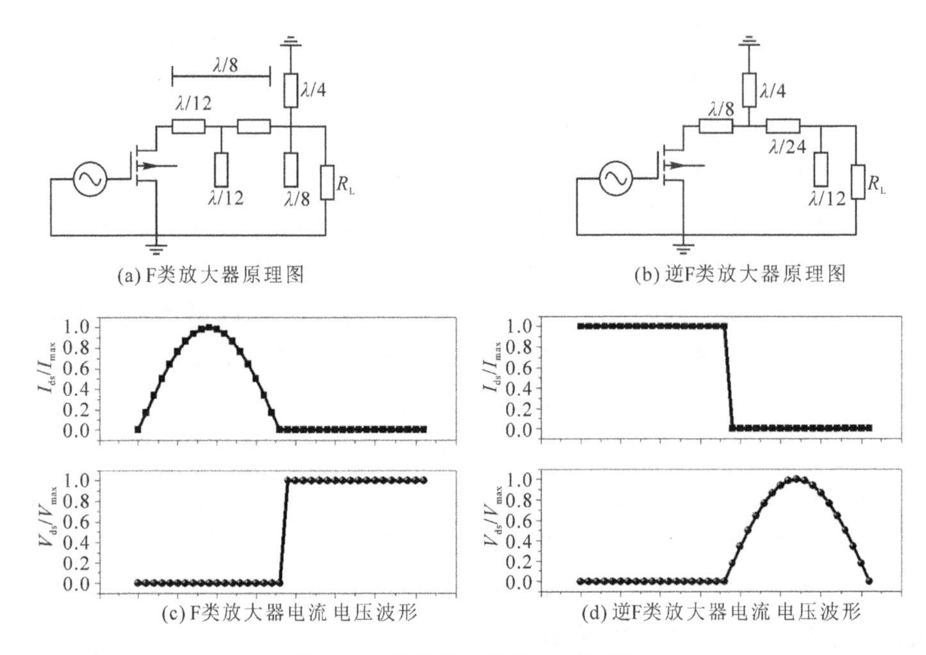

(a) F类放大器原理图

(b) 逆F类放大器原理图

(c) F类放大器电流 电压波形

(d) 逆F类放大器电流 电压波形

图 5.36　原理图及电流、电压波形

F 类和逆 F 类放大器可以获得很高的效率，但是同时也需要抑制许多高次谐波，放大器线性度很差，并且电路面积很大，因此通常的 F 类或者逆 F 类放大器都只抑制到三次谐波分量。此外，随着频率的变化，波长 λ 的值不断改变，所以 F 类和逆 F 类放大器所能使用的频带范围很窄。

2. 高性能功率放大器

1936 年，Doherty 等人[22]首次提出了 Doherty 放大器的概念，随后，越来越多的 Doherty 放大器被研制出来[23-27]。图 5.37 给出了 Doherty 放大器的原理图。在该类型放大器中，主放大器工作在 B 类条件下，辅助放大器工作在 C 类状态。当输入信号较小时，只有主放大器工作，辅助放大器关断，此时 Doherty 放大器的理想效率为 78.5%；当输入信号增大时，辅助放大器开始工作，负载阻抗发生变化。基于这种原理，Doherty 放大器可以在饱和输出功率点回退 6 dB 时就达到 70%以上的效率，兼顾了效率和线性度。

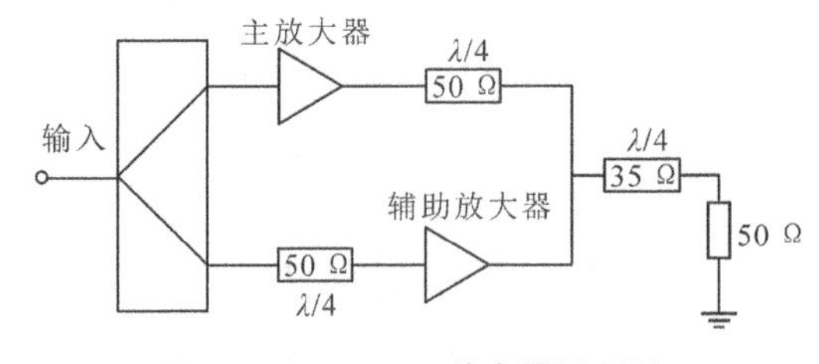

图 5.37　Doherty 放大器原理图

当输入功率很低时，辅助放大器处于 C 类状态，输出端的阻抗看作无穷大，因此 50 Ω 的负载阻抗通过特征阻抗为 35 Ω 的 λ/4 波长线转化到 25 Ω，再通过特征阻抗为 50 Ω 的 λ/4 波长线转化到 100 Ω，即主放大器的等效负载阻抗为 100 Ω。此时，主放大器的增益提高了 3 dB，而饱和输出功率点回退了 3 dB。当输入功率增大时，辅助放大器开始工作，将主放大器的负载阻抗拉低到 50 Ω。所以，Doherty 放大器可以在饱和输出功率点回退 6 dB 的情况下达到 B 类放大器的效果。

虽然 Doherty 放大器可以同时获得高效率和高线性度，在饱和输出功率点回退 6 dB 时可得到 78.5%的效率，但是要实现 Doherty 放大器，必须引入额外的辅助放大器，从而增加了电路面积，不利于小型化和集成化。

5.4.2　S 波段高效率放大器电路设计

我们通过比较各种功率放大器的实现方法，基于 F 类放大器的实现原理，提出了在 AB 类放大器的基础上加入谐波抑制网络，并采用多节微带短截线的电路形式实现宽带匹配的设计方法。同时利用前文所建立的器件模型，对放大器进行了原理图仿真和电磁仿真，模拟了放大器的小信号特性和大功率特性。所设计的放大器整体电路拓扑结构如图 5.38 所示，F_{in} 与 F_{out} 分别表示输入信号和输出信号。

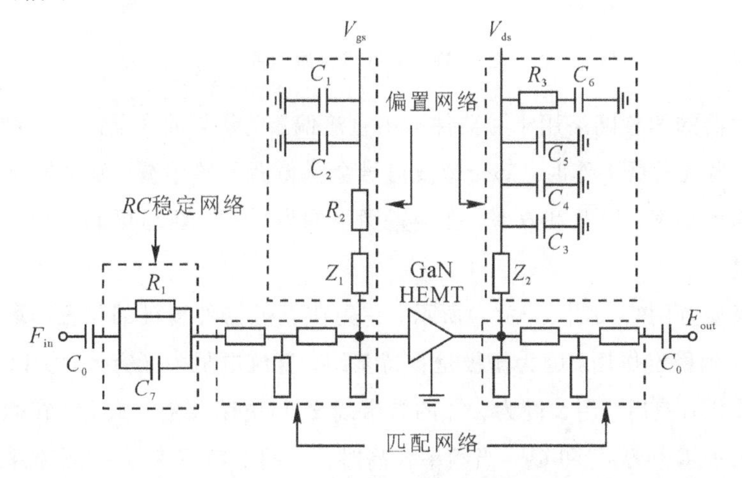

图 5.38　放大器整体电路拓扑结构

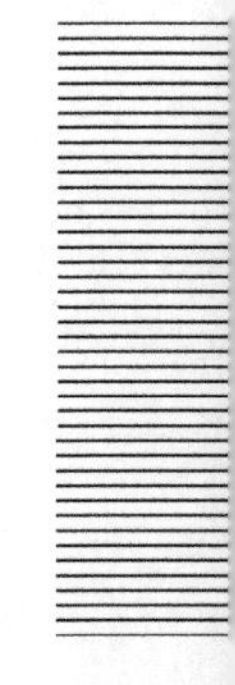

1. 偏置网络设计

微波功率放大器的电路主要包括偏置网络、匹配网络和稳定网络三部分，其中偏置网络用于对晶体管进行直流供电。根据器件工作类型的不同，直流偏置网络也会有所不同。在本小节所述放大器电路设计中，器件偏置在 AB 类的工作条件下。根据器件直流特性和微波特性的测试结果，将偏置电压选取为 $V_{ds}=40$ V，$V_{gs}=-2.4$ V，以获得最优的频率特性和功率特性。

由于 AlGaN/GaN HEMT 是耗尽型器件，沟道是常开的，在工作状态下需要施加负栅极偏置电压，因此我们对放大器采用双电源的供电方式，相应的偏置网络原理图分别如图 5.39(a)和(b)所示，栅极和漏极偏置网络都是由微带线、电容和电阻构成的。

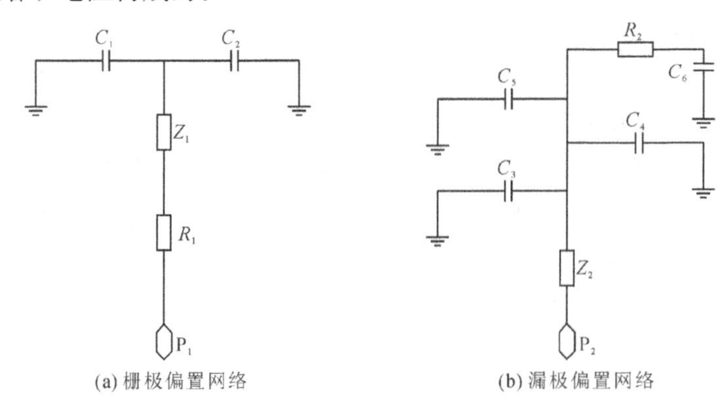

图 5.39　偏置网络原理图

放大器的偏置网络用于对器件提供直流偏置，是与放大器的匹配网络相互连接的。当放大器工作时，部分微波信号会从偏置网络泄漏，从而降低放大器的整体输出功率、增益和效率。在偏置网络的设计中，要尽可能地抑制微波信号的通过。

栅极偏置网络如图 5.39(a)所示。首先在靠近器件栅极的位置串联一个电阻 R_1，起到稳定作用，因为栅极是肖特基结，直流电阻为无穷大，所以 R_1 不会起分压作用；然后，用长度为 $\lambda/4$ 的微带线 Z_1 与电阻相连；最后，在微带线的末端接上去耦电容 C_1 和 C_2。当频率较高时，去耦电容 C_1 和 C_2 的容抗很小，可以忽略不计，微带线的一端相当于接了一个短路负载。端点的阻抗通过 $\lambda/4$ 的变换以后，短路变为开路，所以工作频率下的微波信号无法从微带线通过。在

实际情况下，电容容抗不为 0，通过 $\lambda/4$ 变换后阻抗值不是无穷大，因此微带线越窄，其特征阻抗越大，变换后得到的阻抗值也越高。由于器件栅极电流非常小，因此不用考虑电流容限的问题，栅极微带线通常选取所能加工的最小线宽。

图 5.39(b)给出了漏极偏置网络。放大器在工作时，器件处于开启状态，漏源电流较大，因此漏极不能串联电阻，否则会产生较大的直流耗散。微带线 Z_2 的长度也是 $\lambda/4$。由于器件的漏源电流较大，考虑到微带线的电流容限，线宽不能太窄，通常要大于 0.5 mm。电容 C_3、C_4 和 C_5 起去耦作用，电容 C_6 和电阻 R_2 组成的串联网络起到稳定作用。偏置网络中的电阻、电容以及微带线特征阻抗值如表 5.11 所示。

表 5.11　偏置网络中各元件的值

C_1/pF	C_2/pF	C_3/pF	C_4/pF	C_5/pF	C_6/pF	R_1/Ω	R_2/Ω	Z_1/Ω	Z_2/Ω
30	1000	10	30	1000	1.8	10	50	126	88

在 ADS 中对所设计的偏置网络 1 端口 S 参数进行仿真，模拟偏置网络对微波信号的影响，仿真结果如图 5.40 所示。在 1～3 GHz 的频率范围内，栅极和漏极偏置网络的 1 端口反射参数 S_{11} 都很小，表示信号基本完全反射回去，没有通过偏置网络，这说明偏置网络对微波信号有很好的抑制作用。从图中可以发现漏极偏置(输出)网络的效果比栅极偏置(输入)网络稍差一些，这是由于输出的 $\lambda/4$ 微带线较宽，而且未加入隔离电阻。

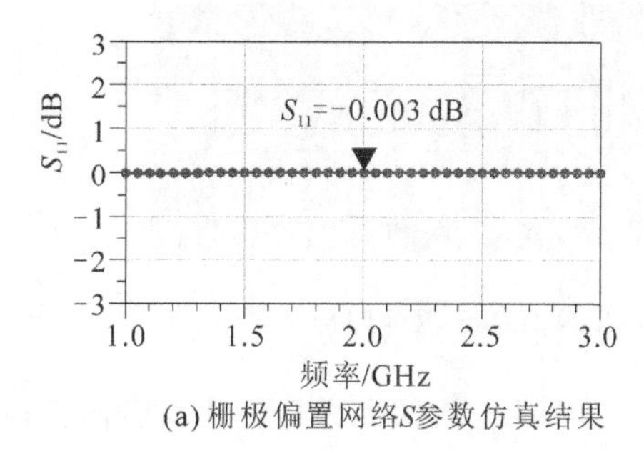

(a) 栅极偏置网络S参数仿真结果

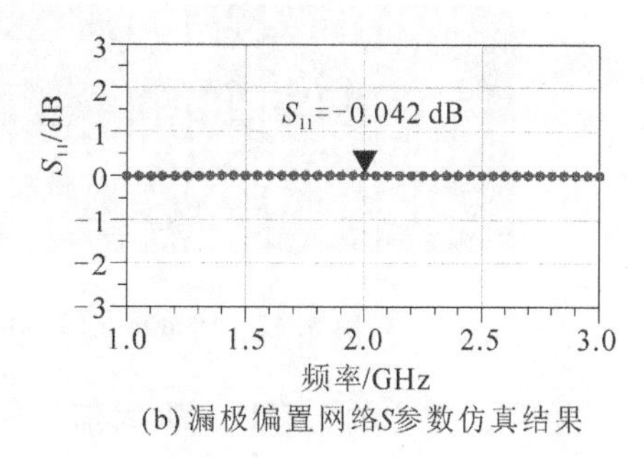

(b) 漏极偏置网络S参数仿真结果

图 5.40　放大器的仿真结果

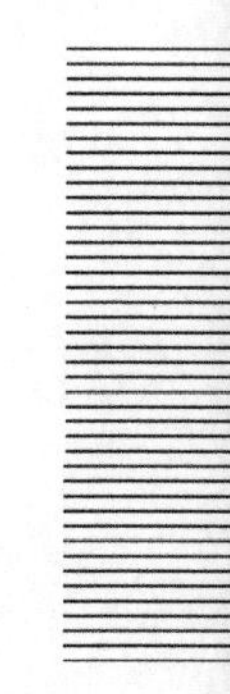

2. 匹配网络设计

匹配网络的作用是将器件的输入阻抗和输出阻抗变换到 50 Ω，使之与外部系统匹配。图 5.41 给出了放大器匹配网络示意图。

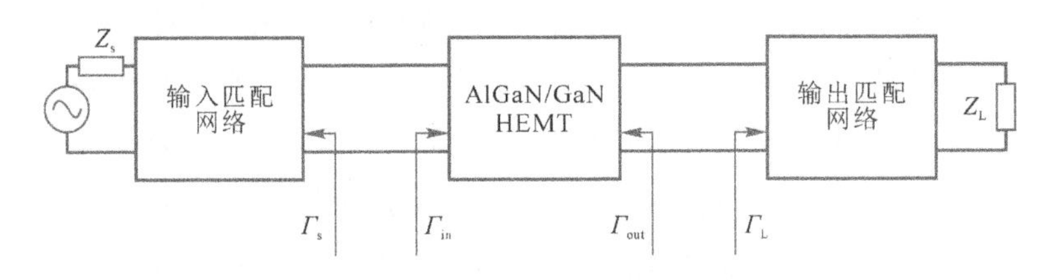

图 5.41　放大器匹配网络示意图

匹配网络分为输入匹配网络和输出匹配网络两部分。输入匹配网络用来实现信号源到放大器输入端口的阻抗变换，主要控制了放大器的频带特性、输入驻波比、增益以及增益平坦度等；输出匹配网络是完成器件输出端口的阻抗到负载的阻抗变换工作的，主要控制了放大器的输出驻波比、输出功率以及功率附加效率等。

由于匹配网络是用来实现阻抗变换的，因此在进行匹配网络设计之前，首先要确定所使用器件的源阻抗和负载阻抗。在本设计中，我们利用多节微带变换网络在器件的基频和二次谐波频率处实现最佳效率匹配，从而提高放大器整体的效率，因此，需要得到器件在基频和二次谐波频率处的效率最优时的源阻抗值和负载阻抗值。在放大器的设计中，采用栅宽为 10 mm 的 AlGaN/GaN HEMT 器件，该器件是由 8 个栅宽为 1.25 mm 的单胞组成的，图 5.42 给出了 AlGaN/GaN HEMT 器件照片。

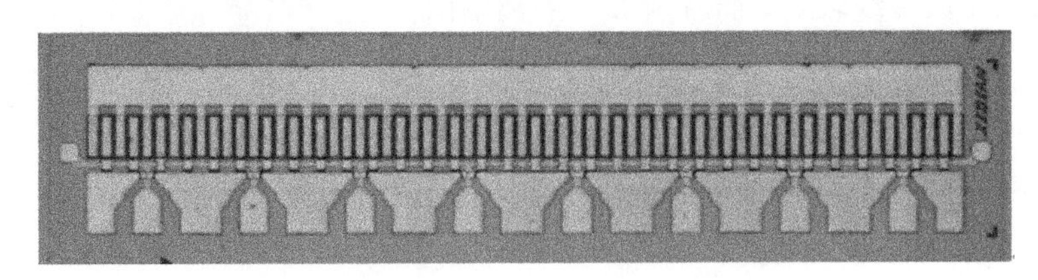

图 5.42　10 mm 栅宽 AlGaN/GaN HEMT 器件照片

利用所建立的 EEHEMT 大信号模型，在 ADS 软件中进行负载牵引仿真，寻找效率最优时的阻抗点(也称效率最优点或最佳效率点)，仿真原理图如图 5.43 所示。考虑 10 mm 栅宽器件是由 8 个 1.25 mm 单胞组成的，因此首先对 1.25 mm 单胞的器件模型进行负载牵引仿真，然后对得到的阻抗值进行外推，计算出 10 mm 器件的最佳效率点。

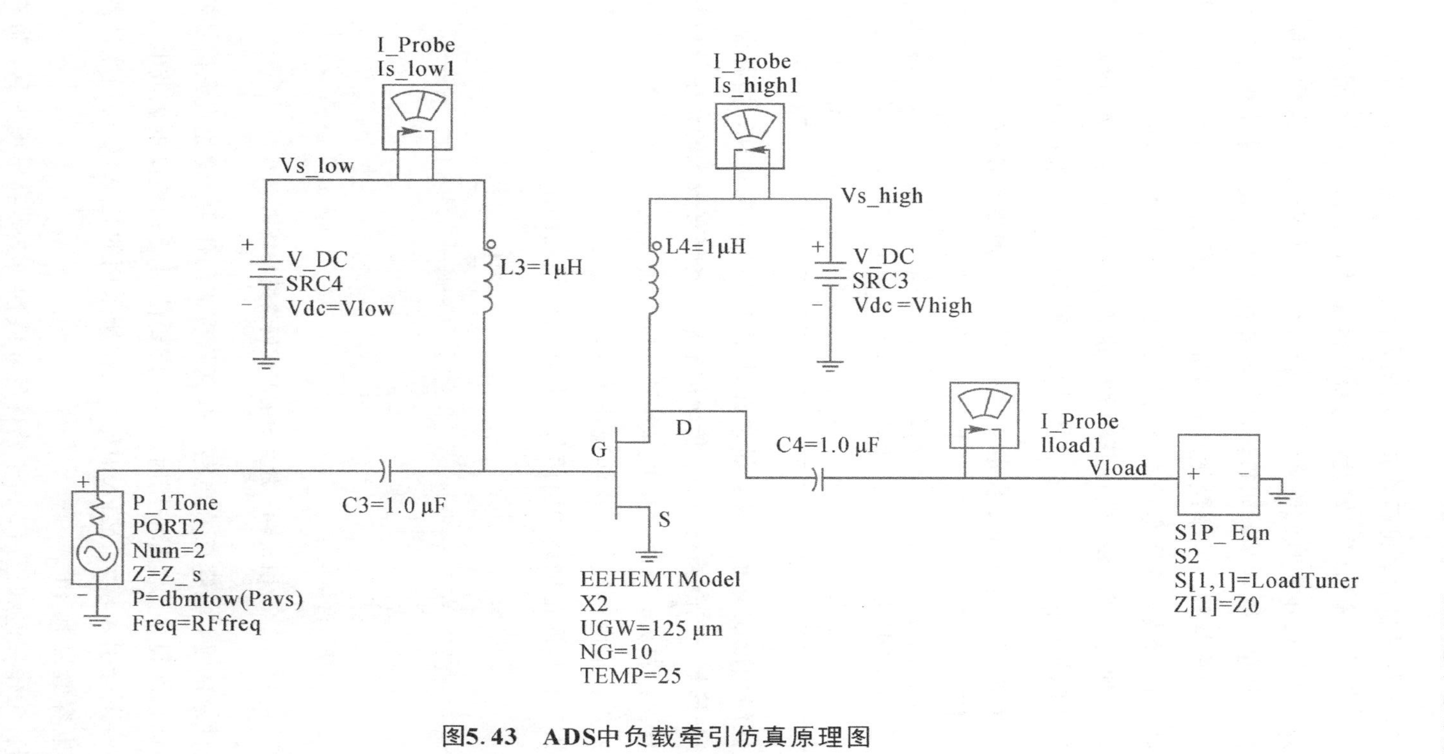

图5.43　ADS中负载牵引仿真原理图

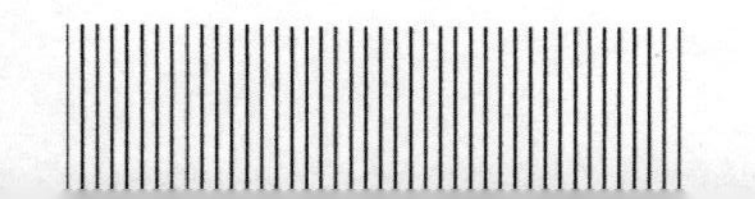

利用ADS软件仿真，我们首先固定输入阻抗值，改变输出阻抗值，寻找效率最优点；然后，将输出阻抗值设定为得到的最优值，改变输入阻抗值，寻找效率最优点。重复此步骤直到输入、输出阻抗值不再变化，即得到基频下效率最优的匹配阻抗值。确定基频阻抗值后，要寻找二次谐波频率下的效率最优时的阻抗点。我们将基频下效率最优时的阻抗点写入软件中，继续采用负载牵引仿真来寻找二次谐波频率下效率最优时的阻抗点，方法与基频下类似。表5.12给出了仿真得到的1.25 mm器件基频和二次谐波频率下的输入和输出最佳效率点。将各个阻抗值除以8，可以直接外推得到10 mm器件的阻抗值。

表5.12　基频和二次谐波频率下输入、输出最佳效率点

	Z_s/Ω	Z_L/Ω
f_0(2 GHz)	10.4+j21.6	21.6+j24
$2f_0$(4 GHz)	1.9−j22.6	1.2−j10

匹配网络的形式有很多种，通常都采用LC网络来实现，拓扑结构有T形、π形、Γ形等。在微波频率下，传统的电容、电感有较大的寄生效应和趋肤效应，而且误差较大，因此微波电路多采用微带线来进行设计。为了实现宽频带设计，采用多节微带线网络来实现输入匹配和输出匹配，拓扑结构如图5.44所示，输入和输出匹配网络均由两节Γ形微带线结构组成。

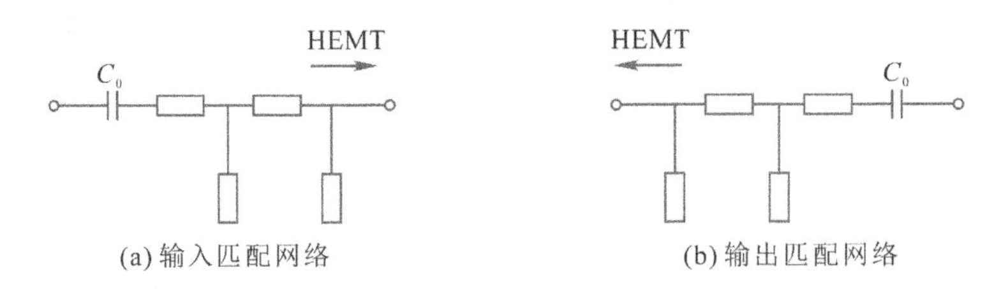

图5.44　放大器的匹配网络拓扑结构

需要注意的是，电容C_0在电路中起到隔直流的作用，避免直流信号输入微波设备中而损坏设备。实际应用时，C_0一定要使用Q值较高的微波电容，否则在微波频率下会引入较大的插入损耗。我们所采用的是ATC公司生产的微波电容，其电容值为10 pF。

当器件工作在饱和区后，由于器件的非线性，波形会出现失真，带有二次

谐波分量。图 5.45 描述了基波与二次谐波在不同相位差下叠加后产生的电压波形，当相位差为 270°时整个波形都在零点以上，此时放大器效率最高。因此在抑制二次谐波时，首先要调节其相位，使其与基频的初始相位相差 270°。

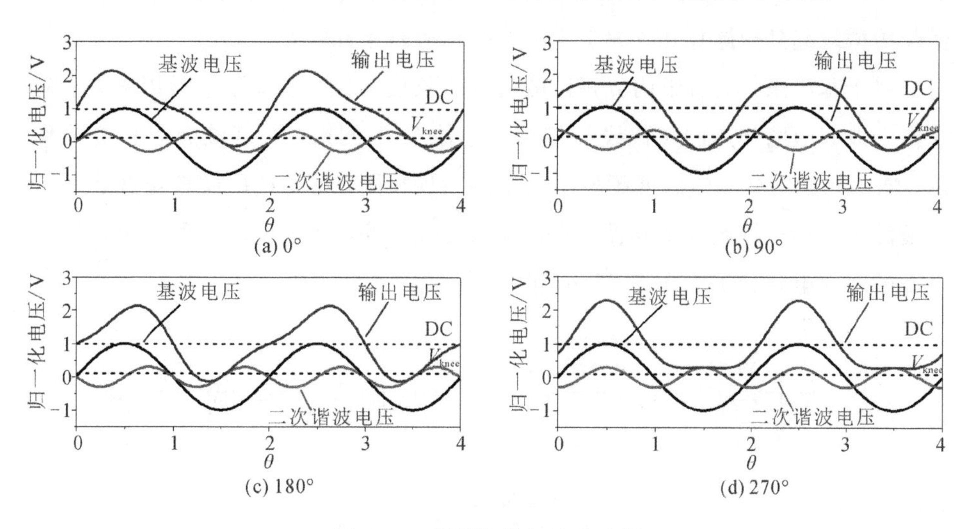

图 5.45　不同相位下的波形图

图 5.46 给出了不同模值的二次谐波与基波叠加后产生的电压波形。由图明显可以看出，随着二次谐波模值的不断减小，电压波形逐渐接近纯正弦波。因此，为了得到尽可能高的线性度，需要尽可能减小二次谐波分量。

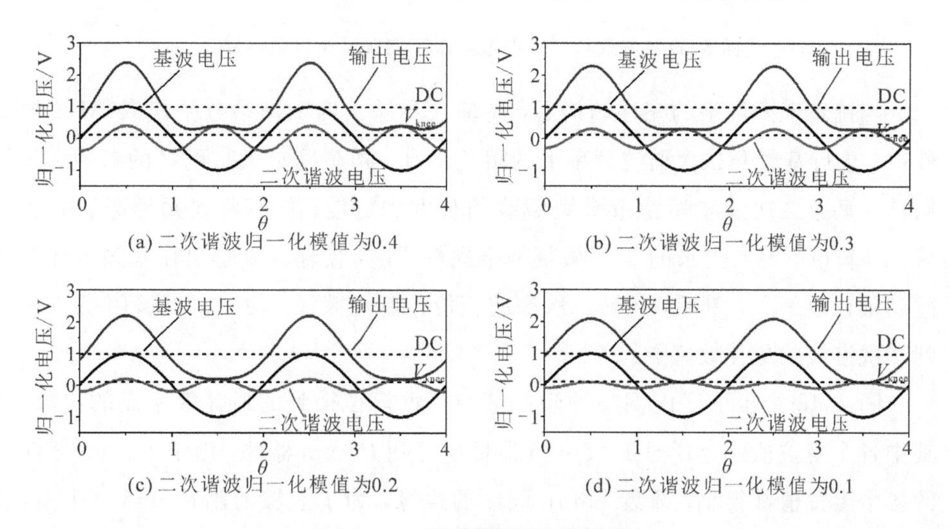

图 5.46　不同相位下的波形图

在输入匹配网络中，有两段开路的微带短截线，对于二次谐波频率来说，两段短截线分别起到不同的作用：靠近 HEMT 器件的微带短截线起到相位调节的作用，调整二次谐波的反射相位以达到最优效率[29]；远离 HEMT 器件的微带短截线起到短路作用，为二次谐波提供短路条件。

对于基波来说，由于调节相位的短截线长度较短，在基波下可以忽略；对二次谐波起短路作用的短截线与传输线组成 T 形网络，对基波起阻抗变换作用。输出匹配网络和输入匹配网络的实现原理相同，也是利用微带短截线对二次谐波进行相位调制和短路调制的。输入、输出匹配网络在基频和二次谐波频率下的等效电路分别如图 5.47(a)和(b)所示。

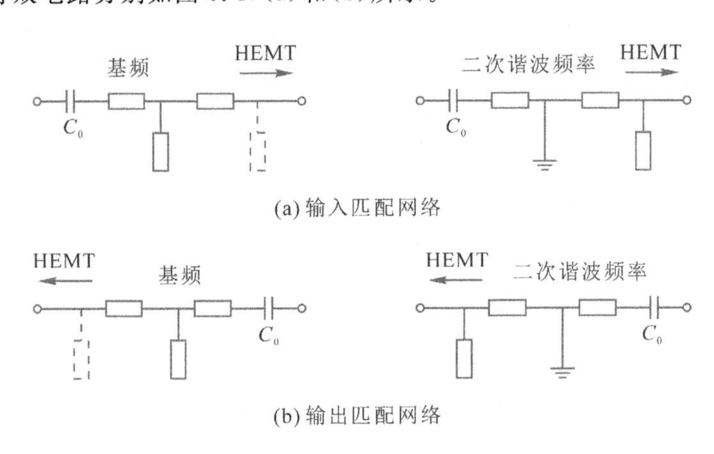

(a) 输入匹配网络

(b) 输出匹配网络

图 5.47　基频和二次谐波频率下匹配网络等效电路

当确定匹配网络的拓扑结构后，将输入和输出匹配网络分别代入 ADS 软件中，进行基频和二次谐波频率下的阻抗仿真，初步确定微带网络的参数。我们首先调整二次谐波短路微带短截线的长度和宽度，使其满足短路条件；然后，对基频下等效出来的 T 形微带网络进行调谐，使输入和输出在基频下都匹配到最佳效率点；最后，调谐二次谐波相位控制短截线，使二次谐波阻抗变换到二次谐波的最佳效率点。

图 5.48 给出了匹配网络的阻抗值与模型模拟得到的最佳效率点的比较，其中各个阻抗值已经通过 1.25 mm 器件换算到 10 mm 器件。由于 10 mm 器件的各个阻抗值都很小，靠近 Smith 圆图的边缘，为了能够清晰地分辨各个点，我们将 Smith 圆图的标准阻抗值设置为 50/8 Ω。由图可以看出，所设计的匹配

网络的阻抗点与效率最优时的阻抗点很接近，说明匹配网络可以在基频和二次谐波频率下同时实现很好的效率匹配。

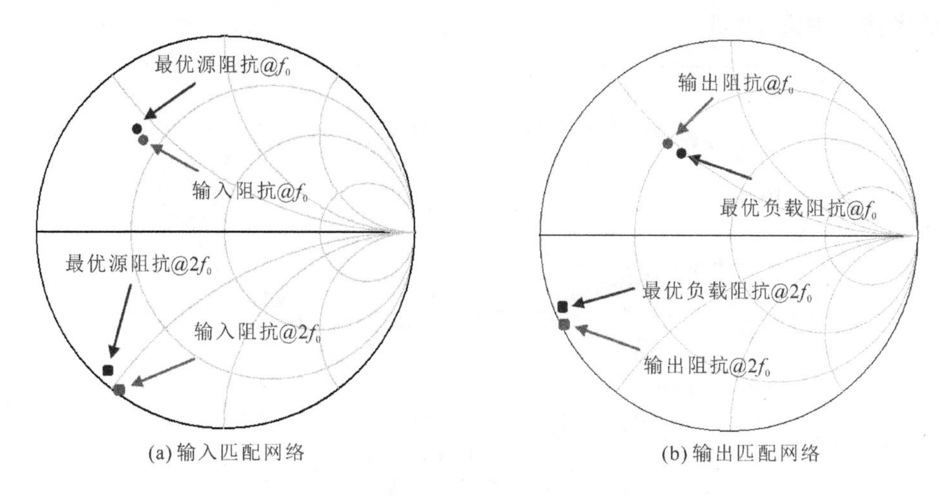

(a) 输入匹配网络　　(b) 输出匹配网络

图5.48　匹配网络阻抗值与模型阻抗值的对比

将设计好的偏置网络、匹配网络以及器件模型代入ADS软件中进行放大器整体仿真，模拟放大器的小信号S参数和功率特性。仿真原理图如图5.49所示。

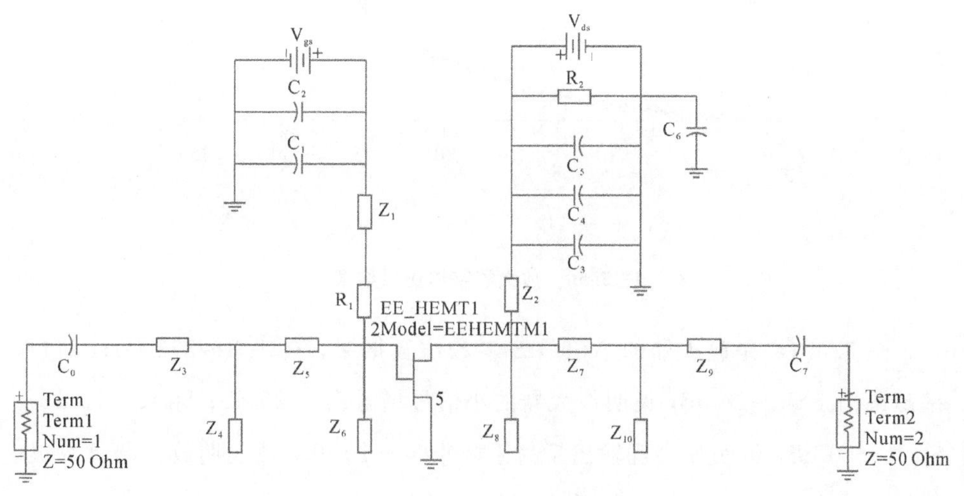

图5.49　放大器整体仿真原理图

由于器件的效率最优时的阻抗值是在 V_{ds}=40 V，V_{gs}=－2.4 V 的偏置条件下提取的，因此在放大器整体仿真时仍然选择相同的偏置条件。图 5.50 是放大器整体仿真结果。

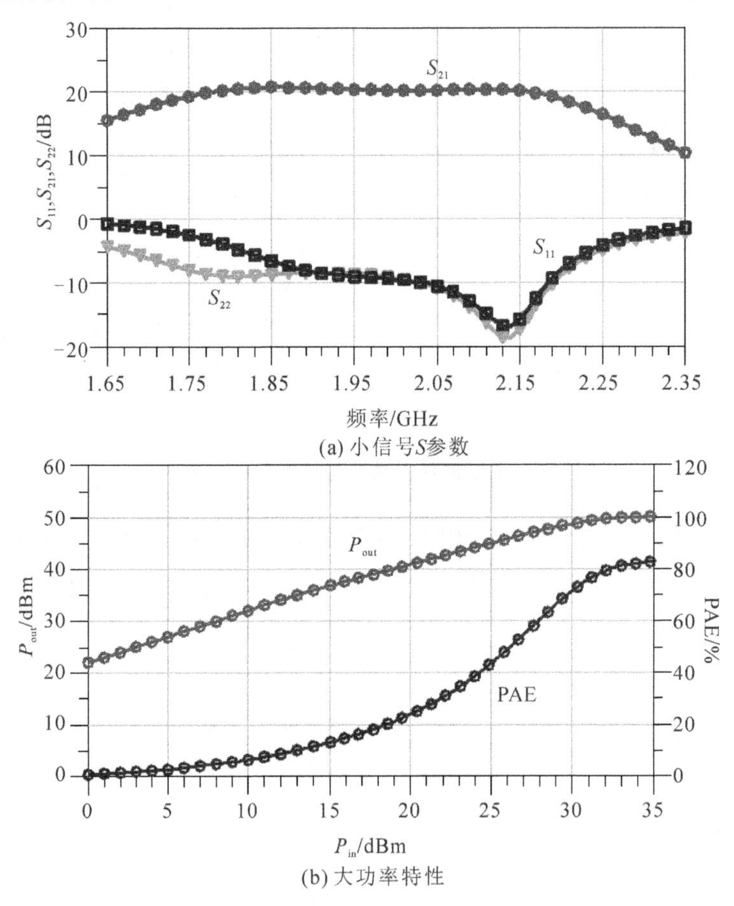

(a) 小信号S参数

(b) 大功率特性

图 5.50　放大器整体仿真结果

图 5.50(a)是放大器的小信号 S 参数仿真结果，在 1.8～2.2 GHz 的频率范围内，S_{21}＞20 dB，说明放大器的小信号增益高于 20 dB；S_{11}＜－10 dB，S_{22}＜－10 dB，说明输入和输出反射系数小于－10 dB，这表明放大器具有很好的小信号特性。图 5.50(b)给出了放大器在 2 GHz 频率下，输出功率和功率附加效率随输入信号的变化。当输入功率为 33 dBm 时，输出功率达到了 50.1 dBm(102.3 W)，此时的功率附加效率为 81.3%。放大器的功率特性仿

真结果说明匹配网络确实实现了高效率匹配，并且兼顾了功率匹配，保证了器件的高效大功率特性。

3. 稳定网络设计

微波放大器的稳定性是一个非常重要的问题，是放大器能够正常工作的前提。对于 AlGaN/GaN HEMT 来说，由于器件本身增益较高，当电路中存在正反馈的时候，很容易产生自激，烧毁放大器。因此在放大器的仿真设计过程中，要关注其稳定性，避免不稳定情况的出现。

放大器的稳定性通常依据 S_{11}、S_{22} 和稳定性因子 K 来判断，判断依据为

$$|S_{11}|<1 \tag{5-75}$$

$$|S_{22}|<1 \tag{5-76}$$

$$K=\frac{1-|S_{11}|^2-|S_{22}|^2+|\Delta|^2}{2|S_{12}S_{21}|}>1 \tag{5-77}$$

$$|\Delta|=|S_{11}S_{22}-S_{12}S_{21}|<1 \tag{5-78}$$

在对放大器进行整体 S 参数仿真后，我们计算放大器整体稳定性因子 K，计算结果如图 5.51 所示。

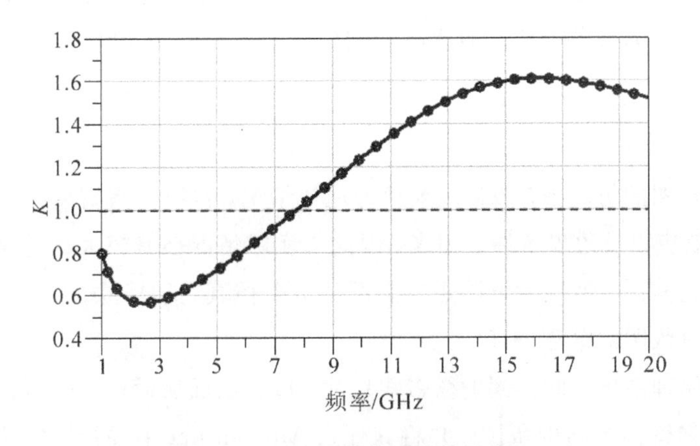

图 5.51 放大器整体稳定性因子 K

从图 5.51 中可以看出，当频率低于 8 GHz 时，放大器的稳定性因子 $K<1$，这说明放大器在 8 GHz 以下是潜在不稳定的。为了保证放大器能够绝对稳定工作，必须在匹配网络中加入稳定网络，来改善放大器的稳定性。

通常提高稳定性的方法都是在电路中引入负反馈，来抵消放大器中存在的

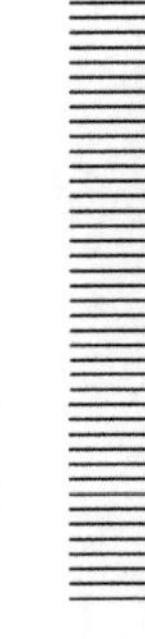

正反馈，例如增大源极接地电感、加入栅源 RC 反馈网络或者引入栅极串联电阻等。虽然这些方法可以有效地改善放大器的稳定性，但是会对放大器的增益产生较大的影响。为了同时保证放大器的稳定性和增益，在放大器的输入端加入如图 5.52(a)所示的 RC 并联网络，在不影响电路匹配效果的前提下，使放大器获得绝对稳定。

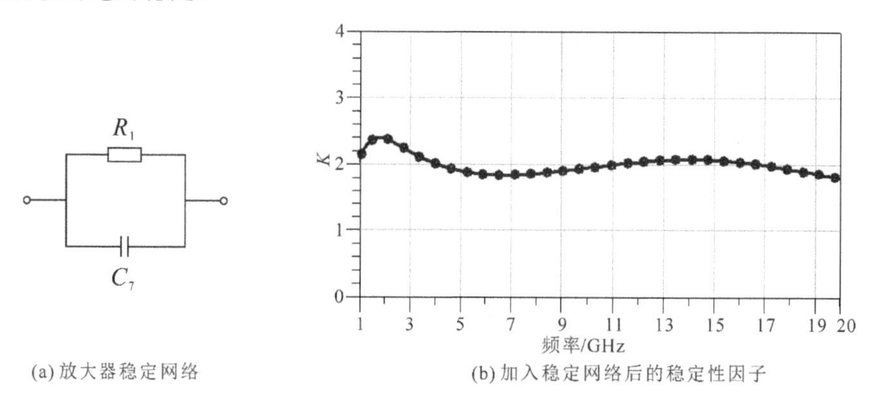

(a) 放大器稳定网络

(b) 加入稳定网络后的稳定性因子

图 5.52 放大器稳定网络及稳定性因子

在 RC 并联稳定网络中，$R_1=5\ \Omega$，$C_7=10\ \text{pF}$。加入稳定网络后，放大器的稳定性因子 K 如图 5.52(b)所示。由图可以看出在 1～20 GHz 范围内，放大器绝对稳定。

4. 整体电磁仿真

在原理图的仿真中，微带线被视为理想情况，没有考虑寄生效应、拐角效应、耦合效应以及边界条件等因素，因此与实际情况会有较大的差别。为了使仿真更接近实际，需要对电路进行版图的电磁仿真。ADS 中的 Momentum 仿真就是针对版图的电磁仿真。

根据原理图仿真时得到的微带线尺寸，以及前面所设计的偏置网络，分别绘制输入和输出电路的版图，并将其代入 Momentum 中进行电磁仿真。所用的材料厚度为 508 μm，介电常数为 3.5。

在版图电磁仿真的过程中，优化版图，使仿真得到的 S 参数与原理图的仿真结果相一致。图 5.53 给出了优化后的电路版图。在优化过程中，我们将匹配网络和偏置网络加到一起进行整体仿真。版图与原理图的 S 参数仿真结果对比如图 5.54 所示。

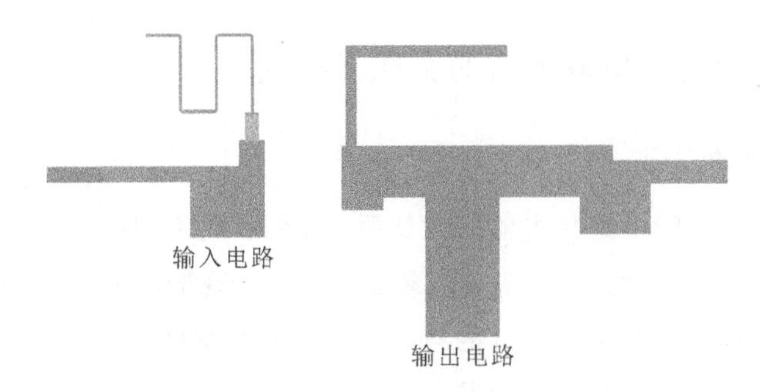

图 5.53　放大器输入和输出电路版图

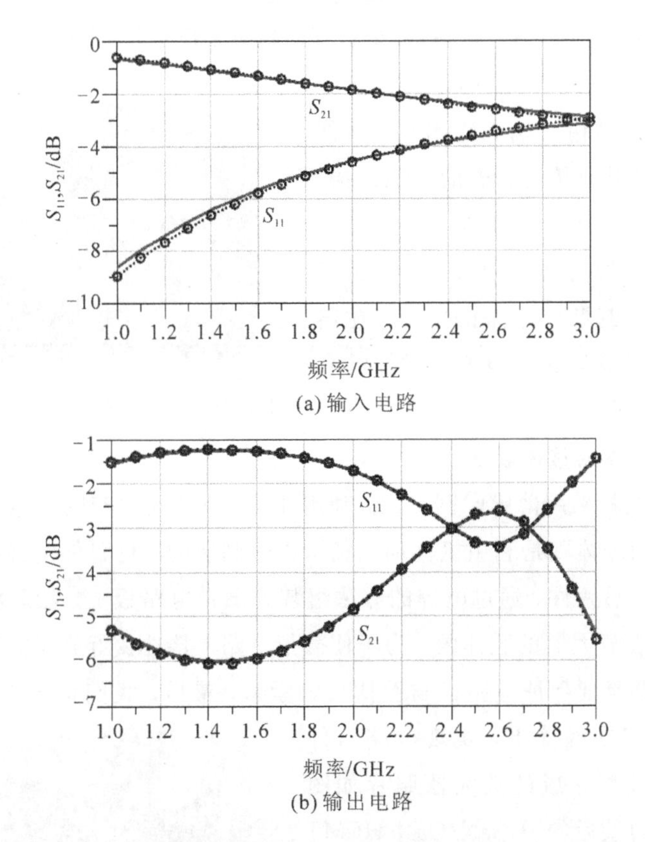

图 5.54　电磁仿真结果(圆圈)与原理图仿真结果(实线)对比

通过图 5.54 的对比可以看出，优化后的版图仿真得到的 S 参数与原理图仿真结果非常一致，这说明版图所示的微带网络可以满足器件高效率匹配的要求，可以进行后续的流片制版。

5.4.3 S波段高效率放大器的实现与测试

1. 放大器的实现

完成了放大器的电路与主体的设计后，我们利用不同的工艺，分别对放大器的各部分进行加工制造，再将其组装到一起，实现最终的功率放大器。在放大器的实现过程中主要包括器件的封装和放大器的整体装配。

(1) AlGaN/GaN HEMT 封装。

AlGaN/GaN HEMT 封装采用微组装工艺。在 280℃下，通过 Au(80)/Sn(20) 焊料，将器件烧结在 Cu－Mo－Cu 材料制作的微波管壳内。器件的栅极和漏极通过直径为 1 mil(25.4 μm)的键合金丝分别连接到管壳的输入端和输出端；器件的源极通过背孔直接与管壳的地相连接。图 5.55 给出了器件封装后的照片，其中有斜切角的一端为器件的输入端。为了尽可能地减小封装所带来的影响，在器件的栅极和漏极都尽可能多地增加键合金丝的数量，减小键合金丝引入的电感。

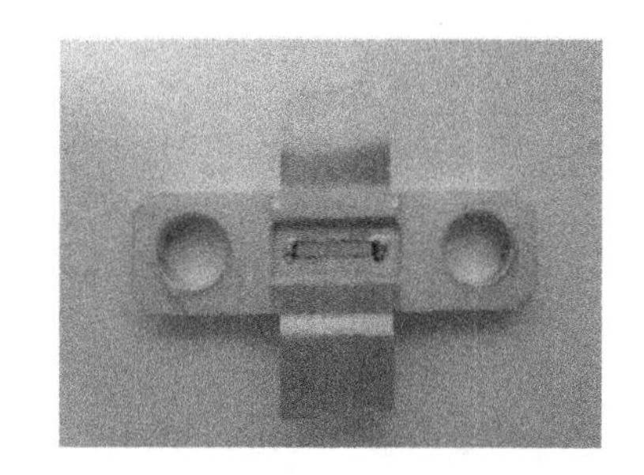

图 5.55　封装后的 AlGaN/GaN HEMT

(2) 放大器的整体装配。

微带电路板采用薄膜印刷工艺，利用 Taconic 公司生产的特氟龙材料进行加工制作，而腔体则是利用机械加工技术进行制造的。我们首先将电路中的电容、电阻等集总元件，通过电焊的方法组装到微带电路板上。然后将电路板通过螺钉固定在放大器的腔体内。为了使微带电路板接地良好，螺钉的位置必须分散均匀，并且要保证电路板与腔体接触紧密。最后，我们将 SMA 转接头和穿心电容固定在腔体上，实现电路与外部的连接。装配完成的放大器照片如图 5.56 所示。封装后的 AlGaN/GaN HEMT 也通过螺钉固定在腔体内，此时要注意，封装器件的管脚要与微带电路板在同一水平面内，若存在高度差，则会直接影响测试结果。

图 5.56　放大器整体照片

2. 放大器微波特性测试

(1) 小信号特性测试。

完成放大器的整体装配后，我们首先对放大器进行小信号 S 参数测试，评价器件的小信号特性。图 5.57 给出了放大器的小信号 S 参数测试结果。

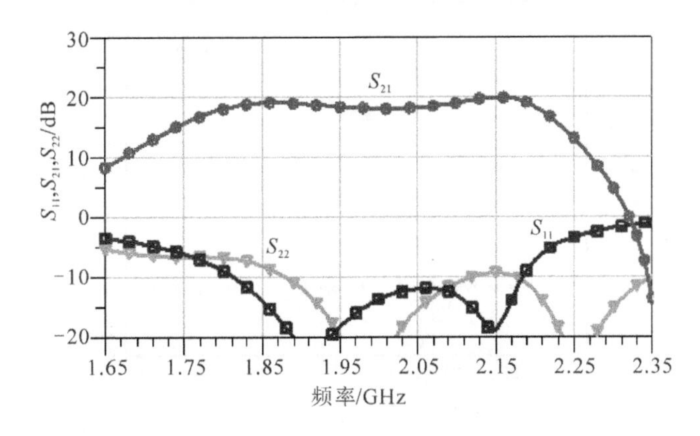

图 5.57　放大器小信号 S 参数测试曲线

在 1.8～2.2 GHz 范围内，器件小信号增益与仿真结果(见图 5.50(a))相比较，降低了约 1 dB，而且频带往高频略有偏移，这主要是因为器件的封装引入了键合金丝的电感以及管壳的寄生电容等。输入和输出反射参数 S_{11} 和 S_{22} 与仿真结果相比也发生了变化，这是由于在测试过程中，为了保护矢量网络分析仪而加入了衰减器，使得端口反射特性发生了变化。

(2) 脉冲功率特性测试。

为了表征放大器在不同工作模式下的功率特性，我们分别进行了脉冲测试和连续波测试。首先，我们对放大器进行脉冲功率特性测试，选取脉冲宽度为 100 μs，脉冲占空比为 10% 为测试条件，直流偏置条件为 $V_{ds}=40$ V，$V_{gs}=-2.4$ V，此时器件的静态工作电流为 350 mA。

图 5.58(a)给出了放大器在 2 GHz 频率下的输出功率、功率增益和功率附加效率随着输入功率的变化曲线。此外，放大器的线性增益达到了 19.2 dB，饱和输出功率达到 49.1 dBm(81.3 W)，此时的功率附加效率为 71.9%，功率增益为 17.9 dB，这说明放大器具有很好的微波功率特性。从放大器的线性区到饱和区，增益仅压缩 1.3 dB，表明放大器具有很好的线性度，这主要是因为

匹配网络有效地抑制了输出功率中的二次谐波，使得输出信号波形不失真，从而改善了放大器的线性度。与仿真结果相比，放大器的输出功率和功率附加效率均有所降低，这主要是由于在仿真的过程中，并未考虑电路元件以及 SMA 接头等引入的额外损耗。

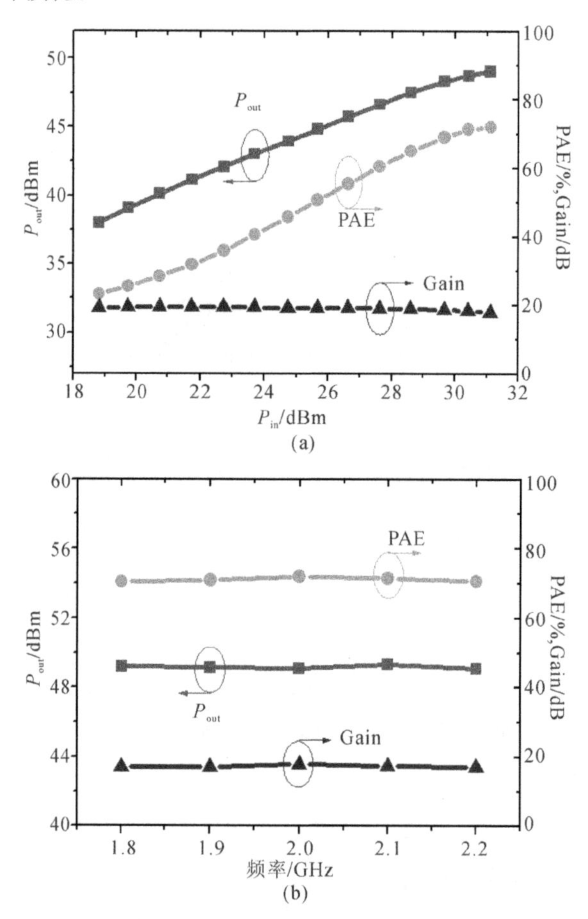

图 5.58　放大器脉冲条件下的功率特性曲线

图 5.58(b)给出了放大器的功率特性随频率的变化关系。在 1.8～2.2 GHz 的频率范围内，放大器的输出功率都高于 49 dBm(80W)，功率增益高于 17 dB，功率附加效率高于 70%。测试结果说明，放大器具备很好的宽带特性，在 20%的相对带宽内都具有很高的输出功率和功率附加效率。

(3) 连续波功率特性测试。

在脉冲功率特性测试后，我们对器件进行连续波功率特性测试，考察放大

器在连续波模式下的功率特性。与脉冲测试相比，连续波测试最大的区别就在于热的问题。在连续波模式下工作，器件会产生大量的热，这使得器件的沟道温度会不断上升。在第 3 章的直流测试表征过程中，我们发现被测器件存在自热效应，随着沟道温度的上升，器件的输出电流会降低，因此器件的输出功率也会相应地降低。

放大器的连续波测试也在 $V_{ds}=40$ V，$V_{gs}=-2.4$ V 的偏置条件下进行。图 5.59(a)给出了放大器在 2 GHz 频率下的连续波功率特性与输入功率的关系曲线。在连续波模式下，器件的小信号增益为 17.7 dB，比脉冲模式下降低了

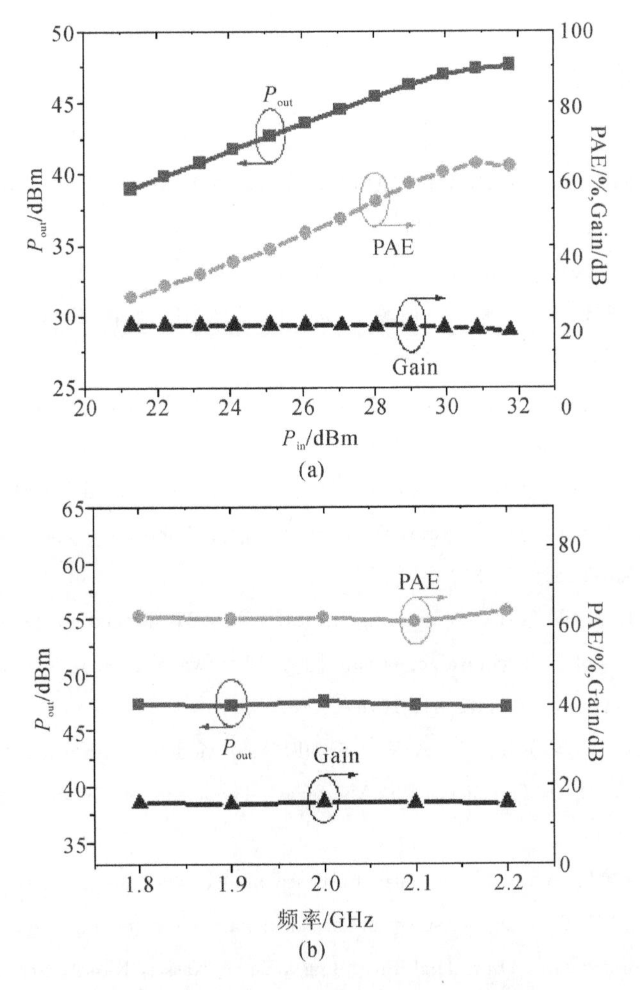

图 5.59　放大器连续波模式下的功率特性曲线

1.5 dB。随着输入功率的增大，放大器的饱和输出功率达到47.6 dBm(57.5 W)，此时的功率增益为15.8 dB，功率附加效率为62.1%。由图可以看出，与脉冲测试结果相比，放大器的饱和输出功率、功率增益和功率附加效率都有所降低，这说明热对于放大器的影响还是非常明显的。

在1.8～2.2 GHz的频率范围内，对放大器进行连续波功率特性测试，考察放大器的宽带特性，图5.59(b)给出了测试结果。在整个频带范围内，放大器的连续波饱和输出功率高于47 dBm(50 W)，功率增益高于15 dB，功率附加效率高于60%。

参考文献

[1] CAMPBELL C, LEE C, WILLIAMS V, et al. A Wideband Power Amplifier MMIC Utilizing GaN on SiC HEMT Technology[C]. IEEE Compound Semiconductor Integrated Circuits Symposium. IEEE, 2008.

[2] 陈堂胜，张斌，焦刚，等. X-波段 AlGaN/GaN HEMT 功率 MMIC[J]. 固体电子学研究与进展，2007，27(4)：c3-c3.

[3] 陶洪琪，张斌，余旭明. X 波段 60W 高效率 GaN HEMT 功率 MMIC[J]. 固体电子学研究与进展，2016，036(004)：270-273.

[4] RESCA D, SANTARELLI A, RAFFO A, et al. Scalable Nonlinear FET Model Based on a Distributed Parasitic Network Description[J]. Microwave Theory & Techniques IEEE Transactions on, 2008.

[5] LAI Y L, HSU K H. A new pinched-off cold-FET method to determine parasitic capacitances of FET equivalent circuits[J]. Microwave Theory & Techniques IEEE Transactions on, 2001, 49(8): 1410-1418.

[6] JARNDAL A, KOMPA G. A New Small-Signal Modeling Approach Applied to GaN Devices[J]. IEEE Transactions on Microwave Theory and Techniques, 2005, 53(11): p. 3440-3448.

[7] W. MWEMA. A reliable optimization-based model parameter extraction approach for GaAs-based FET's using measurement-correlated parameter starting starting values[C]. Ph. D. dissertation, Dept. High Freq. Eng., Univ. Kassel, Kassel, Germany, 2002.

[8] TAYRANI R, GERBER J, DANIEL T, et al. A new and reliable direct parasitic

extraction method for MESFETs and HEMTs[C]. European Microwave Conference. IEEE, 1993.

[9] ZHANG H S, MA P J, LU Y, et al. Extraction method for parasitic capacitances and inductances of HEMT models[J]. Solid-State Electronics, 2017, 129(MAR.): 108 - 113.

[10] ZHANG W, XU Y H, WANG C S, et al. An efficient parameter extraction method for GaN HEMT small-signal equivalent circuit model[J]. International Journal of Numerical Modelling: Electronic Networks, Devices and Fields, 2017, 30(1).

[11] GILLES D, ALAIN C, FREDERIC H, et al. A New method for determining the fet small signal equivalent circuit[J]. Annals of Telecommunications, 1988, 43(5 - 6): 274 - 281.

[12] HASSAN B, CUTIVET A, RODRIGUEZ C, et al. Scalable Small-Signal Modeling of AlGaN/GaN HEMT Based on Distributed Gate Resistance[C]. 2019 IEEE BiCMOS and Compound semiconductor Integrated Circuits and Technology Symposium (BCICTS). IEEE, 2019.

[13] ZHU G, CHANG C, XU Y, et al. A Small-Signal Model Extraction and Optimization Method for AlGaN/GaN HEMT Up to 110 GHz[C]. 2019 IEEE International Conference on Integrated Circuits, Technologies and Applications (ICTA). IEEE, 2019.

[14] 闻彰. 微波 GaN HEMT 大信号模型参数提取研究[D]. 成都：电子科技大学，2018.

[15] CAMARCHIA V, COLANTONIO P, GIANNINI F, et al. A design strategy for AM/PM compensation in GaN Doherty Power Amplifiers[J]. IEEE Access, 2017: 1 - 1.

[16] GIOFRE R, COLANTONIO P, GIANNINI F. A Design Approach to Maximize the Efficiency vs. Linearity Trade-Off in Fixed and Modulated Load GaN Power Amplifiers[J]. IEEE Access, 2018: 1 - 1.

[17] GIOFRE R, CLANTONIO P, GIANNINI F. A design approach to mitigate the phase distortion in GaN MMIC Doherty Power Amplifiers[C]. 2016 11th European Microwave Integrated Circuits Conference (EuMIC). IEEE, 2016.

[18] ZHANG W, XU Y H, WANG C S, et al. A parameter extraction method for GaN HEMT empirical large-signal model including self-heating and trapping effects[J]. International Journal of Numerical Modelling: Electronic Networks, Devices and Fields, 2017, 30(1): 1 - 7.

[19] TYLER V J. A new high-efficiency high-power amplifier. Marconi Review, 1958, 21 (130): 96 - 109.

[20] SOKAL N O, SOKAL A D. Class-E-a new class of high-efficiency tuned single-ended swittching power amplifiers [J]. IEEE Journal of Solid State Circuits, 1975, 10(3): 168 - 176.

[21] MOON J, JEE S, KIM J, et al. Behaviors of class-F and class-F-1 amplifiers[J]. IEEE Transactions on Microwave Theory and Techniques, 2012, 60(6): 1937 - 1951.

[22] DOHERTY W H. A new high efficiency power amplifier for modulated waves[J]. Proceedings of the Institute of Radio Engineers, 1936, 24(9): 1163 - 1182.

[23] RAAB F H. Efficiency of Doherty RF power-amplifier systems[J]. IEEE Transactions on Broadcasting, 1987, BC-33(3): 77 - 83.

[24] IWAMOTO M, WILLIAMS A, CHEN P F, et al. An extended Doherty amplifier with high efficiency over a wide power range [J]. IEEE Transactions on Microwave Theory and Techniques, 2001, 49(12): 2472 - 2479.

[25] YANG Y, CHA J, SHIN B, et al. A fully matched n-way Doherty amplifier with optimized linearity[J]. IEEE Transactions on Microwave Theory and Techniques, 2003, 51(3): 986 - 993.

[26] BOUSNINA S, GHANNOUCHI F M. Analysis and experimental study of an L-band new topology Doherty amplifier[C]. Microwave Symposium Digest, 2001 IEEE MTT-S International, Phoenix, AZ, USA, 2001: 935 - 938.

[27] SUZUKI Y, HIROTA T, NOJIMA T, et al. Highly efficient feed-forward amplifier using a class-F Doherty amplifier[C]. Microwave Symposium Digest, 2003 IEEE MTT-S International, Philadelphia, Pennsylvania, 2003: 77 - 80.

[28] CAO M Y, ZHANG K, CHEN Y H, et al. High-efficiency S-band harmonic tuning GaN amplifier[J]. Chinese Physics B, 2014, 23(3): 037305.

[29] OTSUKA H, YAMANAKA K, NOTO H, et al. Over 57% efficiency C-band GaN HEMT high power amplifier with internal harmonic manipulation circuits [C]. Microwave Symposium Digest, 2008 IEEE MTT-S International, Atlanta, GA, USA, 2008: 311 - 314.

第 6 章

新型氮化镓微波功率器件

本章将介绍几种新型的氮化镓微波功率器件结构及其实现方法，首先介绍鳍栅高电子迁移率晶体管(Fin HEMT)及其类似器件结构。与传统平面栅氮化镓器件相比，Fin HEMT 器件具有射频器件线性度高、阈值电压可调控、可抑制短沟道效应等优势。其次介绍几种实现增强型工作的氮化镓器件方法，包括低损伤凹槽刻蚀工艺、绝缘栅界面电荷调控和极化调控等方法。这些方法实现了具有极高载流子迁移率性能的氮化镓增强型器件，对在小尺寸射频前端芯片、抗辐照 E/D 模数字电路等领域具有简化电路结构、降低系统关态功耗等优势。

6.1 GaN 基 Fin HEMT 器件

6.1.1 GaN 基 Fin HEMT 器件的研究意义

依据摩尔定律 Si 基集成电路不断提高集成度，降低晶体管成本，提高系统性能。在这个过程中，器件遵循等比例缩小原则来减小其特征尺寸。但是，随着器件特征尺寸减小到深亚微米量级，在传统的平面型金属氧化物半导体场效应晶体管(MOSFET)中，漏极电势对栅极控制能力的影响增强，引发了短沟道效应，导致器件关态泄漏电流提高，亚阈值斜率变大。2000 年，Hu 等人首次提出鳍栅场效应晶体管(FinFET)结构，通过增加栅极维度增强栅极控制能力，从而抑制 MOSFET 的短沟道效应。2011 年，英特尔在其 22 nm 工艺节点首次采用基于 FinFET 的制备工艺，其他大型集成电路制造厂商在相应工艺节点采用 FinFET 结构，以“More Moore”的理念延续集成电路产业的发展。基于 FinFET 结构在 Si 基集成电路产业的成功应用经验，FinFET 结构(部分文献也称为纳米沟道结构或者纳米线结构)被引入 GaN 基器件中，将 Fin HEMT 结构的栅控优势与 GaN 的材料优势相结合，并通过 Fin HEMT 结构调制 GaN 基 HEMT 的器件结构，这在增强型器件、功率电子器件、高线性射频器件等具有潜在应用优势。

GaN 基 Fin HEMT 结构器件的研制和研究，从 Fin HEMT 结构的制备技

术来区分，主要有两种：一种是所谓的“自下而上”的制备技术，即采用材料外延生长技术，先外延生长合成纳米线结构，然后采用通用的成熟的器件制备工艺来制作GaN基纳米沟道结构的器件；另一种是所谓的“自上而下”的制备技术，即针对成熟的材料晶圆，采用先进的微电子工艺制备技术，通过高分辨光刻技术和刻蚀技术，在器件制作的过程中制备出Fin HEMT结构，并整合进器件的整体制备工艺流程中。随着GaN基Fin HEMT器件研究和应用的推进，目前主要以“自上而下”的制备技术为主。

6.1.2　GaN基Fin HEMT器件的阈值电压模型

下面介绍一个简化的AlGaN/GaN Fin HEMT器件的阈值电压模型，该模型忽略了表面陷阱电荷、势垒层和缓冲层的体陷阱电荷对于阈值电压的影响，着重关注Fin结构参数对于Fin HEMT器件阈值电压的影响。

图6.1展示了AlGaN/GaN Fin HEMT器件栅下沿Fin单元宽度方向的电子浓度分布的模型示意图。对于常规HEMT器件，栅极在沟道层上方，栅极对于沟道通过肖特基接触形成的耗尽区只在外延方向上；对于Fin HEMT器件，除了来源于顶部栅的肖特基接触所形成的耗尽区体现在外延方向之外，还有来自Fin结构两侧的沿栅宽方向附加的侧墙栅的耗尽作用。

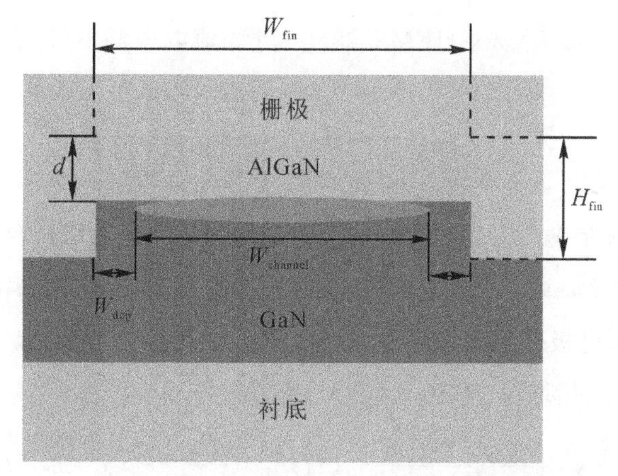

图6.1　AlGaN/GaN Fin HEMT器件电子浓度分布模型示意图

为了简化分析，假设 Fin 结构受侧墙栅的肖特基耗尽区所影响的宽度为 W_{dep}（W_{dep}范围内的电子面密度为 0），Fin 结构实际的载流子沟道的宽度为 $W_{channel}$（$W_{channel}$范围的内电子面密度为一个常数），Fin 结构的宽度为 W_{fin}，那么可以认为 $W_{channel} \approx W_{fin} - 2W_{dep}$。当 Fin 结构侧墙栅的肖特基金属的功函数确定后，如果 Fin 单元高度（H_{fin}）确定，W_{dep}确定为一个常数，且当 Fin 单元宽度（W_{fin}）减小时，$W_{channel}$占整个 Fin 结构的比例（$W_{channel}/W_{fin}$）降低，沟道内的二维电子气的面密度降低，再考虑到 Fin 单元高度对 Fin 结构电子浓度分布的影响，那么 Fin 结构的实际二维电子气面密度 N_{2Dfin}可以表达为

$$N_{2Dfin} = N_{2D} \times \left(\frac{W_{fin} - 2W_{dep}}{W_{fin}} + \alpha(H) \right) \tag{6-1}$$

式(6-1)中，N_{2D}是具有相同 AlGaN/GaN 异质结材料性能的常规 HEMT 器件的二维电子气面密度；$\alpha(H)$是反映 Fin 单元高度对 Fin HEMT 器件电子浓度分布影响的拟合参数，并且随着 Fin 单元高度（H_{fin}）的增加而降低。

另外，Fin 阵列沟道存在压电极化的弛豫效应，极化电荷密度 σ_{fin}可以表示为

$$\sigma_{fin} = \sigma - P_{PZ}(\text{AlGaN}) \cdot \chi \tag{6-2}$$

式(6-2)中，σ 是常规 HEMT 器件的极化电荷密度，P_{PZ}(AlGaN)是 AlGaN 势垒层的压电极化强度，χ 表示压电极化的弛豫程度。

对于常规 AlGaN/GaN HEMT 器件，其阈值电压 V_{th}可以表示为

$$V_{th} = \phi_b - \frac{eN_{2D}d}{2\varepsilon_i} - \frac{\Delta E_C}{e} - \frac{\sigma d}{\varepsilon_i} \tag{6-3}$$

式(6-3)中，e 是电子电荷量，$e\phi_b$是肖特基势垒高度，ε_i是 AlGaN 的介电常数，d 是 AlGaN 势垒层的厚度，ΔE_C是 AlGaN/GaN 异质结材料在界面处的导带底的带阶。那么，对于 Fin HEMT 器件，考虑到 Fin 结构侧墙栅的耗尽作用和纳米沟道的压电极化的弛豫效应，将式(6-1)和式(6-2)代入式(6-3)中，Fin HEMT 器件的阈值电压 V_{th_fin}可以表示为

$$V_{th\_fin} = \phi_b - \frac{ed}{2\varepsilon_i} N_{2D} \left(\frac{W_{fin} - 2W_{dep}}{W_{fin}} + \alpha(H) \right) - \frac{\Delta E_C}{e} - \frac{d}{\varepsilon_i} (\sigma - P_{PZ}(\text{AlGaN}) \cdot \chi) \tag{6-4}$$

从式(6-4)中可以清楚地发现，Fin HEMT器件的阈值电压随着Fin单元宽度(W_{fin})的减小向着正方向漂移，并且Fin HEMT器件的阈值电压基本独立于Fin长度(L_{fin})。另外，压电极化的弛豫程度可以表示为$\chi=\beta\cdot[1+\exp(-W_{fin}/2\lambda)]\cdot\exp(-W_{fin}/\lambda)$，其中$\beta$和$\lambda$是拟合参数，可以通过拟合$V_{th}$-$W_{fin}$关系曲线来获得。

6.1.3　结构参数对AlGaN/GaN Fin HEMT器件特性的影响

图6.2展示了AlGaN/GaN Fin HEMT器件的制备流程。本节介绍的AlGaN/GaN Fin HEMT器件的源漏间距(L_{sd})为3.5 μm，栅长(L_g)为0.2 μm，栅源间距(L_{gs})为1.1 μm，栅漏间距(L_{gd})为2.2 μm，栅帽长度(L_{g_cap})为0.8 μm，栅宽(W_g)为50 μm。西安电子科技大学研究团队设计并实现了具有不同Fin单元宽度(W_{fin}= 100 nm，150 nm，200 nm，250 nm)、不同Fin长度(L_{fin}= 0.2 μm，1 μm，3.5 μm)以及不同占空比(Fin单元宽度/Fin周期=W_{fin}/W_{period}= 200 nm/300 nm，200 nm/500 nm，200 nm/600 nm，200 nm/700 nm)的Fin阵列结构。在进行直流特性分析时，Fin HEMT器件的转移特性和输出特性均归一化到器件的有效栅宽W_{g_eff}($W_{g\_eff}=W_g\times W_{fin}/W_{period}$)下。图6.3展示了AlGaN/GaN Fin HEMT器件结构图。

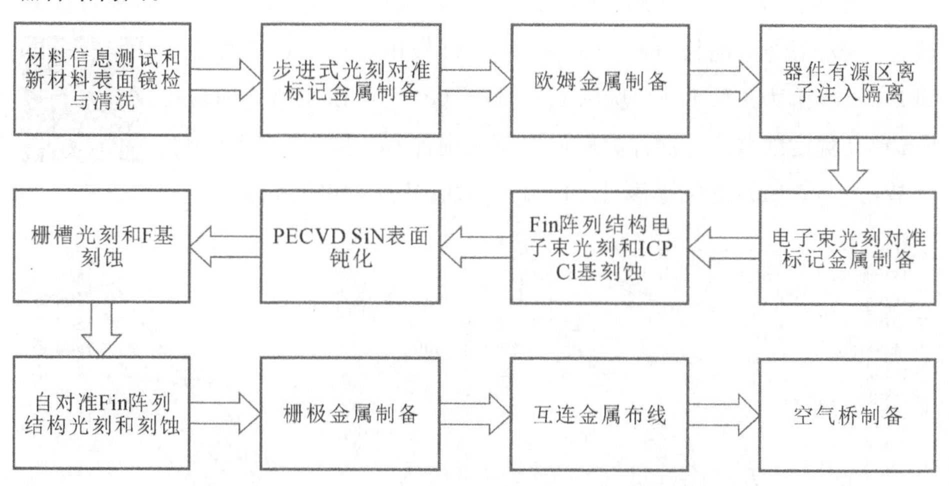

图6.2　AlGaN/GaN Fin HEMT器件的制备流程

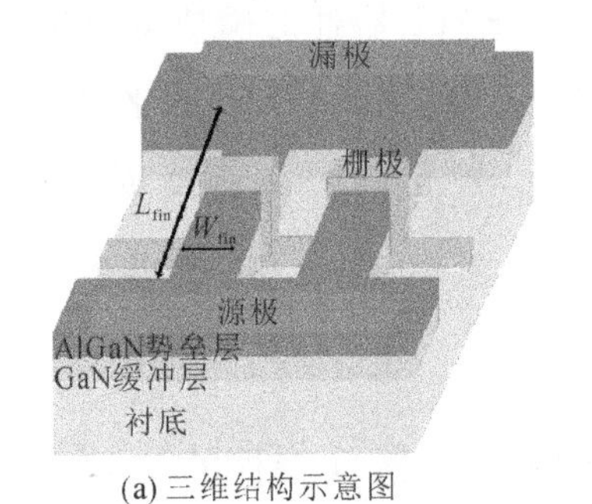

(a) 三维结构示意图

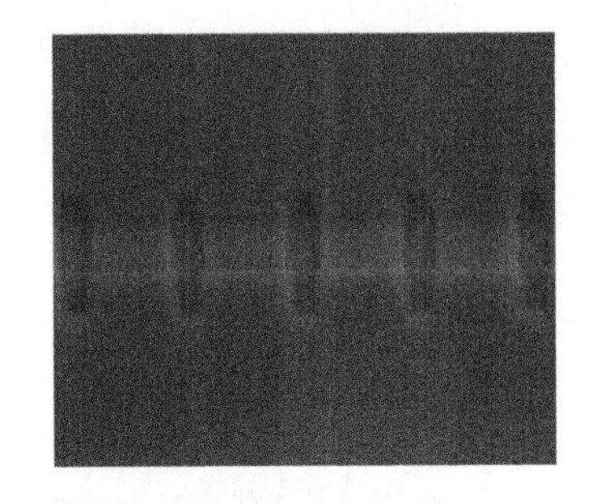

(b) 栅金属蒸发前栅下区域SEM俯视图

(c) 器件互连后的SEM俯视图

图 6.3 AlGaN/GaN Fin HEMT 器件结构图

图 6.4 展示了具有不同 Fin 阵列结构参数的 AlGaN/GaN Fin HEMT 器件和常规平面结构 AlGaN/GaN HEMT 器件的转移特性。在进行转移特性测试时，源极接地，漏极电压固定在 6 V，栅极电压从 −6 V 扫描到 2 V，步阶为 +0.1 V。从图 6.4(a)～(c)中可以发现，随着 Fin 单元宽度的减小，器件的阈值电压正向漂移，从 −3.5 V(对应 W_{fin}=250 nm)正向漂移至 −1.50 V(对应 W_{fin}=100 nm)，

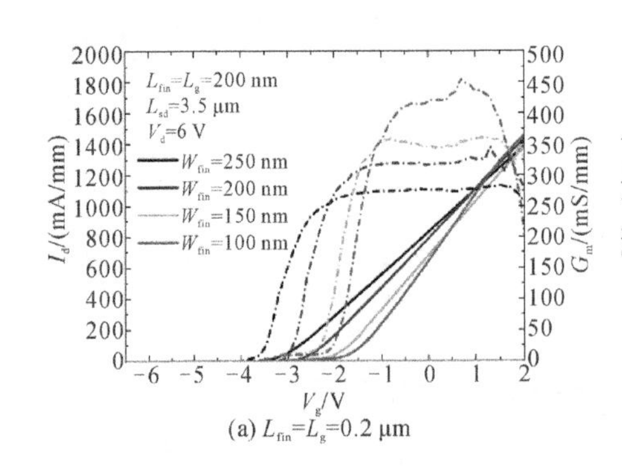

(a) $L_{fin}=L_g$=0.2 μm

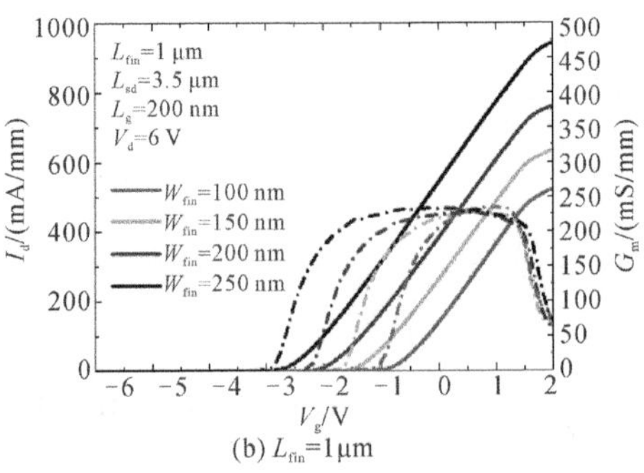

(b) L_{fin}=1μm

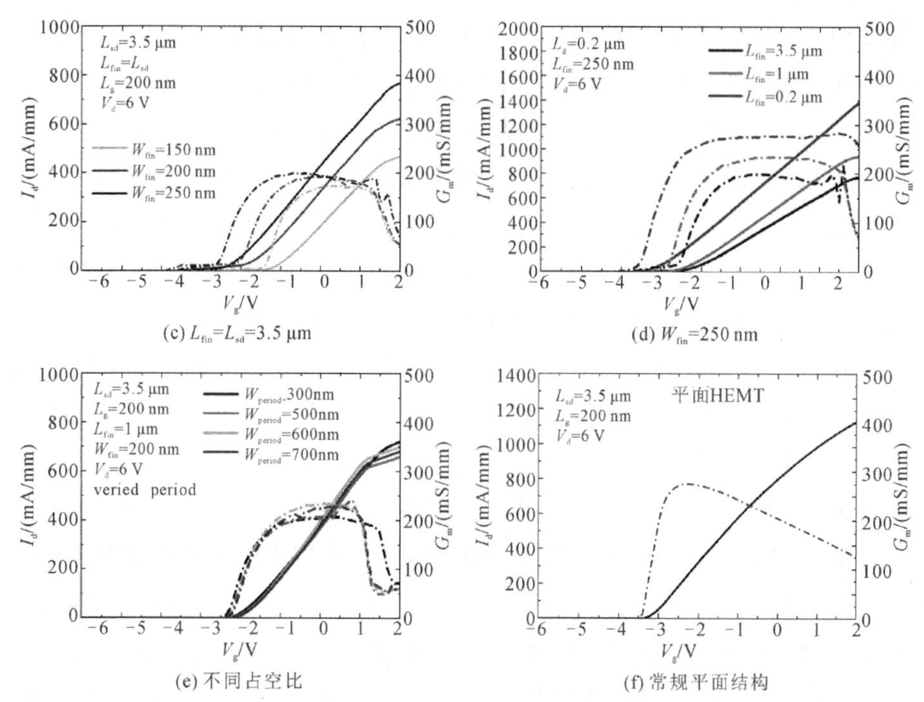

图 6.4　AlGaN/GaN Fin HEMT 器件转移特性(实线表示漏极电流密度，点画线表示跨导)

这主要归结于以下两个方面：一方面是 Fin 结构侧墙栅的栅极金属对沟道的肖特基耗尽作用；另一方面是 Fin 阵列中纳米沟道的压电极化的弛豫效应。

从图 6.4(a)～(c)中还可以发现，AlGaN/GaN Fin HEMT 器件的非本征跨导峰值与 Fin 长度(L_{fin})和 Fin 单元宽度(W_{fin})均有关，对于 Fin 长度(L_{fin})和栅长(L_g)相等($L_{fin}=L_g=0.2$ μm)的 AlGaN/GaN Fin HEMT 器件，随着 Fin 单元宽度(W_{fin})的减小，AlGaN/GaN Fin HEMT 器件的非本征跨导峰值提高；对于 Fin 长度(L_{fin})和源漏间距(L_{sd})相等($L_{fin}=L_{sd}=3.5$ μm)的 AlGaN/GaN Fin HEMT 器件，随着 Fin 单元宽度(W_{fin})的减小，AlGaN/GaN Fin HEMT 器件的非本征跨导峰值降低；对于 Fin 长度(L_{fin})为 1 μm 的 AlGaN/GaN Fin HEMT 器件，随着 Fin 单元宽度(W_{fin})的减小，非本征跨导峰值基本维持不变。图 6.4(d)展示了 Fin 单元宽度(W_{fin})为 250 nm 情况下不同 Fin 长度($L_{fin}=0.2$ μm，1 μm，3.5 μm)的 Fin HEMT 器件的转移特性比较。从图 6.4(d)中可以看出，在 Fin 单元宽度(W_{fin})、栅长(L_g)、源漏间距(L_{sd})保持固定的情况下，随着 Fin 长度(L_{fin})的增加，AlGaN/GaN Fin HEMT 器件的非本征跨导峰值逐渐降低，

这主要归结于随着 Fin 长度(L_{fin})的增加，器件栅源和栅漏的寄生电阻值增加，导致器件的非本征跨导降低。图 6.4(e)比较了 Fin 长度为 1 μm、Fin 单元宽度为 200 nm 情况下不同 Fin 周期(W_{period}=300 nm，500 nm，600 nm，700 nm)器件的转移特性。从图 6.4(e)中可以看出，当 Fin HEMT 器件的 Fin 单元高度、Fin 长度(L_{fin})和 Fin 单元宽度(W_{fin})保持一致时，Fin 阵列结构的周期基本不影响归一化到有效栅宽下的转移特性。图 6.4(f)展示了同片制备的常规平面结构 AlGaN/GaN HEMT 的转移特性，其跨导峰值为 278 mS/mm，阈值电压为－3.5 V。在 AlGaN/GaN Fin HEMT 器件中，对于 Fin 单元宽度为 100 nm、Fin 长度为 0.2 μm 的器件，其跨导峰值达到 450 mS/mm，阈值电压为－1.5 V。此外，从图 6.4 中还可以看出，相比于 AlGaN/GaN 常规平面结构器件，Fin HEMT 器件具有良好的跨导平坦度。

图 6.5(a)总结了 Fin HEMT 器件在不同 Fin 长度下跨导峰值随着 Fin 单元宽度的变化趋势。从图 6.5(a)可以看出，当 $L_{fin}=L_g=0.2$ μm 时，随着 Fin 单元宽度(W_{fin})的增加，器件的非本征跨导峰值减小；当 $L_{fin}=1$ μm 时，随着 Fin 单元宽度(W_{fin})的增加，器件的非本征跨导峰值基本不变；当 $L_{fin}=L_{sd}=3.5$ μm 时，随着 Fin 单元宽度(W_{fin})的增加，器件的非本征跨导峰值增加。该现象的原理解释如下：当 Fin 长度(L_{fin})和栅长(L_g)相当或者小于某一特征值(该特征值处在 L_g 和 L_{sd} 之间)时，随着 Fin 单元宽度(W_{fin})的减小，器件栅控能力进一步增强，器件栅极电容增加，使得 AlGaN/GaN Fin HEMT 器件的非本征跨导峰值提高；当 Fin 长度(L_{fin})和源漏间距(L_{sd})相当或者大于某一特征值(该特征值处在 L_g 和 L_{sd} 之间)时，随着 Fin 单元宽度(W_{fin})的减小，虽然器件栅控能力进一步增强，器件栅极电容增加，但是器件栅源和栅漏之间的 Fin 结构的寄生电阻增加，该寄生电阻会导致器件非本征跨导降低，并且由于器件栅源和栅漏之间的 Fin 结构的寄生电阻受到 Fin 单元宽度(W_{fin})的影响，当 Fin 单元宽度(W_{fin})减小，器件栅源和栅漏之间的有源区部分的 Fin 阵列结构的方阻增加，导致器件栅源和栅漏之间的寄生电阻增加，进而抵消由于 Fin 单元宽度(W_{fin})减小，器件栅极电容增加所带来的器件跨导峰值增加的这个影响，最终导致在该情况下，随着 Fin 单元宽度(W_{fin})的减小，GaN 基 Fin HEMT 器件的非本征跨导峰值降低；相应地，必然存在一种情况，当 Fin 长度(L_{fin})等于某一特征值(该特征值处在 L_g 和 L_{sd} 之间)时，比如前述结构中 $L_{fin}=1$ μm 的情况下，随着

Fin 单元宽度(W_{fin})的变化，GaN 基 Fin HEMT 器件的非本征跨导峰值基本维持不变。图 6.5(b)展示了在不同 Fin 长度下相同过驱动电压下的漏极电流密度随着 Fin 单元宽度的变化趋势，由于漏极电流密度在栅极过驱动电压相同的情况下与跨导成正相关，因此其变化规律与跨导峰值的变化规律类似。

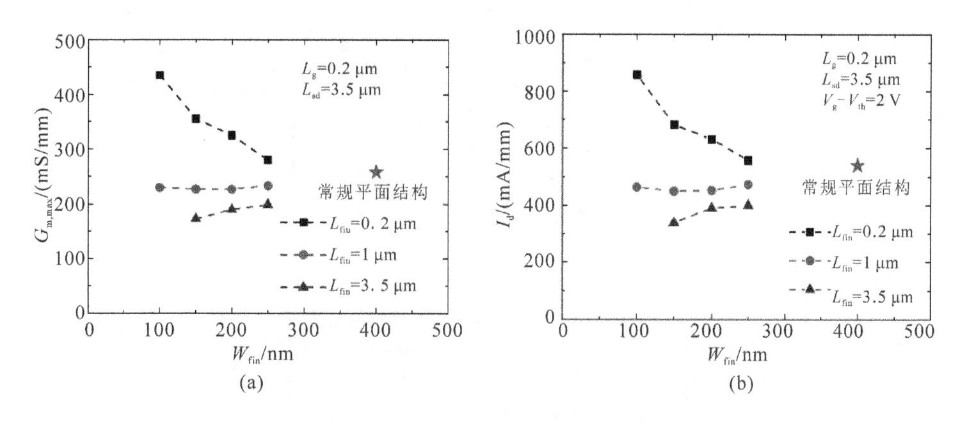

(a)　(b)

图 6.5　AlGaN/GaN Fin HEMT 器件的变化趋势图

图 6.6 展示了 AlGaN/GaN Fin HEMT 器件的亚阈值摆幅(SS)和漏致势垒降低量(DIBL)随着 Fin 单元宽度(W_{fin})和 Fin 长度(L_{fin})的变化关系。器件的 Fin 单元宽度(W_{fin})和 Fin 周期单元刻蚀区域宽度(W_{trench})相等，Fin 单元高度(H_{fin})为 45 nm，栅长(L_g)为 0.2 μm。从图 6.6(a)中可以看出，在 Fin 长度(L_{fin})固定的情况下，随着 Fin 单元宽度(W_{fin})的减小，Fin HEMT 器件的亚阈值摆幅(SS)和漏致势垒降低量(DIBL)降低，其中 SS 从 80 mV/dec(对应 W_{fin}=250 nm)降低至 70 mV/dec(对应 W_{fin}=100 nm)，DIBL 从 30 mV/V(对应 W_{fin}=250 nm)降低至 18 mV/V(对应 W_{fin}=100 nm)，而常规平面结构 AlGaN/GaN HEMT 器件的 SS 和 DIBL 则分别为 96 mV/dec 和 32mV/V。AlGaN/GaN Fin HEMT 器件相比常规平面结构 AlGaN/GaN HEMT 器件，由于 Fin 结构的三维环形栅结构能够增强栅极对沟道的控制能力，因此 Fin HEMT 器件的 SS 和 DIBL 相比于常规平面结构 HEMT 器件均有所降低；此外，对于 Fin HEMT 器件，随着 Fin 单元宽度的减小，Fin 结构侧墙栅金属对沟道的栅控能力进一步增强，Fin HEMT 器件的 SS 和 DIBL 进一步降低。从图 6.6(b)中可以看出，在 Fin 单元宽度(W_{fin})固定的情况下，随着 Fin 长度(L_{fin})的增加，Fin HEMT 器件的 SS 基本没有变化，而 DIBL 则随着 Fin 长度(L_{fin})

的增加而轻微增加。

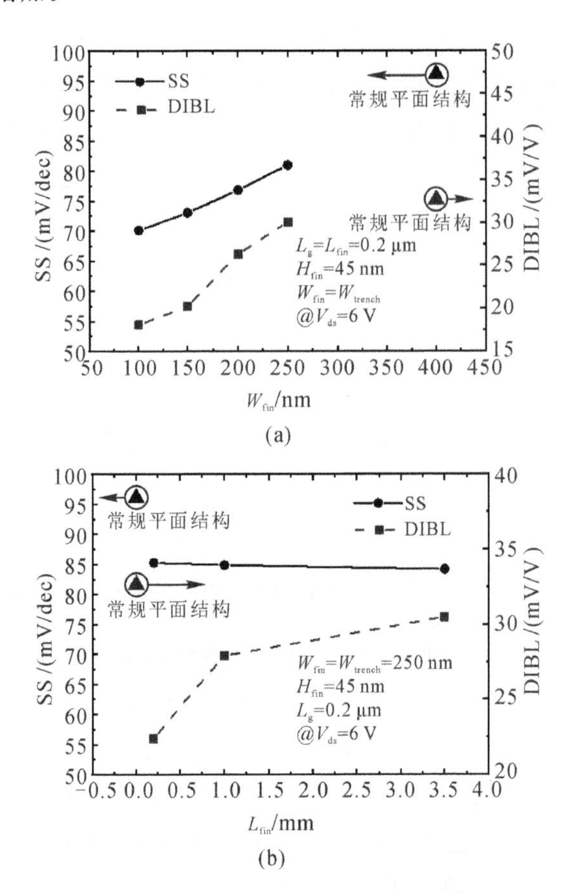

图 6.6 AlGaN/GaN Fin HEMT 器件的结构变化关系

6.2 氮化镓高线性器件

6.2.1 高线性器件研究背景

随着以卫星通信、无线基站、雷达应用等为代表的通信科技的蓬勃发展，现代无线通信体系应具备更高的瞬时传输速度、数据传输速率和频谱利用率以适应日益增长的使用要求，这意味着电路核心器件的功率信号放大能力必须满

足更高的标准。由于 GaN 基 HEMT 元件具备高击穿电压密度、大电流密度、低导通电阻等优异特点，以其为核心元件的功率放大器的线性度是衡量整个无线通信系统的重要技术指标之一，会直接影响整个通信系统信息传输的品质，因此，提高器件线性度，十分有必要。随着人们对功率放大线性度和超高频应用要求的日益提高，随着嵌入式集成电路总体尺寸的不断缩小，GaN 基 HEMT 元件的沟道尺寸相应减小，这就导致了器件中源漏间距越来越短，栅长相应减小，栅控制能力进一步减弱。在栅长不断减小的趋势下，传统的 GaN 基 HEMT 器件跨导曲线过早降低，平坦度降低，器件存在严重的非线性特征，因此功率放大器存在极严重的非线性问题，例如出现传输速率低下以及在输入功率较高的情况下，由于输出功率饱和而导致信号失真等一系列问题。所以，提高 GaN 基 HEMT 器件的线性度对改善器件的非线性至关重要。

近年来，GaN 基毫米波器件发展迅速，已经成为高频高功率应用中不可或缺的一部分。随着无线通信网络的不断发展，功率放大器的设计越来越重要，它的输出功率密度、功率附加效率以及线性度的高低直接影响整个系统的效率，图 6.7 为线性 A 类或 B 类射频功率放大器的简化电路图。

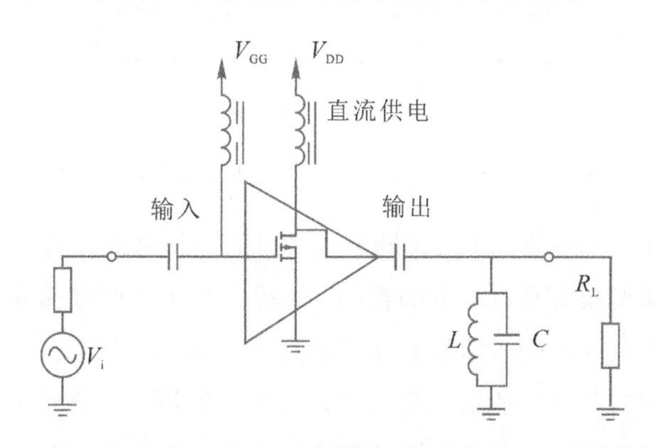

图 6.7　线性 A 类或 B 类射频功率放大器的简化电路图

GaN 材料本身具有高电子饱和漂移速度以及高击穿电压等优势，放大器实现较高的输出功率以及效率并不是难事，但是在高频工作中，由于晶体管本身会产生非线性失真[1]，因此 GaN 基功率放大器存在严重的非线性现象，造成输出信号失真[2]。信号失真主要包括谐波失真以及交调失真。信号失真也就意味着放大器的功率特性和效率退化[3]。现代数字通信系统要求放大器具有良

好的线性特性，以实现高比特率的数据转换，所以为了提高输出信号的质量，最大程度地消除各种信号失真，使得功放具有较高的线性度已经成为一个重要课题。

时至今日，各科研团队提出了多种实现高线性晶体管的方法[4]。从降低三阶交调的角度来看，晶体管的跨导参数会显著地影响交调失真，三阶交调因子(IM3)表征三阶交调失真的严重程度，IM3 的值越低越好，而交调失真由亚阈值区域的 G_m 分布决定，数值急剧增加的跨导分布可以减小三阶交调失真，在 HEMT 的 GaN 缓冲层中插入一层薄薄的 n-GaN，即建立一个内缓冲层结构，可使载流子从二维分布变为三维分布，减缓跨导达到峰值后的退化，从而实现跨导线性度的提升，如图 6.8 所示。

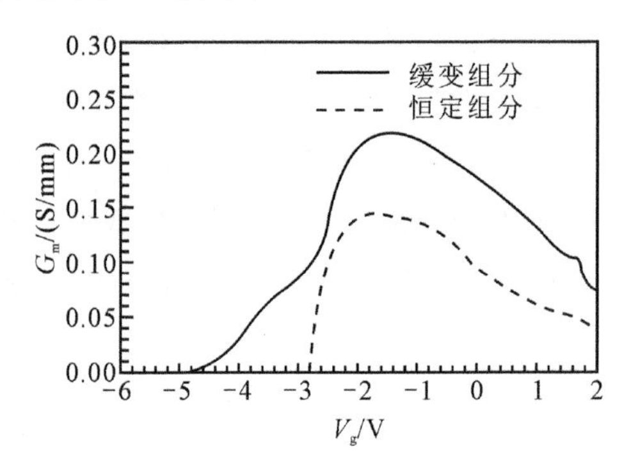

图 6.8　缓变结构 HEMT 与传统 HEMT 的跨导分布曲线

要实现高线性晶体管，除考虑跨导特性外，还将谐波失真考虑在内，同时减小交调失真和谐波失真对功放的影响。若将一个正弦信号输入放大器，放大器输出信号的基波随着输入信号和跨导的增大而增大，而输出的谐波分量随跨导的一阶导数和二阶导数的增大而增大；另外，在多输入情况下，交调失真因子(IMD)与跨导的二阶导数具有同样的变化关系，那么就可以通过优化跨导及其导数来减小失真。根据这个思路，本书将介绍采用不同阈值 HEMT 器件的并联结构，通过调控势垒层厚度来调控跨导特性，并不断优化栅宽比例因子，最终实现高线性。

6.2.2　类 Fin HEMT 高线性氮化镓器件

我们利用类 Fin HEMT 结构实现了 InAlN/GaN 器件，所采用的 InAlN/GaN

异质结材料的层结构和常规HEMT器件结构如图6.9所示。该InAlN/GaN异质结材料是在半绝缘SiC衬底上采用MOCVD技术外延生长的，其层结构自下往上依次为1.3 μm厚的GaN缓冲层、8 nm厚的InAlN势垒层(In组分为17%)和2 nm厚的GaN帽层(图中未显示)。室温下该InAlN/GaN异质结材料的霍耳测试结果显示其二维电子气面密度为$1.7\times10^{13}\ cm^{-2}$，载流子迁移率为$2123\ cm^2/(V\cdot s)$，材料方阻为173 Ω/□。

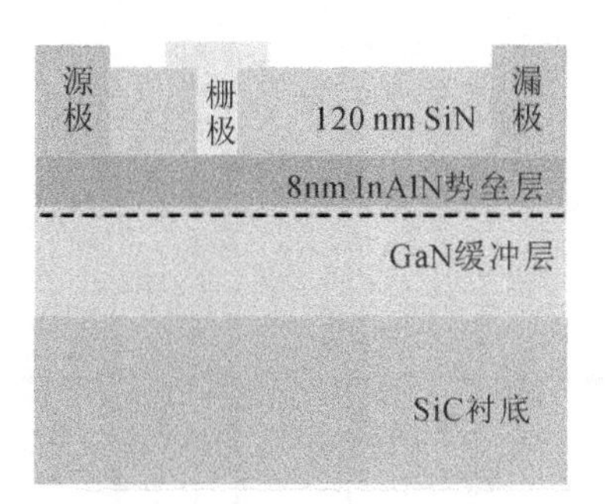

(a) InAlN/GaN常规HEMT器件的剖面示意图

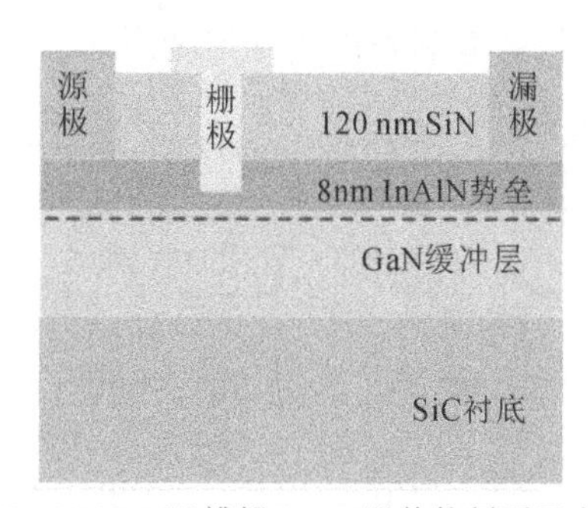

(b) InAlN/GaN凹槽栅HEMT器件的剖面示意图

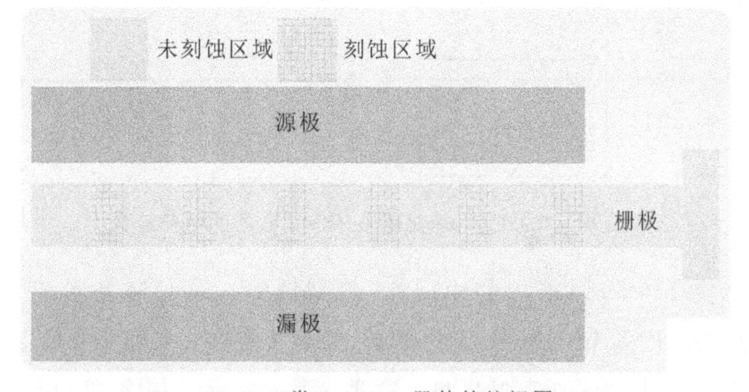

(c) InAlN/GaN类Fin HEMT器件的俯视图

图6.9　InAlN/GaN器件结构示意图

图6.10展示了InAlN/GaN类Fin HEMT器件的制备流程。在材料信息测试和新材料表面镜检与清洗完成后，首先电子束蒸发沉积用于步进式光刻对准标记金属(Ti/Ni)制备，然后对器件源极和漏极进行欧姆金属制备，之后进行器件有源区离子注入隔离。在完成有源区隔离之后，电子束蒸发沉积用于电子束光刻对准标记金属(Ti/Au)制备。随后，采用PECVD沉积120 nm厚度的SiN介质形成SiN表面钝化。接着，通过电子束进行栅槽光刻和F基刻蚀实现

栅下钝化层去除，确保栅极和异质结材料的接触为肖特基接触，同时定义器件的栅长(L_g)为 100 nm。之后，进行第二轮电子束光刻，实现自对准 Fin 阵列结构光刻和刻蚀，其位置套刻在栅脚区域，以刻蚀速率为 4 nm/min 的 ICP Cl 基优化工艺刻蚀，但在刻蚀时控制刻蚀深度，使得 Fin 阵列结构周期内被刻蚀区域仍存在 InAlN 势垒层，形成类 Fin 阵列结构，因此，在器件的栅宽方向上，实现了类似于双沟道 HEMT 器件的周期性重复的两个阈值电压沟道。最后进行栅极金属制备以及互连金属布线。

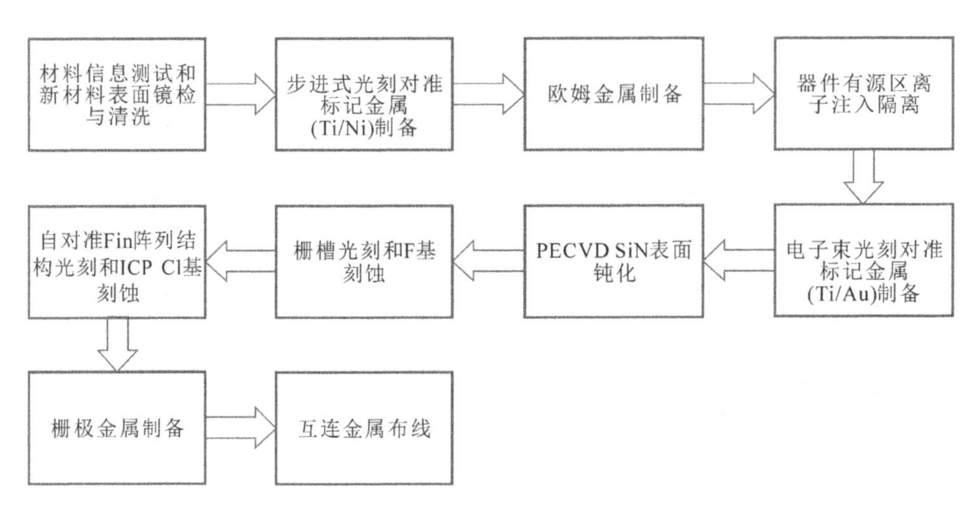

图 6.10　InAlN/GaN 类 Fin HEMT 器件的制备流程

在进行类 Fin 阵列结构的 ICP Cl 基刻蚀时，同时制备具有相同剩余 InAlN 势垒层厚度的 InAlN/GaN 凹槽栅 HEMT 器件，如图 6.9 所示。通过原子力显微镜(AFM)测量被刻蚀区域，深度达到 127 nm，扣除 120 nm 的 SiN 钝化层的厚度，InAlN 势垒层被刻蚀 7 nm 厚，剩余 InAlN 势垒层厚度为 3 nm。需要说明的是，在进行 ICP Cl 基刻蚀时，虽然 Fin 长度为 600 nm，但是由于栅脚区域之外的 SiN 钝化介质对于 Cl 基刻蚀的硬掩膜作用，最终只在栅下形成类 Fin 阵列结构，即类 Fin 阵列结构的 Fin 长度和栅长相等。为了便于比较，这里还制备了常规 HEMT 器件。

InAlN/GaN 类 Fin HEMT 器件的源漏间距(L_{sd})为 2 μm，栅长(L_g)为 100 nm，栅宽(W_g)为 50 μm，类 Fin 结构的 Fin 单元宽度(W_1)为 200 nm，周期内被刻蚀的凹槽区域的宽度(W_2)为 100 nm。

图 6.11 展示了 InAlN/GaN 常规 HEMT 器件、凹槽栅 HEMT 器件和类 Fin HEMT 器件的转移特性。在进行转移特性测试时，源极接地，漏极电压固定在 6 V，栅极电压从 −8 V 扫描到 2 V，步阶为 +0.1 V。InAlN/GaN 常规 HEMT 器件、凹槽栅 HEMT 器件和类 Fin HEMT 器件的阈值电压分别为 −4.2 V、−0.2 V 和 −4.1 V，最大漏极电流分别达到 2.2 A/mm、1.4 A/mm 和 1.9 A/mm，跨导峰值分别为 527 mS/mm、705 mS/mm 和 355 mS/mm。相比于常规 HEMT 器件，凹槽栅 HEMT 器件的阈值电压正向漂移约 4 V，而类 Fin 结构 HEMT 器件的阈值电压的正向漂移量很小，仅为 0.1 V，其原因主要在于凹槽栅 HEMT 器件的栅下区域极化电荷面密度降低，而类 Fin 结构的 Fin 单元宽度较大且 Fin 单元高度较低，侧墙栅对沟道的辅助肖特基耗尽作用较弱，因此类 Fin HEMT 器件的阈值电压相较于常规结构 HEMT 器件而言正向漂移量很小。另外，相比于常规 HEMT 器件，凹槽栅 HEMT 器件的跨导峰值提高了约 33%，其原因主要在于凹槽栅结构减小了栅极到载流子沟道之间的距离，提高了栅极电容，增强了栅极对沟道的控制能力。此外，从图 6.11 中还可以看出，相比于常规 HEMT 器件和凹槽栅 HEMT 器件，类 Fin HEMT 器件的跨导平坦度明显改善。这里以达到跨导峰值的 80% 所对应的栅极电压差作为器件的栅压摆幅（GVS@G_m），图 6.11 所示常规 HEMT 器件的 GVS@G_m 为 2.3 V，而类 Fin HEMT 器件的 GVS@G_m 为 5.4 V，其跨导平坦度显著改善。

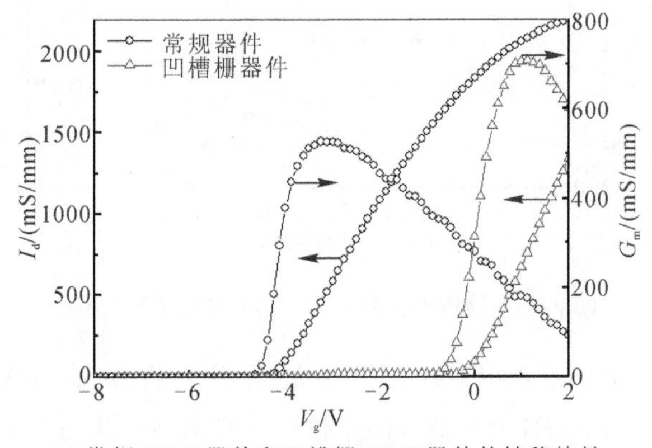

(a) 常规HEMT器件和凹槽栅HEMT器件的转移特性

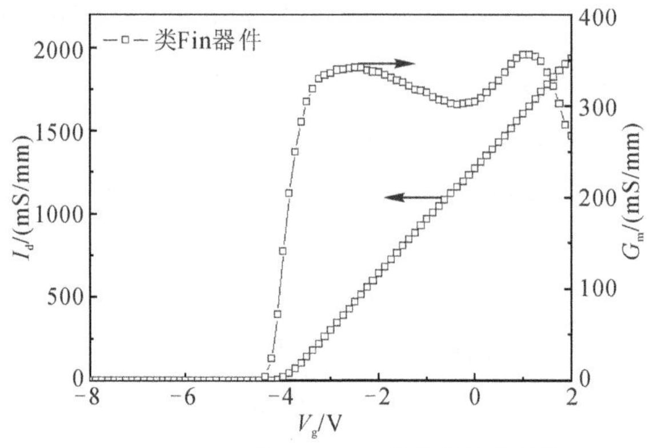

(b) InAlN/GaN类Fin HEMT器件的转移特性

图 6.11 InAlN/GaN 器件转移特性

图 6.12 比较了国内外不同研究小组报道的高线性 GaN 基 HEMT 器件的栅压摆幅和跨导峰值。从图中可以看出，我们制备的 InAlN/GaN 类 Fin HEMT 器件，通过将 Fin 阵列结构和双阈值沟道依次开启来实现高线性的工作原理相结合，在保持较高的跨导峰值(大于 300 mS/mm)的情况下具有最宽的栅压摆幅。

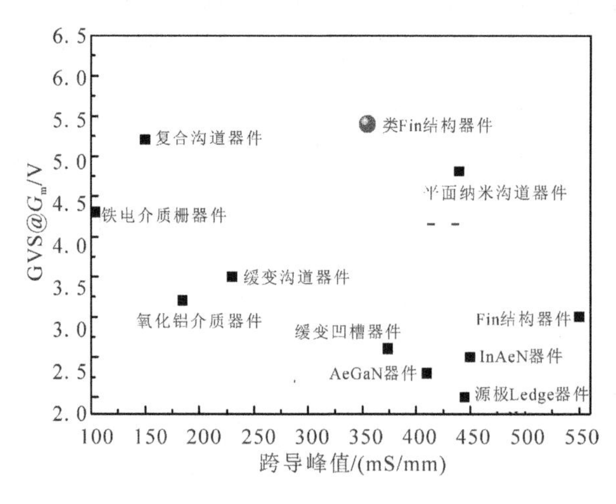

图 6.12 国内外不同研究小组报道的 GVS@G_m

我们采用安捷伦 Agilent8363B 矢量网络分析仪对 InAlN/GaN 常规 HEMT 器件和类 Fin HEMT 器件的小信号 S 参数特性进行测量。在进行小信号测试时，测试频率从 100 MHz 到 40 GHz，频率扫描步阶为 100 MHz，源极接地，漏极电压固定在 6 V，栅极电压从 −4 V 扫描到 2 V，步阶为 0.25 V。图

6.13 展示了 InAlN/GaN 常规 HEMT 器件和类 Fin HEMT 器件的 f_T和 f_{max}。由图可以看出，InAlN/GaN 常规 HEMT 器件的 f_T和 f_{max}分别达到 88 GHz 和 180 GHz，而 InAlN/GaN 类 Fin HEMT 器件的 f_T和 f_{max}分别为 63 GHz 和 125 GHz，相比于常规 HEMT 器件的 f_T和 f_{max}分别降低了 28%和 30%，其原因主要在于类 Fin HEMT 的非本征跨导峰值相对于常规 HEMT 器件的降低了约 32%。

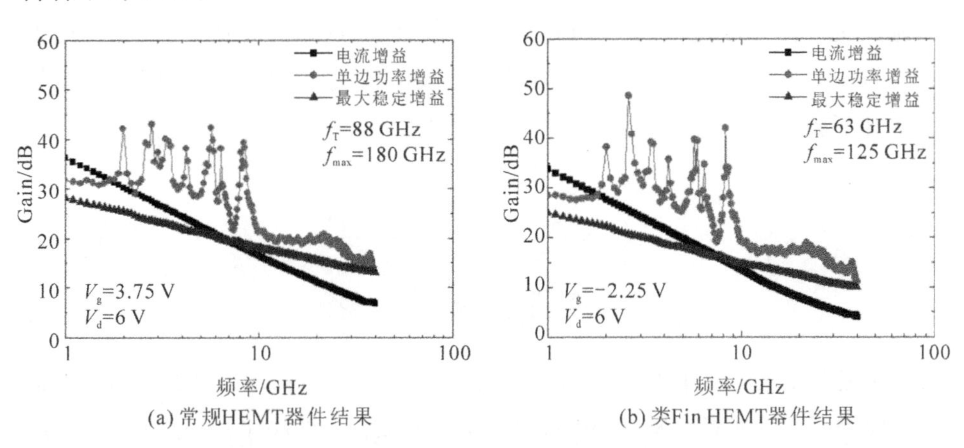

(a) 常规HEMT器件结果　　(b) 类Fin HEMT器件结果

图 6.13　InAlN/GaNHEMT 器件小信号特性曲线

图 6.14 展示了 InAlN/GaN 常规 HEMT 器件和类 Fin HEMT 器件的 f_T和 f_{max}随着栅极电压 V_g的变化关系。由图可以看出，虽然相比于 InAlN/GaN 常规 HEMT 器件而言，InAlN/GaN 类 Fin HEMT 器件的 f_T和 f_{max}均有所降低，但

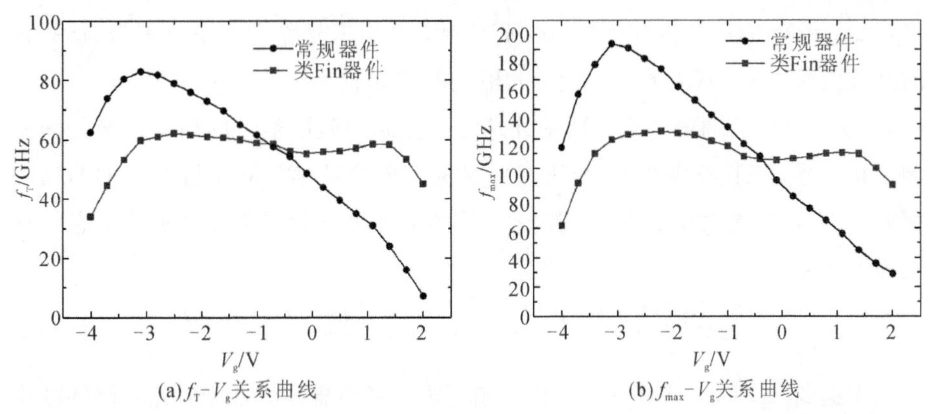

(a) f_T-V_g关系曲线　　(b) f_{max}-V_g关系曲线

图 6.14　InAlN/GaN 常规 HEMT 器件和类 Fin HEMT 器件小信号特性曲线

是其 f_T 和 f_{max} 的线性度得到显著改善，在整个栅极电压扫描范围内，在接近 4.5 V 的栅压摆幅内，类 Fin HEMT 器件的 f_T 和 f_{max} 都能保持在峰值附近的 80%以上，但是常规 HEMT 器件的 f_T 和 f_{max} 的栅压摆幅仅为 1.5V 左右。

在器件进行信号放大的过程中，当在栅极输入频率为 ω_0、振幅为 A 的单音电压信号 $v_{in}=A\cos(\omega_0 t)$ 时，漏极输出的放大信号不止是频率为 ω_0 的基波信号，还包括频率为 $2\omega_0$ 的二次谐波、频率为 $3\omega_0$ 的三次谐波等谐波信号。其中频率为 ω_0 的基波信号 v_{out} 正比于跨导 G_m，频率为 $2\omega_0$ 的二次谐波信号 v_{out2} 正比于跨导的一阶导数 G'_m，频率为 $3\omega_0$ 的三次谐波信号 v_{out3} 正比于跨导的二阶导数 G''_m，如下所示：

$$v_{out} \propto G_m A\cos(\omega_0 t) \tag{6-5}$$

$$v_{out2} \propto \frac{G'_m A^2(1+\cos(2\omega_0 t))}{2} \tag{6-6}$$

$$v_{out3} \propto \frac{G''_m A^3(3\cos(\omega_0 t)+\cos(3\omega_0 t))}{4} \tag{6-7}$$

在通信系统的应用中，收发端通常会加入滤波器来消除谐波频率分量，这也说明需要通过抑制谐波信号的放大来提高基波信号的输出功率。另外，在通信系统中，通常会在射频放大器的输入端加入多个频率间隔相近的输入信号来实现通信频带内的信息压缩，但是由于器件存在非线性效应，输出信号除了各个频率的基波和谐波信号之外，还会存在相应频率的混频信号，当混频信号的频率位于通信频带之内且信号振幅与基波信号相近时，会导致输出信号失真。在进行双音测试时，在栅极输入频率分别为 ω_1 和 ω_2、振幅均为 A 的双音电压信号 $v_{in1}=A\cos(\omega_1 t)$ 和 $v_{in2}=A\cos(\omega_2 t)$ 时，输出信号除了频率分别为 ω_1 和 ω_2 的基波信号之外，还存在与 ω_1 和 ω_2 相关的交调信号，其中频率为 $2\omega_1-\omega_2$ 和 $2\omega_2-\omega_1$ 的三阶交调信号是与频率分别为 ω_1、ω_2 的基波信号的频率最接近的交调干扰信号。三阶交调失真(IMD3)定义为三阶交调信号和基波信号的输出功率差，IMD3 的绝对值越大，三阶交调信号对于基波信号的干扰越小，它们存在如下关系：

$$\text{IMD3} \propto \frac{G''_m A^3(3\cos((2\omega_1-\omega_2)t)+3\cos((2\omega_2-\omega_1)t))}{4} \tag{6-8}$$

根据式(6-6)～式(6-8)可以知道，通过减小器件的 G'_m 和 G''_m，能够减小器件的二次谐波信号、三次谐波信号以及三阶交调失真，以提高器件的线性

度。图 6.15 比较了 InAlN/GaN 常规 HEMT 器件和类 Fin HEMT 器件的 G'_m 和 G''_m。通过将 Fin 阵列结构和多阈值沟道依次开启的原理相结合，InAlN/GaN 类 Fin HEMT 器件相比于常规 HEMT 器件的 G'_m 和 G''_m 的峰值均有所降低。

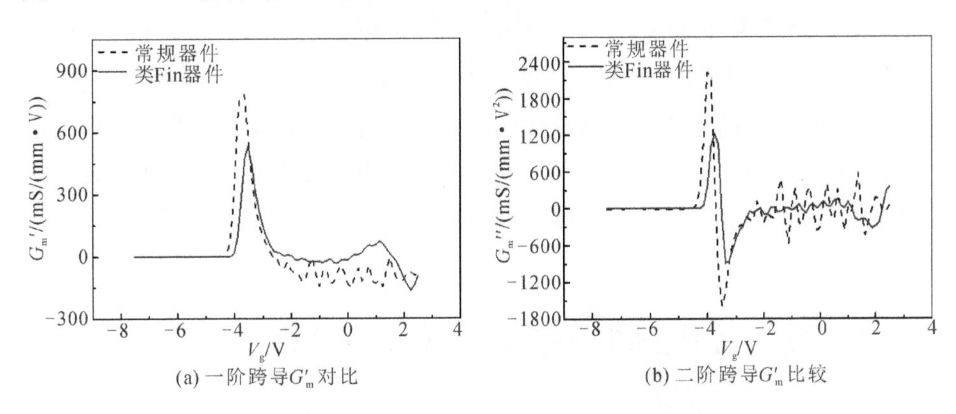

图 6.15　InAlN/GaN 常规 HEMT 器件和类 Fin HEMT 器件多阶跨导对比

图 6.16 展示了 InAlN/GaN 常规 HEMT 器件和类 Fin HEMT 器件的双音信号特性，其中 P_{f0} 是基波信号的功率，IM3 是三阶交调信号的功率。在进行双音信号测试时，器件工作在 A 类状态，漏极电压为 10 V，输入信号的频率固定在 8 GHz，双音信号的频率间隔为 10 MHz。InAlN/GaN 类 Fin HEMT 器件相比于常规 HEMT 器件而言，在输出功率饱和点，其 IM3 改善了约 8 dBc。

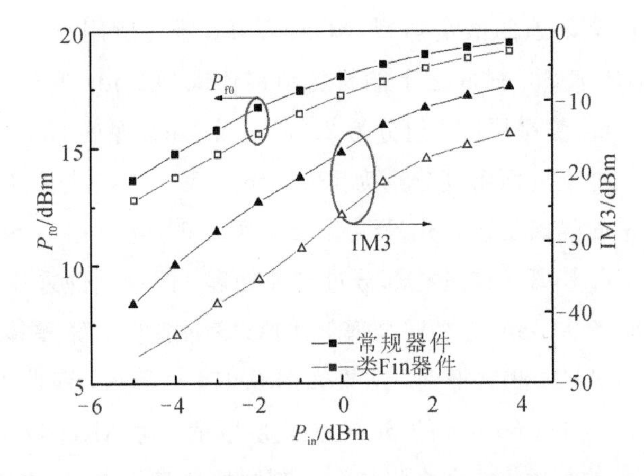

图 6.16　InAlN/GaN 常规 HEMT 器件和类 Fin HEMT 器件的双音信号特性比较

西安电子科技大学将Fin阵列结构和多阈值沟道依次开启这两种改善器件线性度的机理相结合，实现了一种高线性度InAlN/GaN类Fin HEMT器件。对于设计的栅长为100 nm、源漏间距为2 μm、Fin单元宽度为200 nm的器件，其饱和漏极电流密度为1.9 A/mm，跨导峰值为355 mS/mm，f_T和f_{max}分别为63 GHz和125 GHz，栅压摆幅达到5.4 V，为目前国际上具有300 mS/mm以上跨导水平下的栅压摆幅的最高值；在器件信号非线性的双音测试下相比于常规HEMT实现了8 dBc的三阶交调失真的改善，在射频功率放大器中具有高功率和高线性度的应用潜力。

6.3 全刻蚀凹槽增强型MOSHEMT器件

在GaN基增强型MISHEMT器件制备方案中，凹槽MISHEMT器件相对比较成熟。从阈值电压的均匀性以及刻蚀的可控性角度考虑，将AlGaN势垒层完全刻蚀掉，并彻底耗尽沟道区域的二维电子气能够较容易地实现正的阈值电压。本节将介绍采用ICP Cl_2等离子体制备的全刻蚀凹槽增强型MOSHEMT器件。

6.3.1 全刻蚀凹槽增强型MOSHEMT器件直流特性

这里介绍的全刻蚀凹槽增强型MOSHEMT器件所用材料依然为SiC衬底，图6.17(a)所示SiC衬底之上的材料结构依次为2 μm厚的GaN缓冲层，24 nm厚的AlGaN势垒层(Al组分为21%)以及1 nm厚的GaN帽层。材料室温迁移率与二维电子气面密度分别为1856 $cm^2 \cdot V^{-1} \cdot s^{-1}$与$7.6\times10^{12}$ cm^{-2}。器件隔离采用平面隔离工艺，Si_3N_4钝化层厚度为60 nm，栅下Si_3N_4刻蚀采用低功率的ICP CF_4等离子体进行部分过刻蚀处理，凹槽刻蚀采用ICP Cl_2等离子体。为了保证将AlGaN势垒层全部刻蚀掉，刻蚀深度大于整体势垒层厚度，刻蚀后的深度由AFM测试得到，结果如图6.17(b)所示。所监控的样品刻蚀深度为86.5 nm，扣除60 nm的Si_3N_4钝化层厚度，对AlGaN/GaN异质结进行了约26.5 nm的刻蚀，即完全将势垒层刻蚀掉并且将GaN沟道层过刻蚀了1.5 nm。

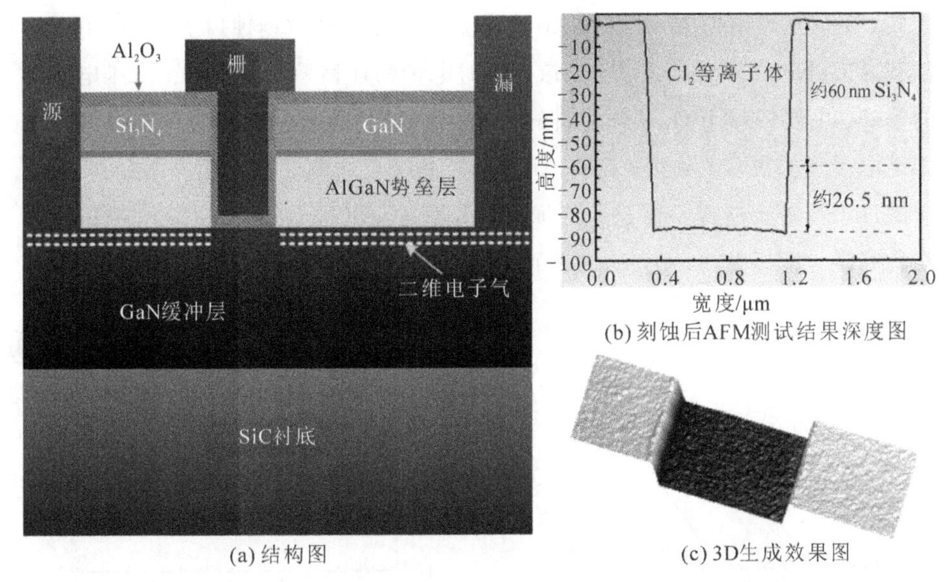

图 6.17　ICP Cl_2 等离子体全刻蚀凹槽增强型 MOSHEMT 器件

由于经刻蚀后的 MOSHEMT 器件下一步要进行介质生长，为了去除刻蚀中可能产生的部分氧化物，将其在进行介质生长前采用稀盐酸处理 1 min，然后立即放入 PEALD 设备中进行 Al_2O_3 介质生长。在前面我们介绍过，之所以选用 Al_2O_3 作为栅介质是由于其具有较高的介电常数以及与 GaN 存在较大的 ΔE_C，同时具有较高的击穿场强，能够同时获得较好的栅控能力与较低的泄漏电流。Al_2O_3 介质生长厚度为 15 nm，Al 源和 O 源分别是三甲基铝(Tri-Methyl-Aluminium，TMA)与去离子水，生长温度为 280℃。栅金属为 Ni/Au/Ni，栅长 L_g 为 0.5 μm，栅源间距 L_{gs} 为 0.9 μm，栅漏间距 L_{gd} 为 3.6 μm。同时为了提取器件的迁移率我们也制备了 FAT－MOSFET 结构，其栅长 L_g 为 20 μm，栅宽 W_g＝100 μm。

图 6.18 所示为 ICP Cl_2 等离子体刻蚀的 FR 增强型 Al_2O_3/GaN MOSHEMT 器件直流特性。其中图 6.18(a)为转移特性，栅极电压 V_g 扫描范围为－4 V 至 8 V，漏极电压 V_{ds} 为 6 V，由图(a)可以看到器件在栅极电压为 8 V 时，依然能够正常地工作，器件的阈值电压为 2.4 V，远高于肖特基结构增强型器件的数值。器件的饱和跨导为 63 mS/mm，该值相对于肖特基结构器件来说比较低。这主要是由于栅下的迁移率较低，而造成迁移率降低的原因是多方面的。

首先，在全刻蚀结构中，栅下 AlGaN 势垒层已经完全被刻蚀掉了，即栅下区域没有 AlGaN/GaN 异质结，在沟道开启时电子的迁移率已经不属于二维电子气的范畴，主要依赖于 GaN 体材料的数值，而 GaN 体材料的迁移率本身就要比二维电子气低很多；其次，在将 AlGaN 势垒层全部刻蚀完成后，对 GaN 沟道层的过刻蚀将会造成不可避免的损伤，尤其是在沉积上 Al_2O_3 后，介质体内存在的陷阱电荷以及 Al_2O_3/GaN 界面电荷会进一步降低迁移率。

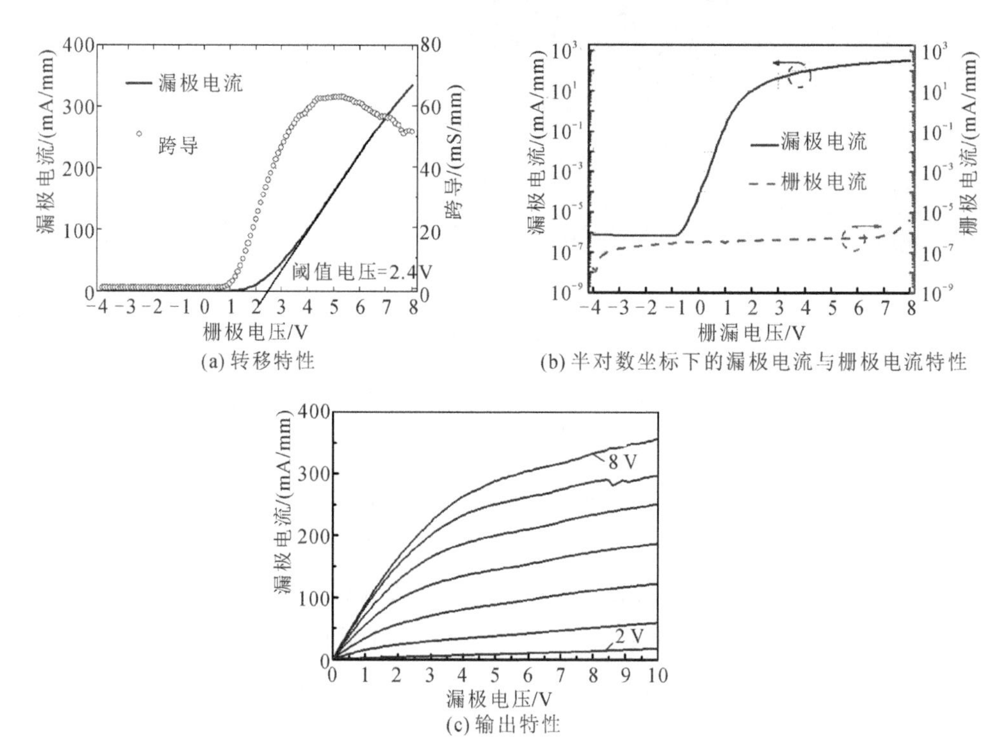

(a) 转移特性

(b) 半对数坐标下的漏极电流与栅极电流特性

(c) 输出特性

图 6.18　ICP Cl_2 等离子体刻蚀的 FR 增强型 Al_2O_3/GaN MOSHEMT 器件直流特性

图 6.18(b)示出了半对数坐标下 MOSHEMT 器件的漏极电流与栅极电流的情况，器件的关态漏极电流在 10^{-6} mA/mm 以下，整体电流开关比接近 10^9 量级。栅极电流在 −4～7 V 的栅漏电压范围内均低于 10^{-6} mA/mm，仅在栅漏电压大于 7 V 时才出现上升的趋势。这充分显示 FR 增强型 Al_2O_3/GaN MOSHEMT 器件具备优异的关态特性与正向耐压力。

图 6.18(c)为器件的输出特性，栅压从 1 V 开始以 1 V 一个步阶增加到 8 V，器件饱和电流为 358 mA/mm，导通电阻为 11.37 Ω·mm。

6.3.2 全刻蚀凹槽增强型 MOSHEMT 器件 $C-V$ 特性及迁移率提取

图 6.19(a)所示为基于 ICP Cl_2 等离子体刻蚀的 Al_2O_3/GaN FAT - MOSFET FAT - FET 结构的 $C-V$ 特性曲线，栅极电压扫描范围为－3～8 V，扫描频率为 1 MHz，其平坦电容为 500 nF/cm^2。根据 $C-V$ 曲线获得的栅下载流子密度分布如图 6.19(b)所示，栅下的峰值载流子距离栅金属的距离为 15.3 nm，这与生长的 15 nm Al_2O_3 介质厚度相吻合。

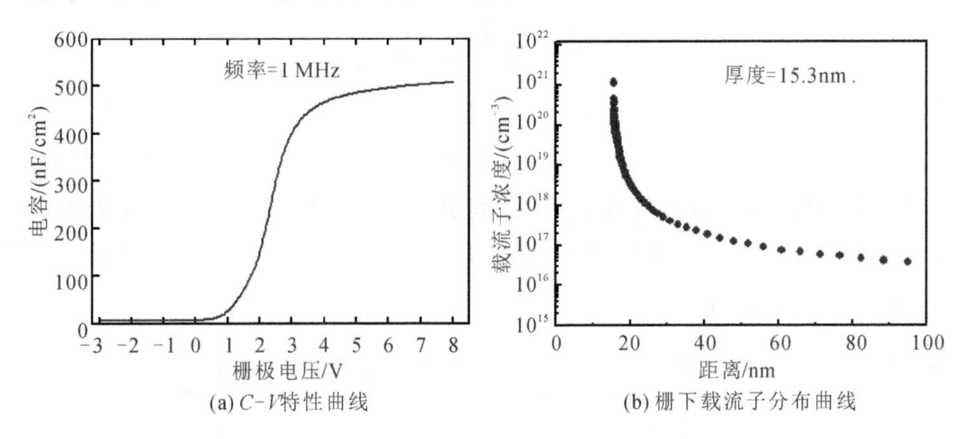

(a) $C-V$特性曲线 (b) 栅下载流子分布曲线

图 6.19 $C-V$ 特性曲线与栅下载流子分布曲线

图 6.20 为根据 $C-V$ 特性曲线积分获得的栅下载流子密度随栅极电压的变化情况，由于栅极正向耐压性提高，随着栅极电压的不断增大载，载流子面密度 n_s 可以不断积累，当栅极电压为 8 V 时，其数值达到了 1.83×10^{13} cm^{-2}，

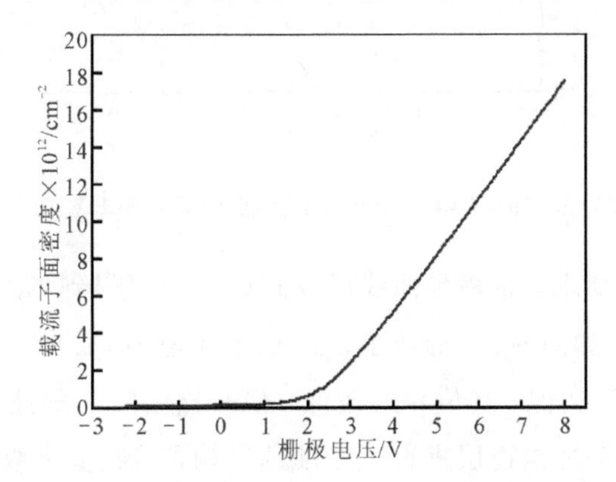

图 6.20 栅下载流子面密度随栅极电压的变化情况

该数值要远大于霍耳测试中得到的 AlGaN/GaN 异质结的材料参数。这是由于霍耳测试一般是在 0 V 下进行的，理论上随着栅极电压加大载流子密度会继续增加，但由于常规肖特基结构器件在正向栅极电压为 2～3 V 时，会发生栅击穿，导致栅下载流子无法再进行积累。因此往往获得的载流子面密度数值要低一些。值得注意的是，尽管 n_s 的数值提高了，但是栅下的迁移率严重降低，因此最终的电流密度并没有得到很好的提升。

MOSHEMT 器件的场效应迁移率 μ_{FE} 为

$$\mu_{FE}=\frac{G_m \cdot L_G}{W_G \cdot C \cdot V_D} \tag{6-9}$$

其中，G_m 为 FAT－MOSFET 低场下的跨导，一般为在漏极电压 $V_d=0.1$ V 时的数值；L_G 与 W_G 分别 FAT－MOSFET 的栅长与栅宽，分别为 20 μm 和 100 μm；C 为电容数值，从上面的分析结果得到其值为 500 nF/cm^2。因此，为了获得迁移率的数值首先需要得到 FAT－MOSFET 在 $V_D=0.1$ V 下的跨导随栅极电压的变化曲线，如图 6.21 所示。

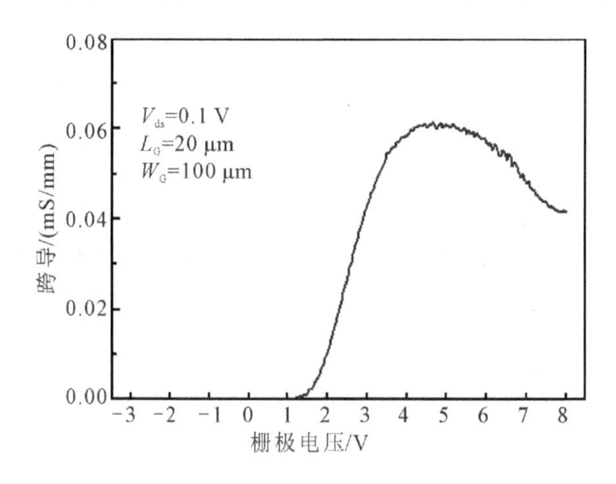

图 6.21　Al_2O_3/GaN FAT－MOSFET 在低场(V_d＝0.1 V)下的跨导曲线

依据图 6.21 所求得的跨导曲线以及式(6－9)可得到场效应迁移率 μ_{FE} 随栅压的变化关系，如图 6.22(a)所示，μ_{FE} 的最大值为 24.6 $cm^2/(V \cdot s)$，与之前直流特性中预测类似，其值相对较低，但对比国际上所报道的全刻蚀结构器件，尤其是对 GaN 沟道层进行过刻蚀的结构，其数值量级也基本相当。图 6.22(b)为场效应迁移率随载流子密度的变化曲线，μ_{FE} 的最大值所对应的载流

子密度在 0.76×10^{13} cm^{-2} 附近，随着载流子密度的增加，迁移率呈现缓慢降低的趋势，这与 MOSHEMT 器件的转移曲线跨导趋势一致。

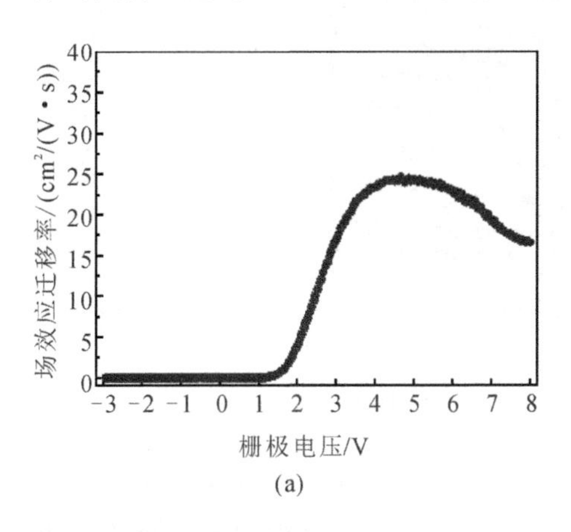

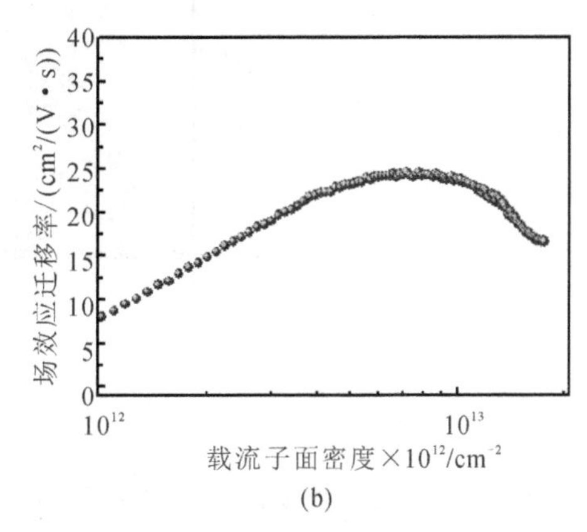

图 6.22　Al_2O_3/GaN FAT - MOSFET 场效应迁移率 μ_{FE} 栅极电压及载流子面密度的变化关系

6.3.3　退火对全刻蚀凹槽增强型 MOSHEMT 器件特性的影响

为了进一步提高器件的特性，将制备完成的器件在 N_2 环境下进行退火，退火条件为 400℃、2min。这里值得注意的是，当器件制备完成后退火温度不易过高，否则会影响栅金属的特性。

图 6.23 给出了退火前后 Al_2O_3/GaN MOSHEMT 器件特性对比。经过退火后，器件的跨导从 63 mS/mm 提高到了 75.6 mS/mm，由于器件的跨导增大，饱和电流也相应增大到 405 mA/mm，导通电阻降低到 8.97 Ω·mm。这主要是因为在 N_2 环境下，之前在刻蚀过程中产生的部分 N 空位被填充，同时一

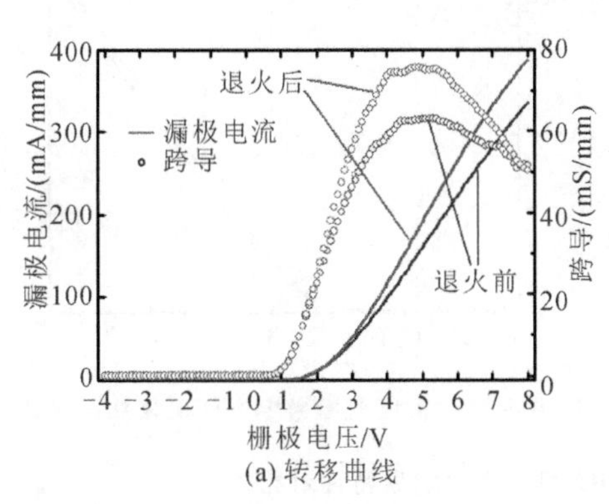

(a) 转移曲线

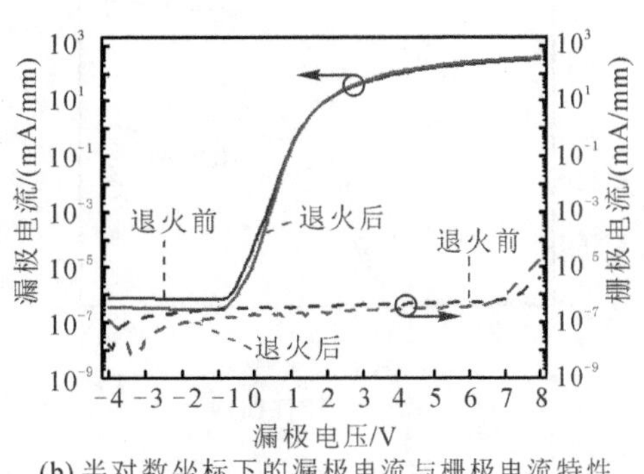

(b) 半对数坐标下的漏极电流与栅极电流特性

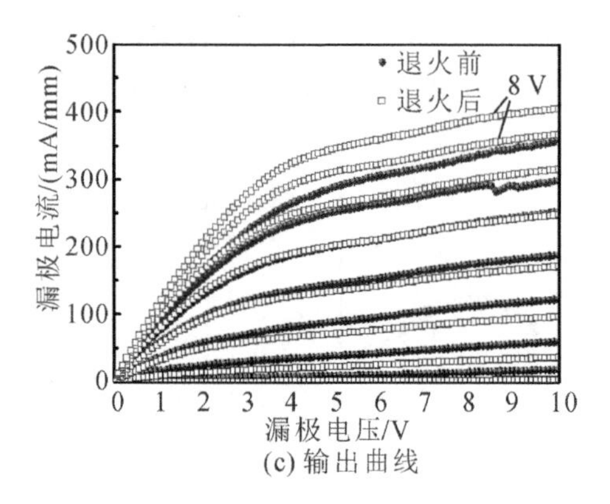

(c) 输出曲线

图 6.23　器件退火前后直流特性对比

定程度上修复了受损的 GaN 沟道层，从而使退火后 Al_2O_3/GaN 界面的质量提升，进而提高栅下迁移率，增大器件跨导。另一方面，关态漏极电流的降低以及亚阈值特性的提升也表明了界面陷阱有所降低。值得注意的是，器件的阈值电压并没有明显改变，这主要是由于器件的阈值电压同时受到 Al_2O_3 体电荷与界面电荷的影响，两者在退火过程中的分布变化虽然能够影响迁移率，但当等效电荷数量变化不大时，阈值电压将不会发生明显变化。

图 6.24 给出了退火前后 Al_2O_3/GaN FAT－MOSFET 的 $C-V$ 特性曲线，由图可以看到，积累区的电容没有发生明显变化(相同栅极电压下电容仅变化 5 nF/cm² 左右)，另一方面，类似三端 HEMT 器件的直流特性，退火后 $C-V$ 曲线的亚阈值特性也有所提高，并且阈值电压有轻微的负向漂移，这应该是由

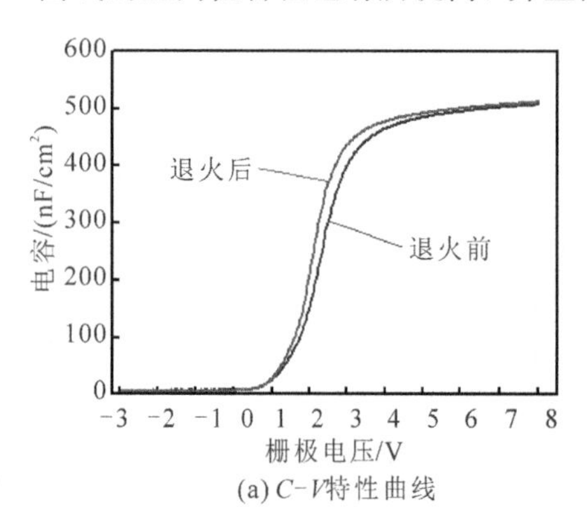

(a) $C-V$特性曲线

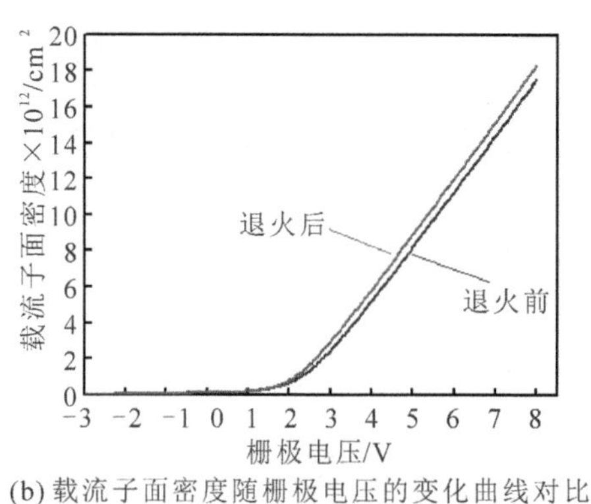

(b) 载流子面密度随栅极电压的变化曲线对比

图 6.24　Al_2O_3/GaN FAT－MOSFET 退火前后特性对比

于该 FAT－MOSFET 结构的栅面积增大，在退火过程中的相关热效应更加明显，导致介质体内电荷以及界面电荷的分布朝着阈值电压负向漂移。由于阈值电压轻微负向漂移且积累区的电容大小几乎不变，造成了在相同栅极电压下，退火后的器件载流子密度有所提升，这也是图 6.23(c)中退火后的饱和电流增大的原因之一。

图 6.25 为退火前后的 Al_2O_3/GaN FAT－MOSFET 迁移率特性对比。经过退火后迁移率峰值从之前的 24.6 $cm^2/(V \cdot s)$提高到了 28.1 $cm^2/(V \cdot s)$。从迁移率随载流子面密度的变化关系上可以看出，迁移率数值在低密度区域提升较大，而在高密度下基本保持不变。这可能的原因是在高密度下，离子的散射作用较大，退火所改善的部分影响被其他散射效果所覆盖。表 6.1 总结了退火前后器件特性参数对比，表明退火能够改善 FR 增强型 Al_2O_3/GaN MOSHEMT 器件的整体特性。

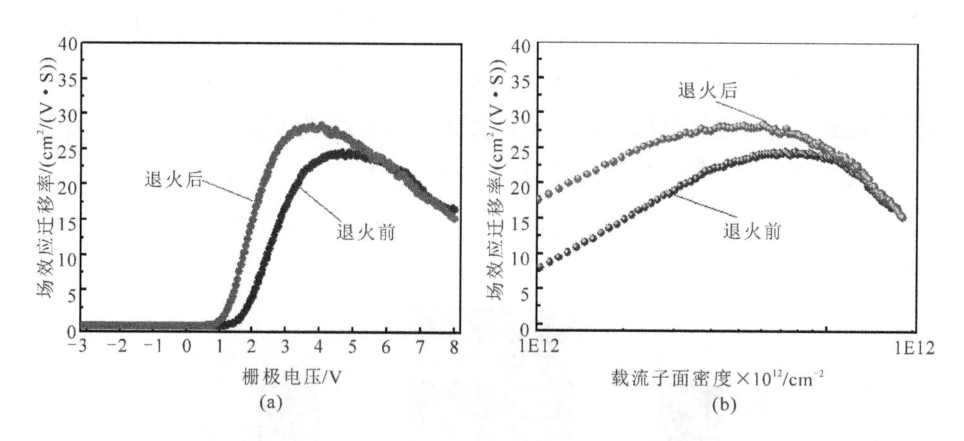

图 6.25　Al_2O_3/GaN FAT－MOSFET 退火前后场效应迁移率 μ_{FE} 随栅极电压及载流子面密度的变化关系

表 6.1　退火前后 FR Al_2O_3/GaN MOSHEMT 及 FAT－MOSFET 特性参数对比

	MOSHEMT				FAT－MOSFET	
	G_m/(mS/mm)	$I_{d,\max}$(mA/mm)	V_{th}/V	R_{on}/(Ω·mm)	μ_{FE}/(cm^2/(V·s))	n_s/cm^{-2}
退火前	63	358	2.4	11.3	24.6	1.76×10^{13}
退火后	75.6	405	2.4	8.97	28.1	1.84×10^{13}

6.4 类存储型增强型器件

6.4.1 GaN基存储型器件概述

图6.26所示为典型的GaN基存储型MOSHEMT器件结构示意图[5]，该器件以MOSHEMT结构为基础，在常规的AlGaN/GaN异质结上沉积了叠层绝缘栅介质，从底层到顶层分别为：隧穿介质层(Tunnel Oxide)、电荷存储层(Charge Storage Layer，CSL)以及阻挡介质层(Blocking Oxide)。

存储型MOSHEMT器件的工作原理类似于闪存器件(Flash Memory)，通过一定的程序电压(Program Voltage，V_P)来将电子存储在CSL中，实现阈值电压正向漂移。具体的过程为：在栅极施加足够的电压后，电子将从沟道经由Fowler Nordheim(FN)隧穿机制穿过较薄的隧穿介质层，然后被电荷存储层中的陷阱俘获，而相对较厚的阻挡介质层会防止电子扩散到栅极。CSL层中存储的电子会降低AlGaN/GaN异质结处的二维电子气密度，当存储的电子达到一定数目时，沟道的二维电子气彻底被耗尽，器件获得正的阈值电压，实现增强型器件。

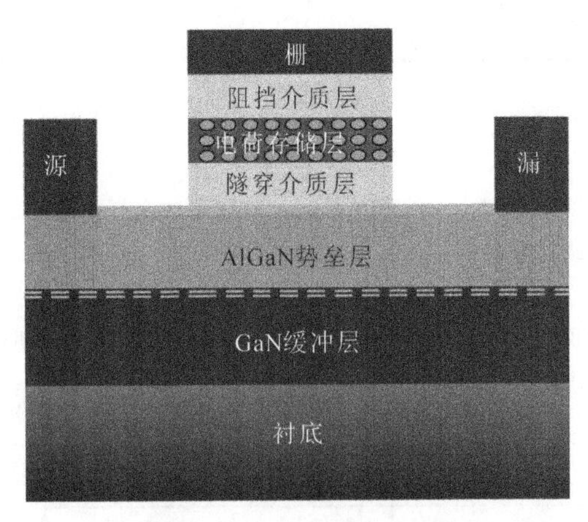

图6.26 GaN基存储型MOSHEMT器件结构示意图[1]

由于存储型MOSHEMT器件的制备过程对原生异质结的破坏程度较小，

能够保证在获得较高的阈值电压的同时几乎不牺牲器件的其他特性(比如，饱和电流及跨导峰值)，因此有望获得较高性能的增强型器件。值得注意的是，由于实现增强型器件的原理依赖于电荷存储，因此电荷存储的稳定性将会影响器件阈值电压的稳定性，类似于闪存器件阈值电压的退化程度，增强型器件的阈值电压的稳定性可以用电荷损失量来评估。

第一只 GaN 基存储型器件于 2010 年由 Lee 等人报道，其采用 TaN 浮栅(Floating Gate，FG)金属作为电荷存储层[6]。该结构器件在充电完成后，经过 10^4 s 后的电荷损失量约为 20%。为了进一步提高阈值电压的稳定性，采用 HfO_2高 k 介质替代 FG 金属作为电荷存储层，10^4 s 后的电荷损失量降低到 10%，这种差异性主要是由于电荷在两种 CSL 中的存储形式不一样。FG 金属作为电荷存储层，由于电荷被存储在具有连续能级的金属层中，当有部分电荷损失时，其他的电荷会重新分布，并填充损失电荷的位置，造成电荷不断损失，因此具有相对较大的电荷损失量。介质作为电荷存储层，电荷被存储在具有不连续能级的陷阱中，当部分电荷损失后，其他电荷的分布不会受到太大的影响，因此损失的总电荷量相对较小，即采用介质作为电荷存储层能够一定程度减缓阈值电压的退化量。但是电荷损失对于存储型 MOSHEMT 器件的实际应用来说，依旧存在挑战。为了解决这个问题，Kirkpatrick 等人在栅极施加了一个脉冲电压，来补偿电荷的损失，获得了较稳定的阈值电压并成功将该器件应用于功率开关模块中[7]。

以上的存储型 MOSHEMT 器件均基于叠层介质结构，为了进一步减少工艺生长步骤和提高器件的栅控能力，研究人员研制出基于 HfO_2[8]或者 Al_2O_3[9]的单层介质类型的存储型增强型器件，分别采用 HfO_2与 GaN 表面形成的 GaO_xN_y过渡层以及 Al_2O_3与 AlGaN 之间的界面层作为电荷存储层，同样获得了较高特性的增强型器件。西安电子科技大学研究团队实现了基于单层 Al_2O_3介质的存储型增强型器件，并对其实现机理进行了深入分析。下面将对该器件进行介绍。

6.4.2　类存储型 Al_2O_3/AlGaN/GaN MISHEMT 器件制备

图 6.27 为 Al_2O_3/AlGaN/GaN MISHEMT 器件结构图。基于蓝宝石衬底生

长的 AlGaN/GaN 异质结，其中 Al 组分为 30%，势垒层厚度为 19 nm，GaN 帽层厚度为 2 nm，室温下材料的二维电子气密度与迁移率分别为 $8.5\times10^{12}\ cm^{-2}$ 与 $1850\ cm^2/(V\cdot s)$。器件隔离工艺采用第 3 章中提到的凹槽刻蚀台面工艺，欧姆接触采用 Ti/Al/Ni/Au，PECVD 生长的 Si_3N_4 钝化层厚度为 60 nm，栅下 Si_3N_4 采用低损伤的 ICP CF_4 等离子体进行刻蚀，并且通过优化 CF_4 等离子体对 Si_3N_4 与 GaN 的刻蚀选择比，尽量避免对 GaN 帽层的损伤。为了保证 AlGaN/GaN 异质结的完整性，这里不对 AlGaN 势垒层进行刻蚀处理，直接将样品放入 ALD 设备中进行 Al_2O_3 介质的生长。整个生长过程分为两个阶段：第一个阶段在整个 ALD 腔室中通入臭氧，并将腔室温度上升至 280℃，且维持两个小时，即对样品进行两个小时高浓度氧化热存储处理；第二个阶段为 Al_2O_3 介质的正式生长，Al 源与 O 源分别是三甲基铝与去离子水，生长厚度为 15 nm，之后完成栅金属制备。所制备的器件栅长为 0.5 μm，栅源与栅漏间距分别为 0.9 μm 与 3.6 μm。实验同样制备了 FAT - MISHEMT 器件，以便进行 $C-V$ 测试表征。

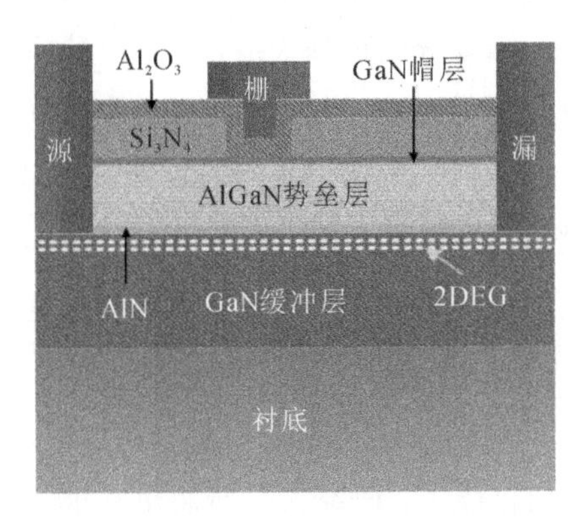

图 6.27　Al_2O_3/AlGaN/GaN MISHEMT 器件结构图

对制备完成的样品栅下界面区域进行制样，并采用透射电子显微镜(Transmission Electron Microscope，TEM)进行观测。图 6.28 为 ALD 生长的 Al_2O_3 与 GaN/AlGaN/GaN 异质结接触部分的 TEM 图像，由图可以看到，Al_2O_3 与 AlGaN 之间产生了约 2 nm GaON 的过渡层，类似于 Johnson 等人报道的 HfO_2 生长在 GaN 上时所产生的 GaON 过渡层。该过渡层以及与其接触的部分边界 Al_2O_3 介质，将作为类存储器件的电荷存储层，其对器件的影响将在下一节详细描述。

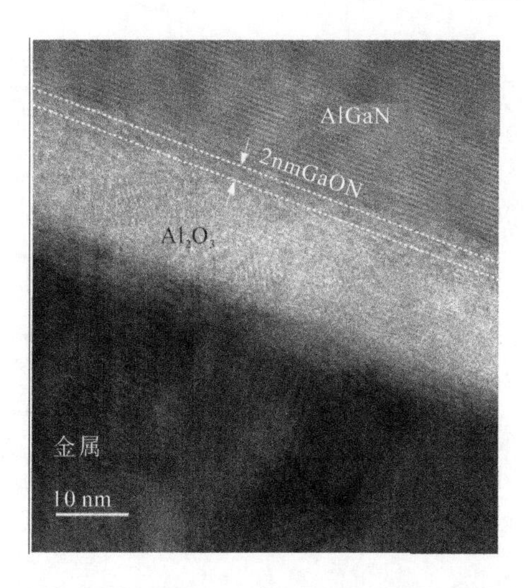

图 6.28 ALD 生长的 Al_2O_3 与 GaN/AlGaN/GaN 异质结接触部分的 TEM 图像

6.4.3 类存储型 Al_2O_3/AlGaN/GaN MOSHEMT 器件特性

类存储型器件主要通过在器件栅极施加一定条件的电压来实现对阈值电压的调控作用，图 6.29(a)示出了在栅极施加一个持续时间为 10 s，大小为 10 V 的程序电压(10 V - V_P)前后器件的转移特性对比。在没有施加 10 V - V_P前，器件的初始阈值电压为－6.75 V，饱和跨导为 177.5 mS/mm，而施加 10 V - V_P后，器件的阈值电压与饱和跨导分别为 2.6 V 和 188.8 mS/mm。

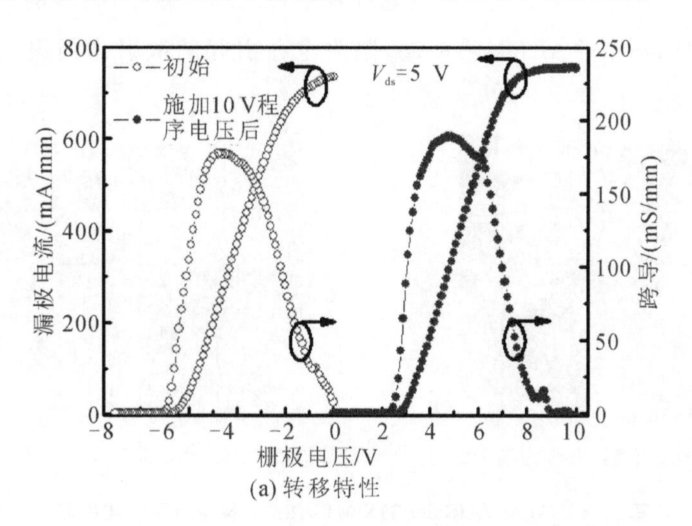

(a) 转移特性

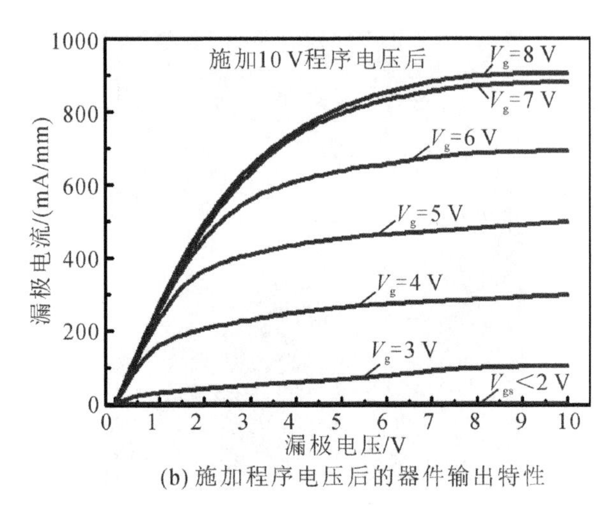

(b) 施加程序电压后的器件输出特性

图 6.29 施加程序电压前后 Al_2O_3/AlGaN/GaN MISHEMT 器件特性

由图 6.29(a)可知，施加程序电压前后，整个阈值电压正向漂移了 9.35 V，如此大的阈值电压漂移量是由电荷俘获作用(Charge Trapping Process)产生的大量负电荷引起的。如图 6.30 所示，在施加正的栅极电压后，类似于常规的存储型器件，沟道的电子会隧穿或倾泻(Spill Over)到存在于 GaON 过渡层以及 Al_2O_3边界的陷阱中，并被俘获形成大量带负电的陷阱电荷。从器件前后的饱和跨导上可以看到，该陷阱负电荷并没有使器件的特性退化，这与其他文献的报道类似[4-7]。事实上，因为负电荷是存在于 GaON 且靠近 Al_2O_3的一侧，和沟道之间有19nm厚的AlGaN势垒层，陷阱电荷引起的散射作用很弱，几乎不

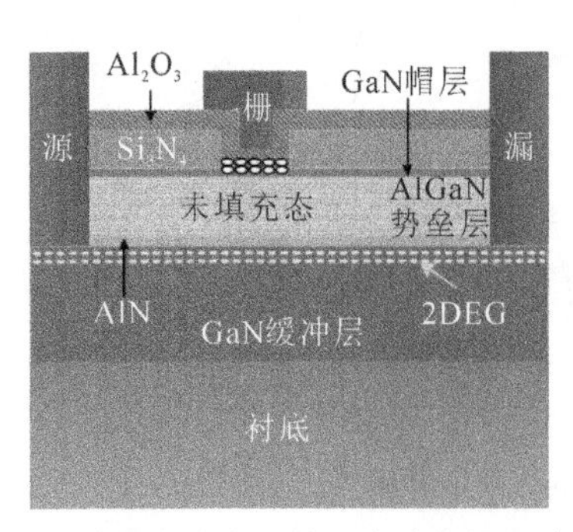

(a) 施加程序电压前，此时为耗尽型

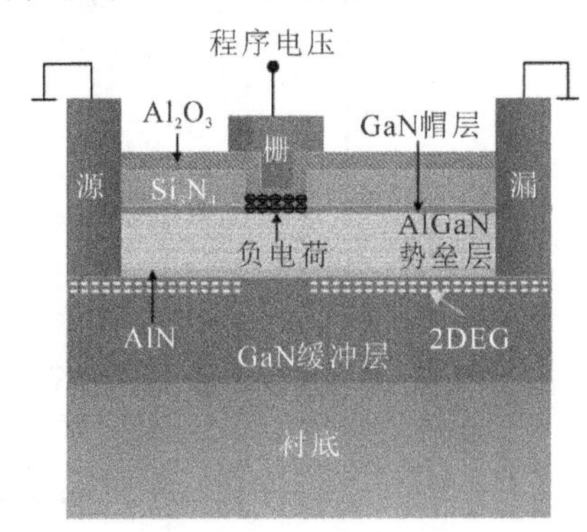

(b) 施加程序电压后，此时器件成为增强型器件

图 6.30 Al_2O_3/AlGaN/GaN MISHEMT 器件的原理结构图

影响器件的迁移率，因此其饱和跨导特性也没有太大的变化。另一方面，整个器件的制备过程几乎没有对 AlGaN/GaN 原生异质结进行过破坏，最大程度保证了器件初始的特性，仅使阈值电压发生了漂移。图 6.29(b)为源极和漏极接地，仅在栅极施加 10 V－V_P后器件的输出曲线。器件在 2 V 以下完全关断，且饱和电流为 0.9 A/mm，该数值在增强型器件中鲜有报道。较高的电流取决于较好的初始材料特性以及高质量的 Si_3N_4钝化层，同时钝化层还能够防止栅下负电荷对栅源、栅漏区域产生影响。

图 6.31(a)为施加 10 V -V_P前后栅极电流随栅极电压的变化曲线。由图可以看到，在－10 V 至 10 V 的栅极电压范围内，器件栅极电流的大小几乎不受程序电压的影响。这表明电荷存储层的陷阱电荷没有造成器件栅介质的退化。同时，从图 6.31(b)可以看到，器件的正向栅击穿电压 V_{bd}为 12 V，因此对于所制备的 15 nm 厚的 Al_2O_3介质来说，其击穿场强近似为 8 MV/cm(12 V/15 nm)。该击穿场强尽管低于理论数值(理论数值为 10 MV/cm)，但与其他文献所报道的数值也很接近，表明了所生长的介质质量属于常规水准。另外，从图 6.31(b)所示曲线中还能看到，栅极电流在 2 V 至 10 V 之间增长得比较缓慢，此区域为定义为缓慢充电区域(Slow Charging Region)。在该区域内施加栅极电压，将发生电荷俘获，这有助于器件的阈值电压正向漂移，有助于实现增强型器件；当栅极电压大于 10 V 之后，电流急速增长，介质击穿。因此为了确保器件能够正常地工作，在施加程序电压时，要注意电压范围。对于本节所介绍器件，将最大栅极电压限制在 10 V 比较合理。

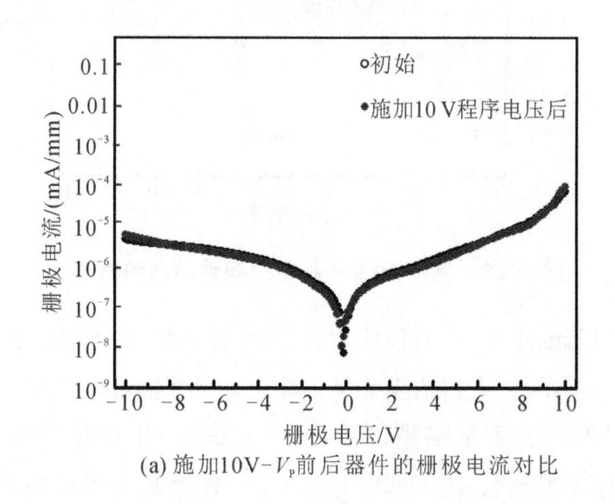

(a) 施加10V-V_P前后器件的栅极电流对比

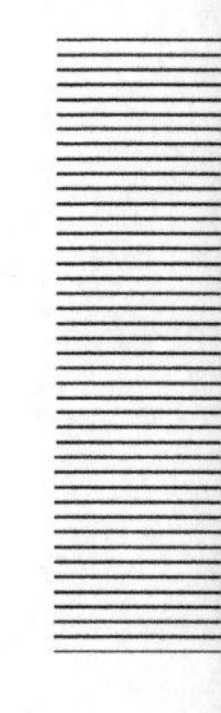

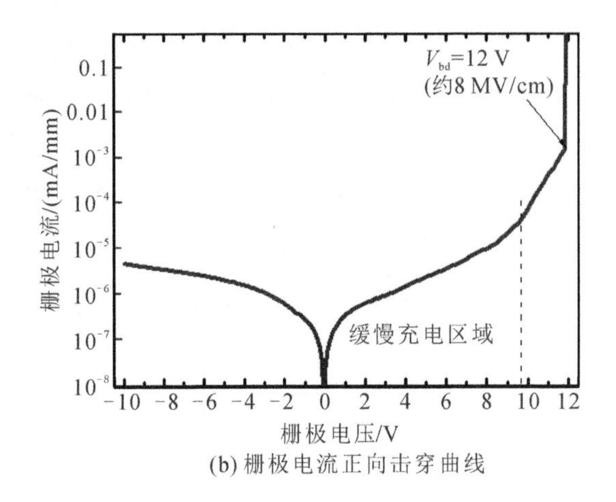

(b) 栅极电流正向击穿曲线

图 6.31　栅极电流与栅极电压的关系

图 6.32 所示为施加程序电压前后器件的回滞曲线。首先对初始的器件进行栅极电压正反向扫描，即从−10 V 扫描至 0 V，再从 0 V 扫描至−10 V，这对于初始器件来说是为了排除电荷俘获作用的影响，正向的栅极电压不能超过 0V(通常电荷俘获作用发生在施加正向栅极电压时)。从结果可以看到，此时器件几乎没有回滞，表明介质的初始特性较好，在扫描过程没有额外的陷阱产生。

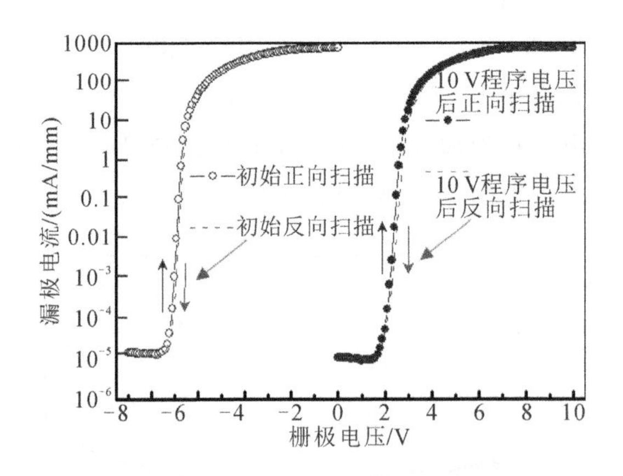

图 6.32　施加 10 V−V_P 前后器件的回滞曲线

接下来在栅极施加 10 V 的程序电压，然后同样正反向扫描。正向从 0 V 扫描至 10 V，反向从 10 V 扫描至 0 V。其顺时针回滞小于 0.2 V，这部分回滞主要来源于浅能级的类受主陷阱(Acceptor-Like)，并且与其他文献报道的常规增强型 MISHEMT 器件中 Al_2O_3/(Al)GaN 界面回滞水准相当。这表明在施

加 10 V $-V_P$后，经由陷阱俘获技术获得的电子存储在较深的能级，即在整个回滞扫描的过程中，电荷损失量较小，器件能够保持相对稳定的阈值电压。

以上的结果是在栅极施加 10 V $-V_P$后的器件特性。接下来我们研究在不同大小的程序电压下器件阈值电压的漂移量，根据之前的栅极正向击穿电压，我们将 V_P的大小控制在 10 V 以内，具体的测试步骤如下：

(1) 测试器件的初始转移特性，漏极电压为 5 V，栅极电压从－10 V 扫描至 0 V。

(2) 保持源极和漏极接地，仅在栅极施加一个持续时间为 10 s，一定大小的程序电压 V_P。

(3) 撤掉 V_P后，测试器件的转移特性，最大栅极电压等于施加 V_P之前的数值。

(4) 以 2 V 为间隔，增大 V_P的数值，重复(2)和(3)测试步骤。V_P范围是 2 V 至 10 V。

这里需要注意的是：在步骤(3)中测试转移曲线时，最大栅极电压不能超过施加 V_P之前的数值，防止在扫描时引入过高的栅极电压，与下一个 V_P数值发生交叉影响。

测试结果如图 6.33 所示，经过施加不同大小的 V_P后，器件的转移曲线呈现平行漂移的趋势，且对应的饱和电流数值保持不变。这表明器件在经过每个阶段的 V_P电压后所产生的带负电的陷阱电荷并不会使器件的特性退化。器件的阈值电压漂移程度取决于所施加的 V_P数值大小，图 6.33 中的插图为经过施

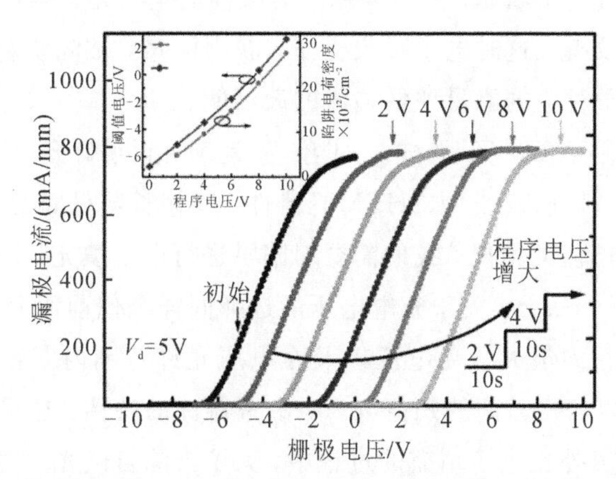

图 6.33　器件栅极施加不同大小 V_P后的转移特性曲线(插图为阈值电压以及对应的陷阱电荷密度与 V_P的关系)

加不同大小的 V_P后，所获得的器件阈值电压以及对应产生的负的陷阱电荷密度大小。当 $V_P=8$ V 时，器件的阈值电压达到 0.3 V，表现出增强型器件的特性，此时对应的陷阱电荷密度为 2.08×10^{13} cm^{-2}。

6.4.4 电荷俘获作用对类存储型增强型器件的影响

前几节介绍了类存储器件在施加一定条件的程序电压之后，能够变成增强型器件，造成其阈值电压正向漂移的核心机制是存在于 GaON 过渡层以及 Al_2O_3 边界处的陷阱电荷，并且沟道的二维电子气耗尽了。该陷阱电荷的密度将直接影响器件阈值电压的变化量。对于存储型器件来说，所俘获电荷的稳定性与陷阱的激活能相关。一般陷阱的激活能越高，所俘获电荷被释放的难度越大，进而电荷损失量会降低，阈值电压的稳定性会提高。因此有必要对该陷阱电荷进行深入的研究。由施加程序电压后器件的回滞曲线可以看到，器件在经过充电步骤后，在正反向扫描的过程中不会损失过多的电荷，即引起大量阈值电压正向漂移的陷阱具有相对较高的激活能，而常用的高低频陷阱测试以及变频电导法测试所能探测的能级深度难以满足该类型陷阱测试的需求。为了能够探测具有较深激活能的陷阱，我们将采用光致辅助 $C-V$ 测试方法。

1. 光致辅助 $C-V$ 特性测试

为了探测存在于 GaON 过渡层以及 Al_2O_3边界的陷阱的激活能，首先对其进行充电，即进行电子填充；然后采用具有较高能量的光子与已经俘获电子的填充态陷阱进行交互，这时电子吸收光子，获得能量，被陷阱释放，即发生退陷；最后根据光子对应的能量评估陷阱的激活能。

测试方案基于 $C-V$ 测试，对象为具有相同制备工艺的存储型 Al_2O_3/AlGaN/GaN FAT - MISHEMT 器件。其栅长与栅宽分别为 50 μm 和 100 μm。要探测陷阱的情况，我们需要对陷阱进行电子填充，该过程称为充电过程(Charging Process)。关于充电电压的选择同样类似前面介绍的 V_P，需要考虑器件栅极的正向最大承受电压以及在电压允许范围内获得最大的电子填充，因为这样可以获得较高的阈值电压。参考器件的特性，这里将最大扫描电压设置为 10 V。另外在电子填充的过程中，为了排除自然光照对陷阱释放电子的影响，测试需要在黑暗状态下进行。因此，综合考虑，首先对器件进行反向扫描，扫描电压从正 10 V 至 −10 V，此过程充当了陷阱的电子填充，电子填

充主要发生在栅极电压为正值时的阶段，即 10 V 至 0 V 的阶段。然后对器件施加－10 V 的电压，同时采用波长为 465 nm 的单色光源对器件进行照射，持续时间为 60 s，此时对应的是光致辅助退陷过程。接下来同时撤掉光照和电压，再次在黑暗状态下对器件从－10 V 开始扫描至 10 V(正向扫描)。最后减小光源的波长(即增大光子的能量)，重复施加－10 V 电压进行光致辅助退陷处理，并对器件进行正向扫描。考虑 GaN 的禁带宽度(约为 3.4 eV)，光源的波长最小选择为 365 nm(对应的光子能量约为 3.4 eV)。

图 6.34 展示了存储型 Al_2O_3/AlGaN/GaN FAT－MISHEMT 器件经过电子填充过程以及不同波长光源进行光致辅助退陷过程后的 $C-V$ 特性。其中所选用的光源波长分别为 465 nm、405 nm 和 365 nm。从图 6.34 所示结果可以看到，在经过第一次黑暗情况下的反向扫描后，$C-V$ 曲线呈现出增强型器件的特性，随后在经过 465 nm 的光源照射后，二次扫描的 $C-V$ 曲线呈现负漂趋势。这主要是由于在反向偏压结合光照的情况下，存储的电子得到能量，被释放出来，降低了对沟道二维电子气的耗尽作用。由图 6.34 还可知，随着光子能量的增加(光波长变短)，器件的阈值电压负漂量增大，最终当光源波长降低至 365 nm 时，器件的阈值电压已经不再发生负向漂移。在整个测试的过程中，器件的积累区电容保持不变，表明介质的特性没有发生明显的改变。以上的测试包含了电子填充与释放两个过程，为了更详细地理解整个过程中阈值电压漂移与对应的电子填充、退陷之间的关系，我们将从能带的角度进行分析。

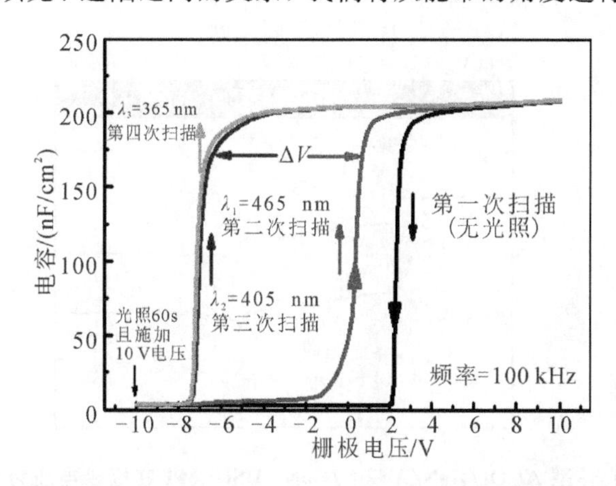

图 6.34　存储型 Al_2O_3/AlGaN/GaN FAT－MISHEMT 器件经过 60 s 光照前后的光致辅助 $C-V$ 特性

2. 电子填充与退陷过程对应能带变化分析

图6.35所示为存储型 Al_2O_3/GaN/AlGaN/GaN MISHEMT 在栅极电压为 0 V 下的能带结构以及电荷分布图。其中，q 为电荷，n_s 为载流子面密度，E_{FM} 为金属费米能级，E_{FS} 为半导体费米能级，E_C 为导带底，E_V 为价带顶。由于 GaO_xN_y 的具体能带参数尚不明确，且其是通过氧化 GaN 形成的，能带结构处于 GaN 与 GaO 之间，这里为了简化起见，将其近似按照 GaN 去处理。在初始状态下，存在于 GaN(GaON)/Al_2O_3 界面以及靠近 Al_2O_3 边界处费米能级之上的陷阱处于未填充状态，从能带上可以看到 GaN 沟道存在二维电子气，器件属于耗尽型。根据电荷分布以及能带图，可以得到器件阈值电压的表达式：

$$V_{th}=\phi_b-\Delta E_C-\phi_F-\frac{t_{ox}}{\varepsilon_{ox}}P_1-\frac{t_{ox}\varepsilon_{cap}+t_{cap}\varepsilon_{ox}}{\varepsilon_{ox}\varepsilon_{cap}}P_2-\frac{t_{ox}\varepsilon_{cap}\varepsilon_b+t_{cap}\varepsilon_{ox}\varepsilon_b+t_b\varepsilon_{cap}\varepsilon_{ox}}{\varepsilon_{ox}\varepsilon_{cap}\varepsilon_b}P_3-\frac{t_{ox}}{\varepsilon_{ox}}q\left(N_{d,\ surf}+N_{CT}+N_{ox,\ intf}+\frac{t_{ox}}{2}N_{ox,\ bulk}\right) \tag{6-10}$$

其中，ϕ_b 为 Ni/Al_2O_3 之间的肖特基势垒高度；ΔE_C 为 Al_2O_3/GaN 之间的导电差；ϕ_F 为 GaN 导带底与费米能级之差；ε 为介电常数，下标 ox、cap 和 b 分别代表 Al_2O_3、GaN 以及 AlGaN 势垒层；P_1、P_2、P_3 分别为 GaN 帽层表面、GaN/AlGaN 之间以及 AlGaN/GaN 之间的极化电荷；$N_{d,\ surf}$ 为表面施主电荷

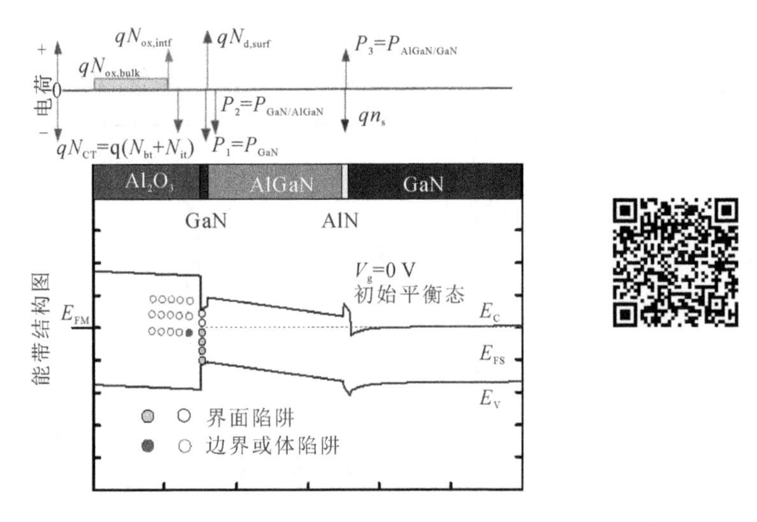

图 6.35　存储型 Al_2O_3/GaN/AlGaN/GaN MISHEMT 在栅极电压为 0 V 下的能带结构以及电荷分布图

密度；$N_{ox,bulk}$以及$N_{ox,intf}$分别为介质体内以及界面处的固定电荷密度；N_{CT}为经由充电过程引入的陷阱电荷(存储电荷)密度，其包含了界面处的存储电荷密度(N_{it})以及边界存储电荷密度(N_{bt})。对于本章所述的存储型器件来说，通过电子填充以及光致辅助退陷过程来改变N_{CT}，进而调控阈值电压的数值。

图6.36描述了电子填充陷阱过程时，所对应的能带及电荷变化情况。从器件角度考虑，当对器件施加足够大的正向程序电压V_P时(这里V_P为10 V)，在电场的作用下，AlGaN势垒的导带将趋于近乎水平的状态，这将使沟道二维电子气处的电子很容易朝着Al_2O_3/GaN界面处倾泻。电子首先将界面处的陷阱填充满(见图6.36(a))，然后继续填充GaON过渡层以及Al_2O_3体内的陷阱(见图6.36(b))。这一过程将使N_{CT}增大，阈值电压正漂，当N_{CT}增大到一定程度时，阈值电压将大于0 V。由于所填充的边界陷阱具有较高的激活能以

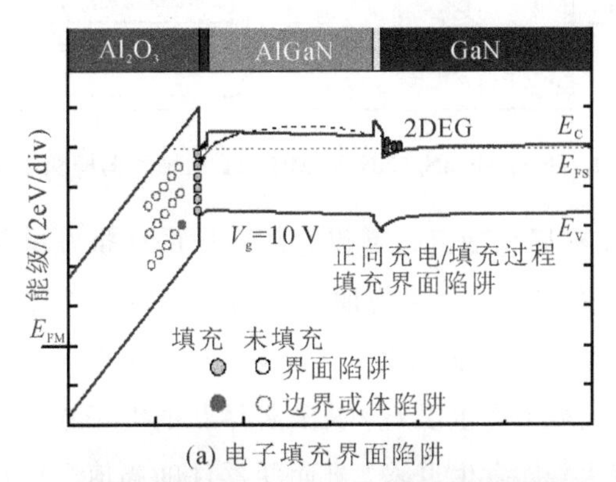

(a) 电子填充界面陷阱

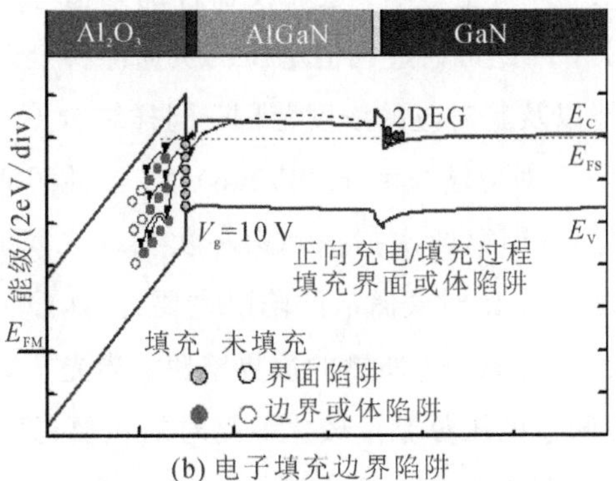

(b) 电子填充边界陷阱

图6.36　存储型Al_2O_3/GaN/AlGaN/GaN MISHEMT施加正向10V栅极电压时，所发生的电子填充陷阱过程

及较大的电子发射时常数，可近似看作负的固定电荷。因此，当撤掉正向栅极电压时(如图 6.37 所示)，仅有少量的处于浅能级的界面陷阱释放电子，而存储层整体依旧储存了足够多的电荷，保证沟道的耗尽，使器件维持在一个相对稳定且具有正的阈值电压状态。以上的电子填充过程以及撤掉正向栅极电压的状态可以与图 6.34 中第一次黑暗状态下的反向扫描(从 10 V 至－10 V)结果对应。

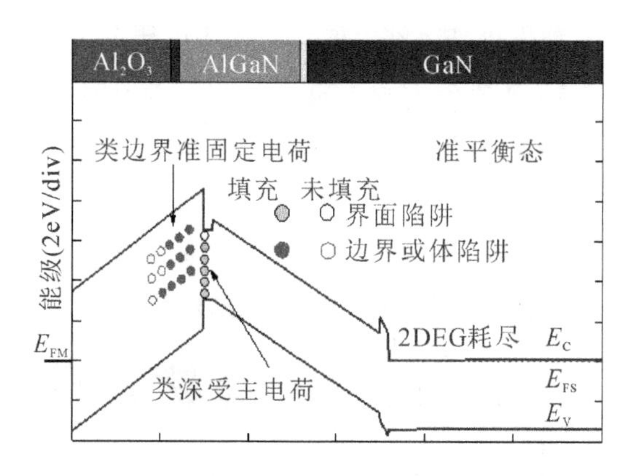

图 6.37 存储型 Al_2O_3/GaN/AlGaN/GaN MISHEMT 撤掉正向栅极电压后的稳态能带结构

图 6.38 描述了光致辅助退陷过程时所对应的能带及电荷变化情况。为了使光子能够与陷阱充分作用，在施加光照的同时对器件施加－10 V 的偏压，确保所填充的陷阱处于费米能级之上，避免在光激发电子的同时，又有新的电子填充陷阱，使测试结果产生误差。被陷阱俘获的电子在光子的作用下，获得能量并发射到导带上，即发生退陷，进而使器件的阈值电压负漂。光子的能量与陷阱的激活能有关，因此可通过阈值电压的负向漂移量以及光子的能量粗略地评估陷阱的激活能以及其对应的浓度范围。同样结合 $C-V$ 测试结果，当光子能量小于 2.67 eV(即对应波长大于 465 nm)时，器件阈值电压的负向漂移量相比整体的阈值变化量(即第四次扫描到第一次扫描之间的阈值电压漂移量)较小。如图 6.38(a)所示，此时被激活的陷阱主要为 Al_2O_3/GaN 界面陷阱以及少量具有低激活能的靠近 Al_2O_3外侧的边界陷阱。当光子能量继续增大，达到 3.06 eV 时，器件的阈值电压负漂量较大，此时的主要退陷类型为靠近 Al_2O_3 内侧的边界陷阱，其退陷的过程近似如图 6.38(b)所示。继续增大光子的能量(对应 365 nm 波长)，器件的阈值电压已经不再负向漂移，表明在 3.06 eV 光子的作用下，被陷阱俘获的电子已经基本被激活并释放到导带上。当存储的电子

在光照的辅助下完全释放后，器件回到最初始的耗尽型器件状态。

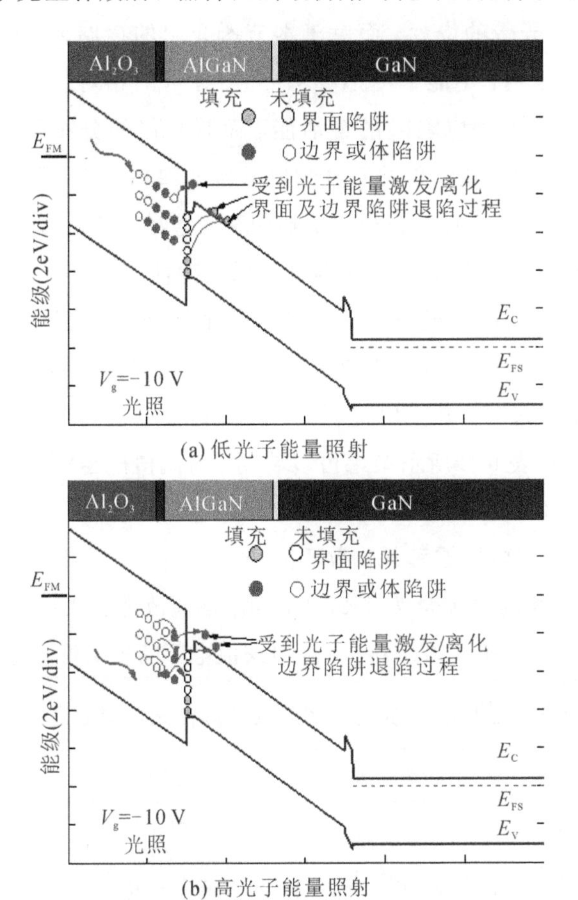

(a) 低光子能量照射

(b) 高光子能量照射

图 6.38　光致辅助退陷过程所对应的存储型 MISHEMT 能带图

3. 影响阈值电压漂移的深能级边界陷阱激活能

由式(6－10)可知，在光致辅助退陷过程中，N_{CT}的变化可以引起 V_{th}的变化，即

$$\Delta V_{th}=\frac{t_{ox}}{\varepsilon_{ox}}q\Delta N_{CT} \tag{6-11}$$

而引起阈值电压漂移所对应的光子能量可以近似地等效为存在于 GaON 存储层以及 Al_2O_3体内的陷阱对应的激活能(E_A)。需要注意的是，这里的 E_A与通常采用高低频 $C-V$ 测试或者变频电导法提取的陷阱能级不同。一般认为后者

沿着(Al)GaN禁带宽度的方向，呈现U形分布，根据所提取的数值可以近似得到其相对GaN导带的位置。而对于本节所介绍的存储型器件来说，其陷阱的位置相对比较复杂，不能单一地参考GaN导带的相对位置，这里仅从数值上按照光子的能量去对应陷阱的激活能，而其具体的分布则不予讨论。事实上，对于存储型器件，我们更关心其阈值电压的保持特性，陷阱的激活能越大则其越难损失电子，进而阈值电压的保持特性越好。因此E_A的数值以及其对应的陷阱浓度的大小将从侧面反映器件的保持特性。

表6.2总结了引起阈值电压漂移所对应的陷阱电荷密度以及在光照激发下存储层的陷阱释放电子所需要的激活能。该阈值电压的负向漂移是由陷阱释放电子造成的；反过来，在充电过程中，陷阱释放电子同样对器件获得增强型起到贡献作用。从表6.2所示结果可以看到，对阈值电压漂移贡献较大的陷阱激活能主要处在2.67 eV至3.06 eV，且陷阱电荷密度为2.18×10^{13} cm^{-2}，造成约7.38 V的阈值电压漂移量；激活能小于2.67 eV的陷阱电荷密度较小，其对阈值电压漂移的贡献量为1.97 V；而激活能范围在3.06 eV至3.39 eV的陷阱电荷密度仅为2.95×10^{11} cm^{-2}，且对阈值电压的影响可以忽略(0.1 V)。

表6.2　引起阈值电压漂移的陷阱电荷密度以及其在光致辅助退陷下所需要的激活能

V_{th}变化范围/eV	光波长/nm	N_{CT}/cm^{-2}	E_A激活能/eV
从2.35到0.38	465	5.81×10^{12}	$E_A<2.67$
从0.38到−7	405	2.18×10^{13}	$2.67<E_A<3.06$
从−7到−7.1	365	2.95×10^{11}	$3.06<E_A<3.39$

6.4.5　类存储型增强型器件的保持特性

通过对陷阱俘获作用获得的类存储型Al_2O_3/AlGaN/GaN MISHEMT器件的保持特性进行简单的评估，可知器件经过充电后，存储电荷在一定时间内的损失程度。通常可以从器件在静态条件下的阈值电压的保持特性出发，来进行评估。其评估过程如下：

(1) 保持器件源极、漏极接地，仅在栅极施加持续时间为10 s，一定大小的程序电压V_P。

(2) 撤掉栅极施加的程序电压，保持器件所有的电极接地，使器件处于静态条件，然后隔一段时间对器件的电流进行采样，将电流的变化量转化为阈值电压的变化量。

图 6.39 示出了分别施加 10 V、8 V、6 V 程序电压后，器件在静态条件下的阈值电压保持特性曲线。这里最大的 V_P 限制为 10 V，同样是为了防止栅极介质发生击穿，确保器件能够安全工作。器件的阈值电压保持特性曲线与相关文献[4-5, 8]中研究的发生在 GaN 基绝缘栅器件中的动态阈值电压漂移恢复实验的曲线有些类似。但这里所呈现的阈值电压恢复程度明显要缓慢得多，尤其在 6 V 程序电压条件下对应的阈值电压几乎没有发生退化。这说明制备的器件属于存储型器件，其阈值电压与常规的绝缘栅器件中的正向栅极电压所诱导的阈值电压漂移以及恢复实验的还是有一定区别的。该器件中引起阈值电压漂移的陷阱存在于 GaON 过渡层中，从光致辅助退陷过程可以看到，该器件的陷阱释放电子需要较高的激活能，因而其存储的电荷相对较难损失。而在常规的绝缘栅器件中，陷阱释放电子相对较容易，对应的阈值电压恢复时间较短[10]，这更进一步说明了存储型器件在阈值电压保持特性上具有优势。

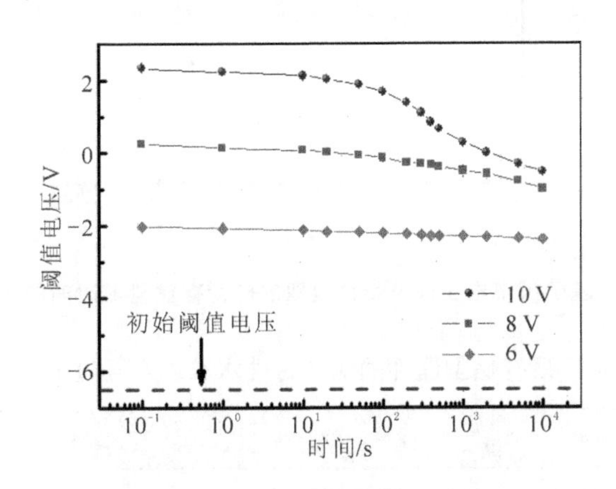

图 6.39　Al_2O_3/AlGaN/GaN MISHEMT 器件的保持特性

为了更直观地评估器件电荷量的损失程度，图 6.40 给出了基于阈值电压保持特性提取的电荷存储量(Charge Storage Percentage，CSP)随时间的变化关系。电荷存储量比例也可表示为

$$\text{CSP}=\frac{\Delta V_{\text{th-}i}}{\Delta V_{\text{th-total}}}\times 100\%=\frac{V_{\text{th-}i}-V_{\text{th-initial}}}{V_{\text{th-0}}-V_{\text{th-initial}}}\times 100\% \tag{6-12}$$

其中 $V_{th\text{-}total}$ 为阈值电压总变化量，$V_{th\text{-}0}$ 与 $V_{th\text{-}i}$ 分别为撤掉 V_P 后瞬间以及经过 $i(i>0)$ 秒时，所对应的器件阈值电压，$V_{th\text{-}initial}$ 为器件没有施加 V_P 前的初始阈值电压。同时为了方便评估，我们定义：当器件电荷损失量为 10%时，所经过的时间为器件的保持特性级别(Retention Level)。表 6.3 给出了施加不同 V_P 所对应的保持特性水准以及经过 10^4 s 后的电荷损失量。由表 6.3 可以看出，器件在施加 6 V 程序电压后的保持特性水准最高，且电荷损失量最少(8%)；而施加 10 V 程序电压对应的器件电荷损失量相对较大一些。这可能是在较高的栅极电压下，Al_2O_3 介质受到一定的损伤，从而导致部分电荷损失。不过参考国际上同类型文献所报道的数值[8]，该器件的电荷损失量处在相似的水准，并且从图 6.39 中可以看到，器件在经过施加 10 V 程序电压后，能够在时间为 10^3 s 附近的量级内维持 0 V 以上的阈值电压。

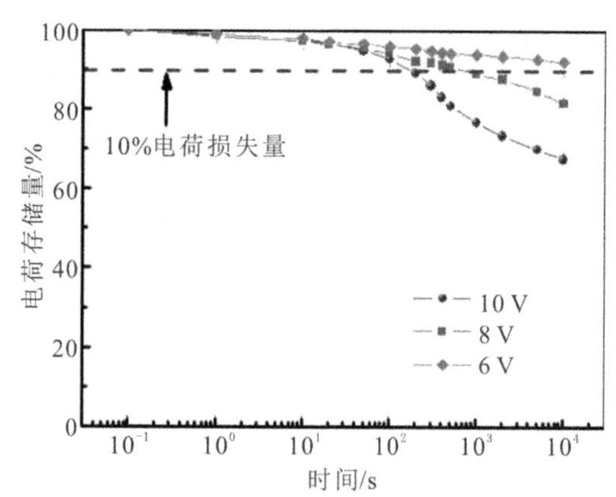

图 6.40 基于阈值电压保持特性提取的电荷存储量随时间的变化关系

表 6.3 施加不同 V_P 后存储型器件的保持特性水准以及经过 10^4 s 后的电荷损失量

V_P/V	保持时间/s	10^4 s 后电荷损失量/%
10	$10^2 \sim 10^3$	32
8	10^3	18
6	$>10^4$	8

当存储型 Al_2O_3/AlGaN/GaN MISHEMT 器件应用在开关电路中，且当在栅极施加一个 10 V 的脉冲方波时，相比之前的静态条件下，器件的阈值电

压随着时间的变化基本保持在恒定的数值。栅极提供的电荷较好地补偿了在静态条件下损失的电荷，这使该类型器件的实际应用得到了保证。

图 6.41 总结了国际报道的 GaN 基常规型及类存储型增强型器件的最大饱和电流 $I_{d,max}$ 与阈值电压 V_{th} 的关系。由图可以看到，本节所述增强型器件同时具有高的饱和电流密度与阈值电压，在国际上处于领先的地位。

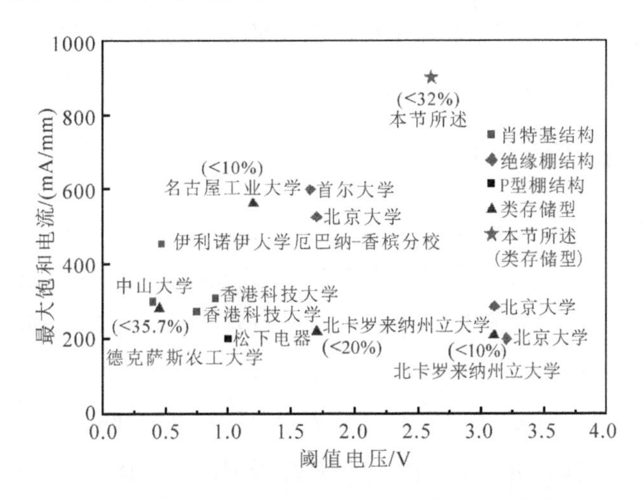

图 6.41　最大饱和电流 $I_{d,max}$ 与阈值电压 V_{th} 的关系图

6.5　铁电介质栅增强型器件

GaN 基增强型器件一直是国内外研究的热点，其主流技术包括氟离子处理、凹槽绝缘栅刻蚀、p-GaN 栅结构制备、Cascode 处理等。基于极化调控理论，通过铁电薄膜与 AlGaN/GaN 异质结集成技术实现 GaN 基增强型 HEMT 器件是近年来新兴的氮化镓增强型器件研究热点。铁电材料具有很强的极化效应，例如在 GaN 外延层上制备的 $Pb(Zr, Ti)O_3$ 的极化强度可达 20～40 $\mu C/cm^2$，该数值远远超过 GaN 的极化强度(GaN 的极化强度约为 2.9 $\mu C/cm^2$)。通过改变外加电场使铁电材料的极化方向发生偏转，即可调控异质结界面的 2DEG 密度，实现增强型器件。极化调控技术可以避免势垒层的过度刻蚀或离子注入对沟道的损伤，保证异质结 2DEG 的完整性，从而实现具有高输运性能和大电流

的氮化物增强型器件。另外铁电介质栅器件本质上是一种特殊的绝缘栅器件，高介电常数铁电材料可以降低器件关态漏电，同时保证器件具有优良的栅控能力。

然而，铁电材料与 AlGaN 之间存在严重的晶格失配和界面扩散问题，该问题一直以来是铁电材料用作栅下介质的瓶颈。在直接生长工艺中，即使加入界面缓冲层，铁电调控层厚度也通常需要大于 100 nm 才能保证较好质量的铁电单晶相，这在器件应用中势必会削弱器件的栅控能力。另外，铁电材料在电场下极化特性及其对氮化镓器件沟道的调制规律尚需深入研究。

6.5.1 铁电薄膜的制备及特性

下面以常见的铁电薄膜材料 Pb(Zr, Ti)O_3(PZT)为例进行介绍。通过脉冲激光沉积(PLD)的 PZT 薄膜已被广泛应用于铁电存储、铁电薄膜与硅基器件集成等领域。在 PZT 薄膜基础上制备的典型的金属-铁电-金属(MFM)结构的 $P-E$ 磁滞回线和 $C-E$ 曲线如图 6.42 所示，其中脉冲激光沉积 PZT 的工艺温度为 500℃[11]。PZT 的 $C-E$ 测试表现出了良好的“蝴蝶曲线”现象，表明制备的 PZT 具有优良的铁电性能。$P-E$ 磁滞回线具有优良的饱和特性和对称性，且 PZT 的极化强度随着电场的变化呈现非线性的变化，饱和极化强度约为 38 μC/cm^2，剩余极化强度为 18 μC/cm^2，矫顽电场约为 210 kV/cm。采用 PLD 生长的 PZT 薄膜的极化强度远远高于 AlGaN/GaN 异质结材料的理论极化强度(理论极化强度为 2.7 μC/cm^2)，这表明基于极化调控理论实现增强型 GaN 器件是可行性的。

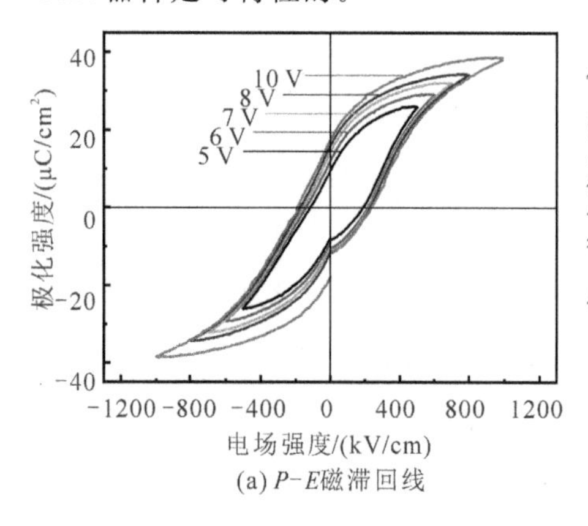

(a) $P-E$磁滞回线

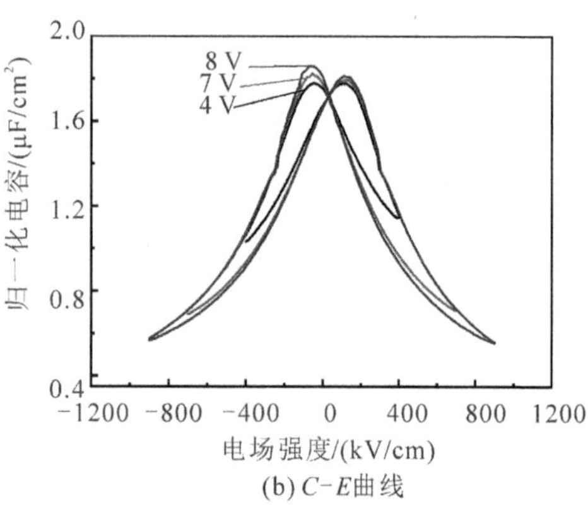

(b) $C-E$曲线

图 6.42 MFM 在不同外部电场情况下铁电特性测试结果

6.5.2　$PZT/Al_2O_3/AlGaN/GaN$ 增强型 HEMT 器件

在 GaN 基材料上生长质量较高的 PZT 是实现铁电薄膜对 AlGaN/GaN 异质结调控的前提。为了改善 PZT 在 GaN 上的生长质量，一般需要将 PZT 生长得较厚(大于 100 nm)才能使得其有一定的极化作用。而在栅下生长较厚的 PZT 会使得栅极到沟道的距离变远从而减弱栅控能力。

有研究表明[11]，在 PZT 和 AlGaN 之间加入一层如图 6.43 所示的 Al_2O_3 界面缓冲层可有效缓解 PZT 和 AlGaN 之间的晶格失配。我们利用 PLD 直接生长 PZT 薄膜，在薄膜厚度相对较薄的情况下获得了较高的薄膜质量。采用界面缓冲层和脉冲激光沉积(PLD)工艺在 AlGaN/GaN HEMT 器件上生长厚度约为 30 nm 的 PZT 薄膜，该 PZT 薄膜使得 AlGaN/GaN 异质结的方块电阻由 286 Ω/□急剧增大到 1585 Ω/□，实现了对沟道内 2DEG 的有效调控。基于该铁电薄膜的极化调控技术实现的增强型器件表现出高达 1819 $cm^2/(V \cdot s)$的沟道载流子迁移率，该数值远远高于采用传统技术获得的增强型器件的数值。

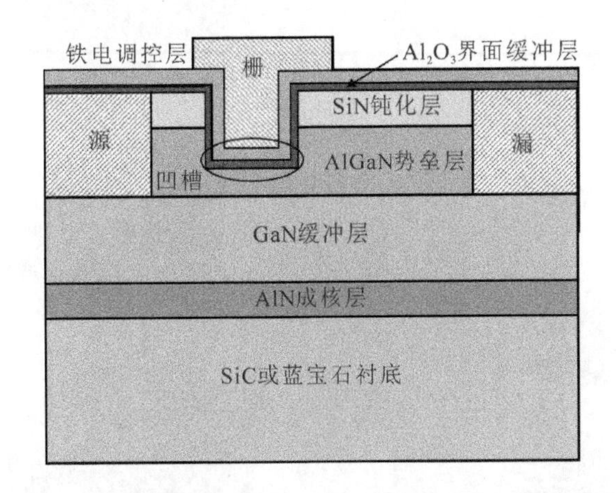

图 6.43　基于极化调控技术的氮化物增强型器件结构示意图

6.5.3　铁电薄膜转移及氮化镓增强型 HEMT 器件

为了提高栅下铁电薄膜的质量，可以利用薄膜转移工艺来实现高质量的 PZT 单晶与 AlGaN/GaN 异质结的集成[12]。与直接在 GaN 上以 PLD 方式生长的方法相比，薄膜转移工艺可以避免高温生长过程中 GaN 与铁电材料界面互相扩散等问题，以获得更加优良的界面质量和器件性能。

选取和制备合适的牺牲层是实现薄膜转移工艺的非常关键的步骤，通常在钛酸锶($SrTiO_3$，STO)衬底上利用PLD生长镧锶镁氧($La_{0.7}Sr_{0.3}MnO_3$，LSMO)作为薄膜转移工艺的牺牲层，然后在牺牲层上生长晶格匹配的厚度为20 nm的PZT薄膜。接下来借助聚甲基丙烯酸甲酯(PMMA)光刻胶作为支撑材料实现薄膜转移，即先在自上而下为PZT、LSMO、STO衬底组成的薄膜上旋涂PMMA，然后利用化学腐蚀方法选择性移除牺牲层和衬底，并将PMMA和PZT薄膜转移至氮化镓器件上之后再移除PMMA层，最后将氮化镓器件样品放在热板上烘烤30分钟去除氮化镓层与PZT薄膜界面的水蒸汽，从而实现氮化镓器件与PZT薄膜的异质集成。具体的薄膜转移及器件制备过程如图6.44所示。

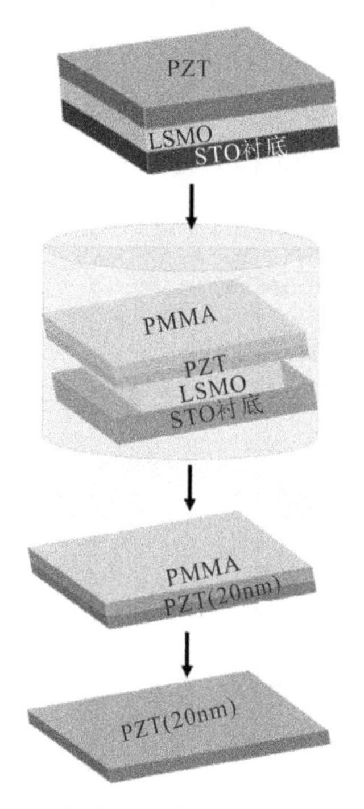

(a) 薄膜与原衬底的分离过程

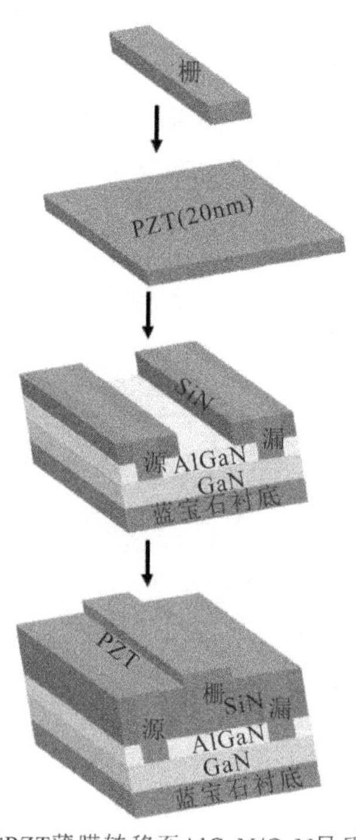

(b) 待转移的PZT薄膜转移至AlGaN/GaN异质结上的过程

图6.44 PZT的转移过程示意图

通过对PZT薄膜表征，我们发现转移后的PZT薄膜保持了较好的单晶相且PZT薄膜与氮化镓器件之间具有非常优良的界面平整度。利用电学测试设

备对器件特性进行表征，结果显示，对器件栅极施加 7 V 的正向偏置电压，可以有效调控 PZT 薄膜的极化强度，异质结沟道 2DEG 密度调制幅度达 300%，器件阈值电压从−3 V 漂移至 1 V。器件阈值电压的保持特性表明，与传统的直接生长方法相比，采用薄膜转移工艺实现的铁电介质栅 HEMT 器件具有更加优良的保持性能，100 000 秒之后器件的阈值电压恢复量仅为 0.25 V。薄膜转移工艺为实现具有高沟道电子速度和大电流的氮化镓增强型器件提供了可行的解决方案，可极大推动氮化物半导体技术在高速抗辐照电路领域的应用。

参考文献

[1] RIDLEY B, SCHAFF W, EASTMAN L, et al. Hot-phononinduced velocity saturation in GaN[J]. Appl. Phys. Lett., 2004, 96(1): 1499 - 1502.

[2] PAWANA S, MATTHEW G, BRIAN R, et al. High Linearity and High Gain Performance of N-Polar GaN MIS-HEMT at 30 GHz[J]. IEEE Electron Device Letters, 2020, 41(5): 398 - 401.

[3] RAHMAN I K M, KHAN M I, KHOSRU Q, et al. Investigation of Electrostatic and Transport Phenomena of GaN Double-Channel HEMT[J]. IEEE Transactions on Electron Devices, 2019, 66(7): 1357 - 1359.

[4] ERINE C, MA J, SANTORUVO G, et al. Multi-Channel AlGaN/GaN In-Plane-Gate Field-Effect Transistors[J]. IEEE Electron Device Letters, 2020, 41(3): 932 - 935.

[5] KIRKPATRICK C, LEE B, CHOI Y, et al. Threshold voltage stability comparison in AlGaN/GaN FLASH MOS-HFETs utilizing charge trap or floating gate charge storage [C]. Phys. Status Solidi (C), 2011, 9(3): 864 - 867.

[6] LEE B, KIRKPATRICK C, CHOI Y, et al. Normally-off AlGaN/GaN MOSHFET using ALD SiO_2 tunnel dielectric and ALD HfO_2 charge storage layer for power device application[C]. Phys. Status Solidi (C), 2012, 9(3): 868 - 870.

[7] KIRKPATRICK C, LEE B, RAMANAN N, et al. Flash MOS-HFET operational stability for power converter circuits[C]. Phys. Status Solidi (C), 2014, 11(3 - 4): 875 - 878.

[8] JOHNSON D, LEE R T P, HILL R J W et al. Threshold Voltage Shift Due to Charge Trapping in Dielectric-Gated AlGaN/GaN High Electron Mobility Transistors

Examined in Au-Free Technology[J]. IEEE Trans. Electron. Devices, 2013, 60(10): 3197 - 3203.

[9] FREEDSMAN J J, KUBO T, and EGAWA T. High Drain Current Density E-Mode Al_2O_3/AlGaN/GaN MOS-HEMT on Si With Enhanced Power Device Figure-of-Merit ($4\times10^8 V^2\Omega^{-1}cm^{-2}$)[J]. IEEE Trans. Electron. Devices, 2013, 60(10): 3079 - 3083.

[10] LAGGER P, REINER M, POGANY D, et al. Comprehensive study of the complex dynamics of forward bias-induced threshold voltage drifts in GaN based MIS-HEMTs by stress/recovery experiments[J]. IEEE Trans. Electron Devices, 2014, 61(4): 1022 - 1030.

[11] ZHU J J, CHEN L X, JIANG J, et al. Ferroelectric Gate AlGaN/GaN E-Mode HEMTs With High Transport and Sub-Threshold Performance[J]. IEEE Electron Device Letters, 2018, 39(1): 79 - 82.

[12] CHEN L X, WANG H, HOU B, et al. Ferroelectric Gate AlGaN/GaN E-Mode HEMTs With High Transport and Sub-Threshold Performance Hetero-integration of quasi two-dimensional $PbZr_{0.2}Ti_{0.8}O_3$ on AlGaN/GaN HEMT and non-volatile modulation of two-dimensional electron gas[J]. Appl. Phys. Lett., 2019, 115(19): 193505.

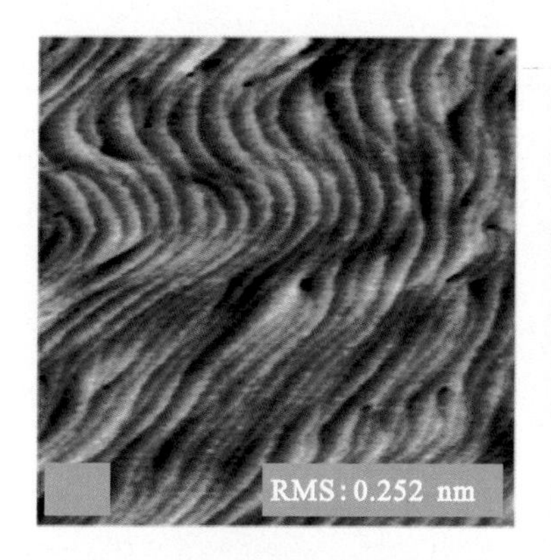

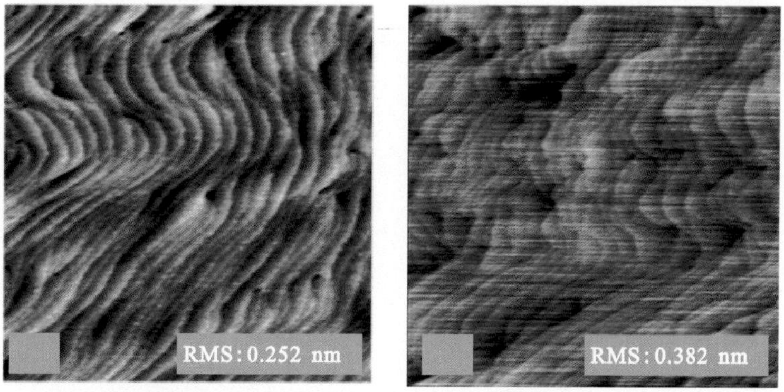

RMS: 0.382 nm

(a) 磁控溅射AlN　　(b) MOCVD AlN

图 2.4　AlN 成核层上生长的 GaN 表面形貌(5 μm×5 μm)

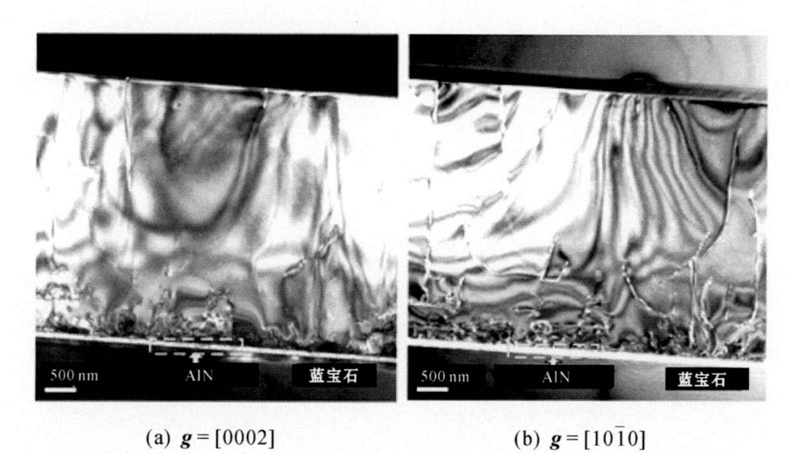

(a) $\boldsymbol{g}=[0002]$　　(b) $\boldsymbol{g}=[10\bar{1}0]$

图 2.6　明场下磁控溅射 AlN 成核层上生长的 GaN 样品的 TEM 图像

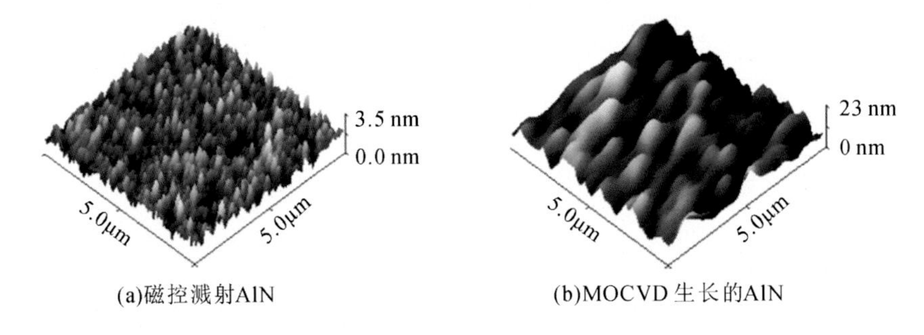

(a)磁控溅射AlN　　(b)MOCVD生长的AlN

图 2.7　AlN 成核层的 AFM 表面形貌图像

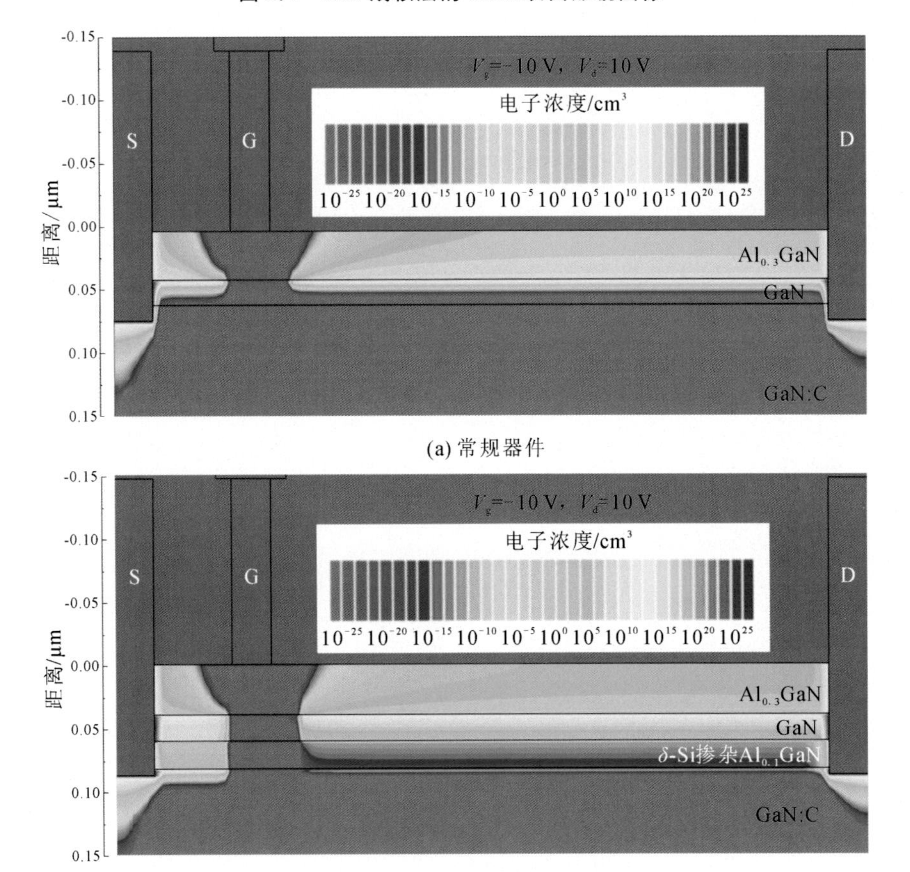

(a) 常规器件

(b) 改进型缓变背势垒结构器件

图 3.22　关态下载流子分布仿真结果

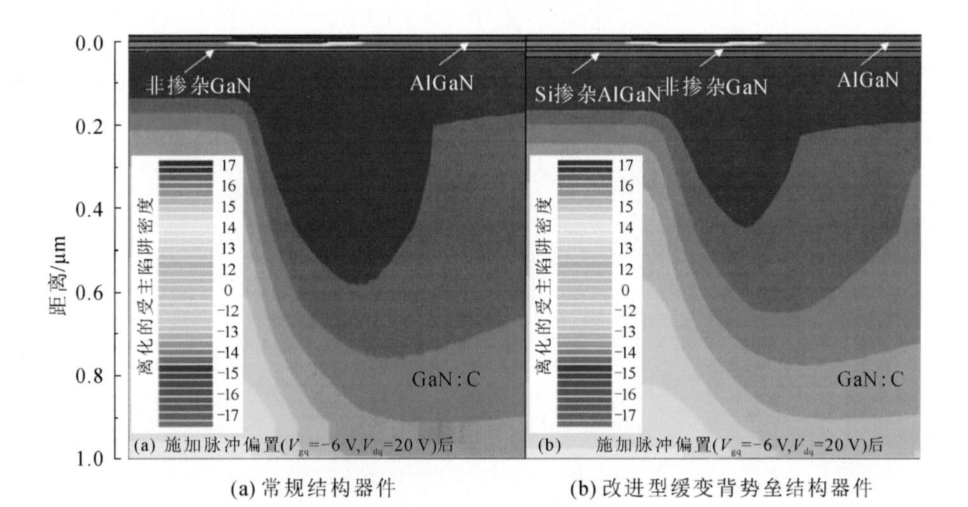

(a) 常规结构器件　　(b) 改进型缓变背势垒结构器件

图 3.24　器件的动态特性仿真

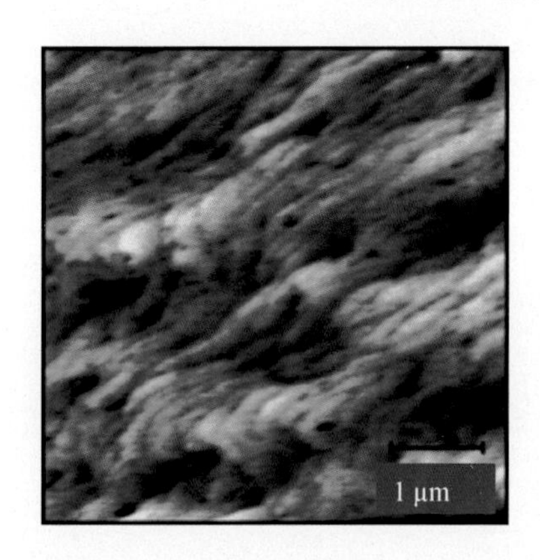

(a) 未刻蚀样品

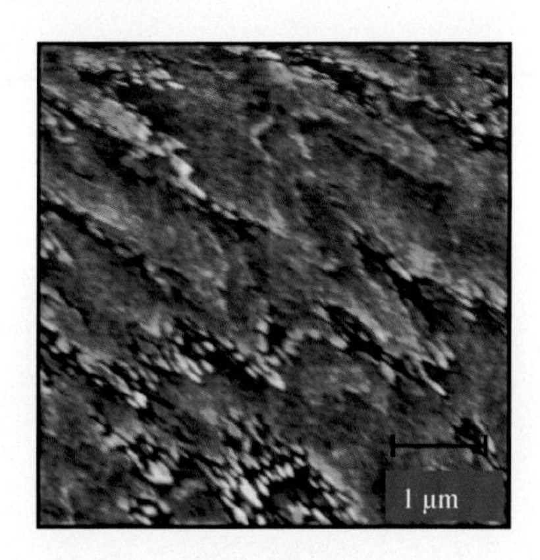

(b) 刻蚀样品

图 4.5　两个样品的 AFM 测试结果